Creo Parametric 2.0 三维造型及应用实验指导

孙海波　陈　功　编著

东南大学出版社
·南京·

内 容 提 要

本书是一本讲述如何使用 Creo Parametric 2.0 进行三维造型和应用的实验指导书，主要内容包括参数化草图的创建、零件模型的基础特征与工程特征、基准特征的创建、曲面特征的创建与应用、零部件的装配、工程图纸的创建等等。全书深入浅出地介绍了使用 Creo Parametric 2.0 进行三维造型的步骤方法和操作技能。其特点是既内容全面，又重点突出；条理清晰，通俗易懂，实用性强。对于读者不易理解的内容，均给出了一个或多个具有代表性的示例，并介绍了在使用过程中积累的一些经验和处理问题的思路，有助于读者掌握相关内容的基本方法和思路。

本书在编写有关章节内容时注意结合我国工程制图国家标准的要求，是一本实用性很强的教科书，可以作为研究生、大学生的教学用书，也可作为专业工程技术人员的参考资料和培训班的教材。

图书在版编目(CIP)数据

Creo Parametric 2.0 三维造型及应用实验指导/孙海波，陈功编著. —南京：东南大学出版社，2014.5

ISBN 978-7-5641-4805-8

Ⅰ. ①C… Ⅱ. ①孙… ②陈… Ⅲ. ①三维—机械设计—计算机辅助设计—应用软件—高等学校—教学参考资料 Ⅳ. ①TH122

中国版本图书馆 CIP 数据核字(2014)第 055713 号

Creo Parametric 2.0 三维造型及应用实验指导

出版发行 东南大学出版社(南京市四牌楼 2 号 邮编 210096)
出 版 人 江建中
责任编辑 张 煦
经 销 全国新华书店经销
排 版 南京凯建图文制作有限公司
印 刷 常州市武进第三印刷有限公司
版 次 2014 年 5 月第 1 版 2014 年 5 月第 1 次印刷
开 本 787mm×1092mm 1/16
印 张 10.75
字 数 268 千字
印 数 1—3000 册
书 号 ISBN 978-7-5641-4805-8
定 价 32.00 元

(凡因印装质量问题，请直接与营销部调换，电话：025-83791830)

说　明

Creo Parametric 的前身 Pro/Engineer 号称“震撼业界的机械设计软件和世纪最强大的模具设计软件”，1988 年由美国 PTC(参数技术公司)推出后，在世界 CAD/CAM 领域占据领先地位并取得了相当的成功。2010 年 10 月，PTC 公司又整合了旗下的三个软件的技术——Pro/Engineer 的参数化技术、CoCreate 的直接建模技术和 ProductView 的三维可视化技术，推出了新型 CAD 设计软件包——Creo Parametric。如今，Creo Parametric 已被越来越多的用户接受和推崇，广泛应用于电子、机械、模具、工业设计、汽车制造、航空航天、家电等各个行业，是目前世界上最为流行的三维 CAD/CAM/CAE 软件。其特点为：① 全参数化设计；② 全相关：即不论在 3D 实体还是 2D 工程图上作尺寸修正，其相关的 2D 图形或 3D 实体均自动修改，同时装配、制造等相关设计也会自动修改；③ 基于特征的实体建模，是工程技术人员和工科学生运用计算机三维辅助设计方法的重要工具。

本实验指导的主要内容包括：(1) Creo Parametric 2.0 的工作界面；(2) 2D 参数化草图的绘制及标注；(3) 基础特征的建立；(4) 工程特征的建立；(5) 基准特征的建立；(6) 曲面特征的建立与应用；(7) 特征的复制与操作；(8) 各种高级特征及应用；(9) 零部件的装配；(10) 工程图纸的创建；(11) 综合应用实验。其目的和任务是使读者掌握利用 Creo Parametric 2.0 进行零部件三维参数化设计的方法与技能，能够使用一种全新的思维方式和方法完成实体造型、装配设计及曲面造型等设计工作。

本书由孙海波和陈功编著。实验一、三、四、六、十一由孙海波编写，实验七、八、九、十由陈功编写，实验二、五和附录由陈冬梅编写。

建议将本实验指导书和由陈功和孙海波编著、东南大学出版社出版的《Creo Parametric 2.0 三维造型及应用教程》一书配套使用。在教程的随书光盘中有大量的组合体和零件三维造型的源文件，内容包括由作者制作的覆盖全书所有课程的 CAI 课件及课件中所用的所有三维造型和装配实例的源文件、教程中造型实例的源文件以及本实验指导书中造型的实例。读者在学习的过程中，可以按照书中所讲的步骤自行完成这些实例模型的创建；也可以在 Creo Parametric 2.0 环境中将这些文件打开，点击【工具】选项卡→【调查】组→【模型播放器】按钮打开以重新再现模型的建立过程。当然，各位读者在使用软件的时候想必已经注意到，即使是同一个模型，它的造型方法和过程也不是唯一的。例如“直孔”特征的建立，可以直接使用“孔工具”来创建，也可以使用切除材料的“拉伸工具”或者“旋转工具”甚至“扫描工具”来创建。Creo Parametric 2.0 是一门实践性很强的课程，只有通过大量的练习，不断地积累经验，才能更好地掌握软件的操作方法和技能。编者希望通过本套教程，能够起到使读者举一反三和抛砖引玉的效果。相信读者一定会体验到使用 Creo Parametric 2.0 这样一个世界高端的三维软件进行造型和设计的乐趣。

编者

2014 年 3 月

目　录

实验一　Creo Parametric 2.0 工作界面

一、实验目的与要求

1. 了解 Creo Parametric 2.0 软件的特点和三维建模的原理；熟悉 Creo Parametric 2.0 的工作界面；了解其主菜单、功能区和选项卡、工具栏、导航区的切换与设置，模型树、图层的概念和相关操作。

2. 了解 Creo Parametric 2.0 中不同文件的类型及其与标准 Windows 应用程序文件不同的有关操作；了解“工作目录”的重要性和设置方法；掌握“会话”的概念、含义和作用；掌握在 Creo Parametric 2.0 环境中创建、保存、拭除和删除文件的方法。

3. 掌握功能区、【快速访问】工具栏、窗口和绘图环境的设置方法；熟悉系统颜色、模型显示和图元显示的设置方法。

4. 了解模型的六种不同的显示方式及切换的方法；掌握模型显示控制的方法以及设定模型视角方向的方法；能够熟练使用鼠标完成对于三维模型的缩放、平移、旋转等操作。

5. 熟练掌握图层的概念以及图层的新建、删除、隐藏、取消隐藏等操作；熟悉在图层中增加和删除对象的操作。

6. 掌握三维实体模型以及表面的颜色和外观的设置方法。

7. 了解模型单位的设置和造型模板的设置和应用；掌握零件造型环境中特征、曲面、边线和点的选择方法。

8. 学会利用 Creo Parametric 2.0 的网上资源中心、帮助文件获得帮助的方法。

9. 掌握“模型播放器”和“过滤器”的使用方法。

二、实验内容与步骤

1. 进入 Creo Parametric 2.0 的工作界面，创建第一个三维模型。

(1) 从“开始”菜单或桌面快捷方式，进入 Creo Parametric 2.0 界面。

(2) 选择【文件】菜单→【新建(N)】或者【快速访问】工具栏中的【新建】图标，在打开的【新建】对话框中选择“零件”模式，接受缺省的零件名称 Prt0001，勾选“使用默认模板”，如图 1-1 所示。

(3) 系统随即弹出【新文件选项】对话框，在“模板”区域中选择“空”(不使用任何已有的模板)，如图 1-2 所示。单击 确定 按钮，进入零件造型模块。

(4) 选择【模型】选项卡→【形状】命令组→【拉伸】，Creo Parametric 2.0 将弹出如图 1-3 所示的【拉伸】工具操控板。

(5) 单击操控板【放置】选项卡上的 定义... 按钮，直接进入“草绘器”环境，准备创建将要拉伸的二维截面。

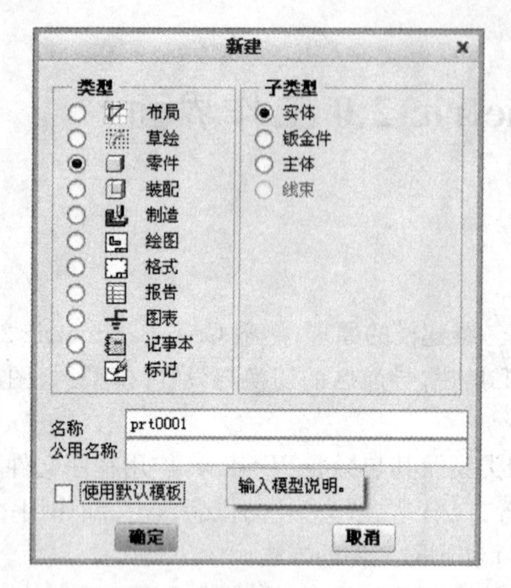

图 1-1 【新建】对话框

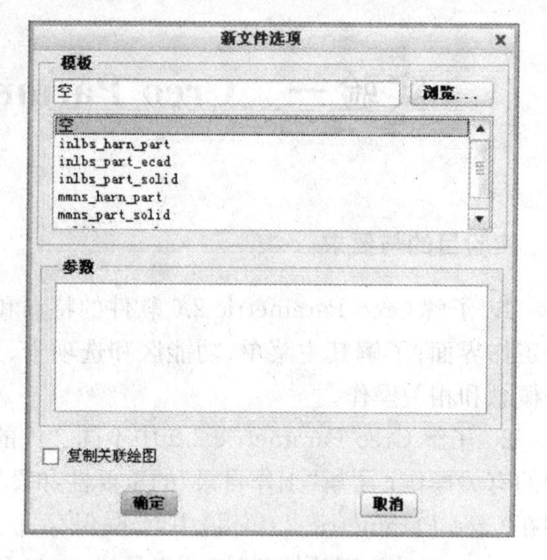

图 1-2 【新文件选项】对话框

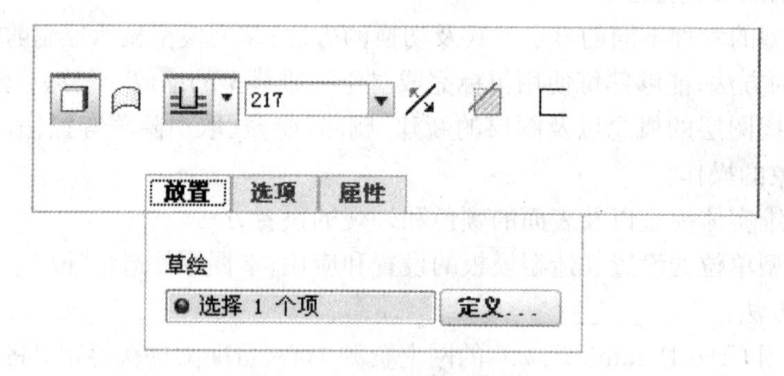

图 1-3 【拉伸】工具操控板

(6) 在草绘器中单击绘制一个矩形的二维截面，接受缺省的尺寸标注。单击【草绘】选项卡中的图标完成二维截面的绘制并退出草绘器。

(7) 接受系统缺省的拉伸深度值。

(8) 单击操控板的右端的，完成拉伸特征的创建，得到一个长方体模型。

2. 在模型树中右击刚刚创建的长方体特征，从弹出的快捷菜单中选择"编辑"选项，练习改变长方体的长度、宽度和高度数值，充分体会参数化实体造型的涵义。

(**注意**：更改模型的尺寸参数后，需要单击【快速访问】工具栏的【重新生成】图标使得整个模型按照修改后的尺寸重新生成。)

3. 熟悉 Creo Parametric 2.0 环境，了解主菜单、功能区和选项卡、工具栏、导航区的切换与设置，模型树、图层的概念和相关操作，包括功能区、【快速访问】工具栏、窗口和绘图环境的设置方法、模型树的打开和关闭、模型显示模式的改变等。

4. 练习文件创建、打开、删除、从内存中拭除等各种操作；了解 Creo Parametric 2.0 文件与标准 Windows 应用程序文件的不同操作。

5. 打开光盘中的练习文件“ep1 - 4.prt”，如图 1 - 4 所示。练习更改模型的显示方式和使用鼠标完成三维模型的缩放、平移、旋转等操作；观察旋转中心的打开和关闭对于图形操作的影响。

图 1 - 4　零件模型

6. 打开光盘中的练习文件“ep1 - 4.prt”，选择【图形】工具栏→【重定向】或者【视图】选项卡→【方向】组→【重定向】，在系统弹出的【方向】对话框中练习设置不同的模型视图方向：主视图(FRONT)、俯视图(TOP)、后视图(BACK)、仰视图(BOTTOM)、左视图(LEFT)、右视图(RIGHT)并命名保存，使【方向】对话框中已命名保存的视图列表从图 1 - 5 变为图 1 - 6 所示。

图 1 - 5　原有的视图列表

图 1 - 6　自己创建的视图列表

7. 打开光盘中的练习文件“ep1 - 4.prt”，选择【渲染】选项卡→【外观库】图标旁的箭头，在 Creo Parametric 弹出的【外观库】对话框中练习为整个零件和零件的不同表面设置不同的外观颜色。

(**注意**：为整个零件设置外观时，应更改“过滤器”的类型为“零件”。)

8. 打开光盘中的练习文件“ep1 - 4.prt”，单击【工具】选项卡→【调查】组→【模型播放器】，在系统弹出的如图 1 - 7 所示的【模型播放器】中了解模型的创建过程和相关尺寸等信息，观察零件的创建过程。

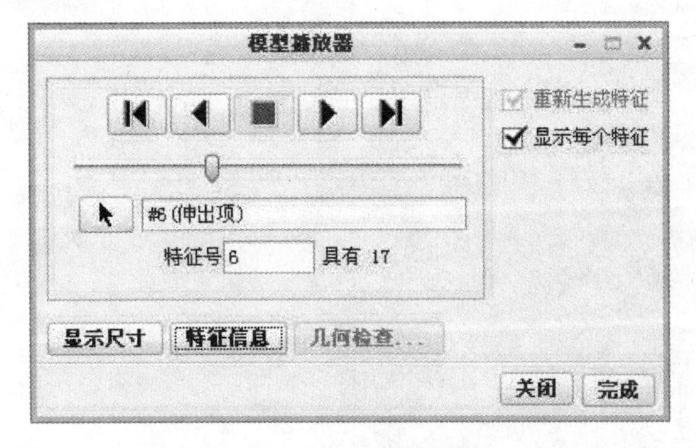

图 1 - 7　【模型播放器】

9. 练习图层的新建、删除、隐藏、取消隐藏以及在图层中增加和删除对象的操作。

10. 练习使用帮助文件搜索相关的帮助信息。

三、实验报告作业及思考题

1. Creo Parametric 2.0 的工作界面由哪些部分组成？各部分作用如何？

2. Creo Parametric 2.0 导航器中包括了哪些内容？如何改变导航器、模型树、图形工具栏的位置和大小？

3. Creo Parametric 2.0 中的工作目录有何作用？如何设置工作目录？

4. Creo Parametric 2.0 文件的打开、保存、保存副本、保存备份、拭除及删除操作与标准的 Windows 应用程序有何不同？

5. Creo Parametric 2.0 中模型的显示模式有哪些？

6. 如何设置、命名保存和删除不同的模型视图方向？

7. 如何控制三维模型中相切边、隐藏线的显示方式？

8. 三键鼠标在 Creo Parametric 2.0 中有什么样的作用？如何使用？

9. 如何在 Creo Parametric 2.0 中设置模型的颜色与外观？如何设置零件为透明材质？

10. Creo Parametric 2.0 中对象的选择方法有哪些？如何利用“过滤器”选择所需要的对象类型？

11. 如何对【快速访问】工具栏、功能区选项卡和命令、【图形】工具栏进行设置？

12. 系统配置文件在 Creo Parametric 2.0 软件中的作用为何？怎样进行设置？

13. 简要说明图层的概念和作用。

实验二　参数化草图的创建

一、实验目的与要求

1. 了解 Creo Parametric 中参数化草图的概念和二维草绘的工作环境。
2. 掌握二维参数化草图的绘制与尺寸标注的方法和技巧。
3. 熟练使用几何工具对草图中的几何图元进行编辑和修改操作。
4. 掌握改变草图约束条件的各种方法。

二、实验内容与步骤

1. 在计算机上建立自己的 Creo Parametric 2.0 工作目录，将以后实验中所建立的文件都存放在这一工作目录中。

2. 应用二维参数化草图的绘制与尺寸标注的方法和技巧分别完成图 2 - 1～图 2 - 12 参数化草图的绘制；并分别以 ep 2 - 1～ep 2 - 12 的名称保存在自己的工作目录下，以备后续课程的上机实验调用。

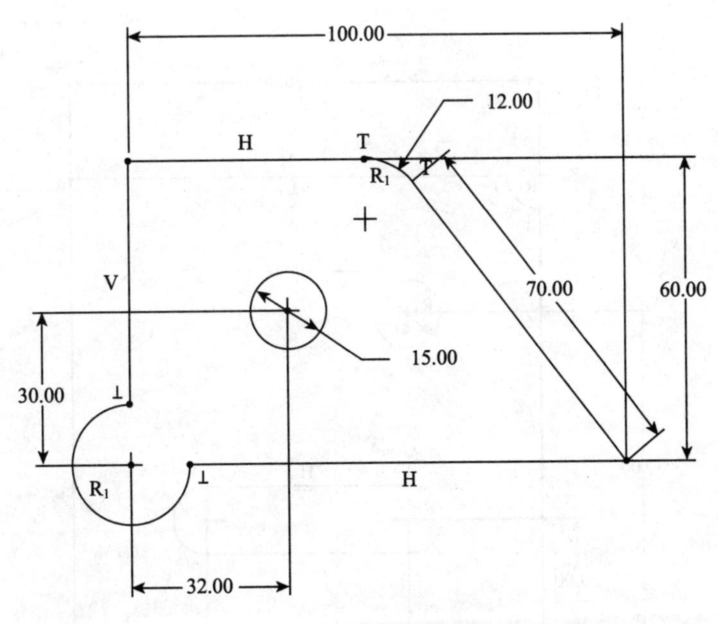

图 2 - 1　参数化草图绘制(1)

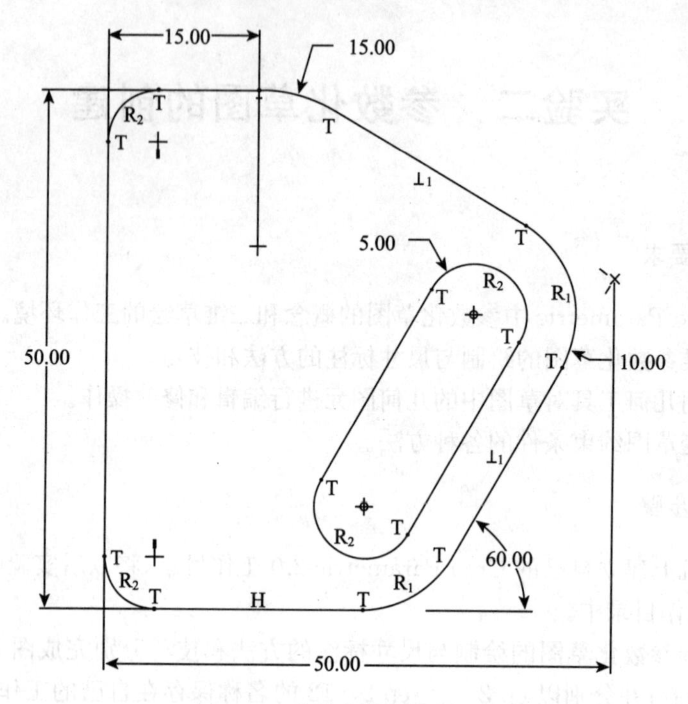

图 2－2　参数化草图绘制(2)

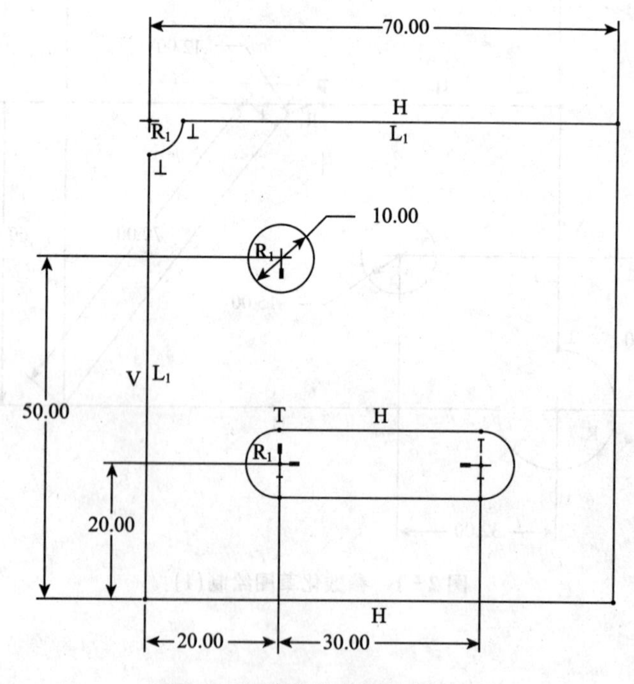

图 2－3　参数化草图绘制(3)

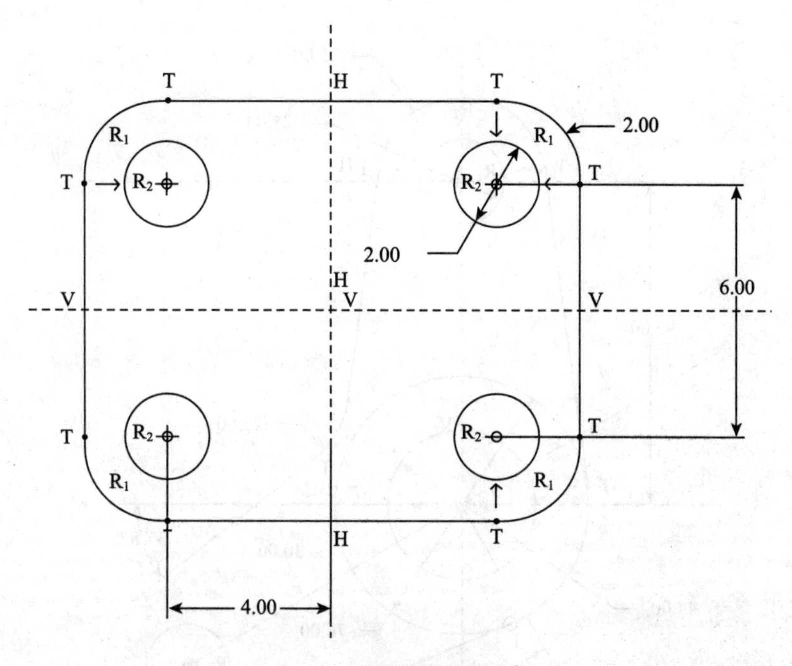

图 2－4　参数化草图绘制(4)

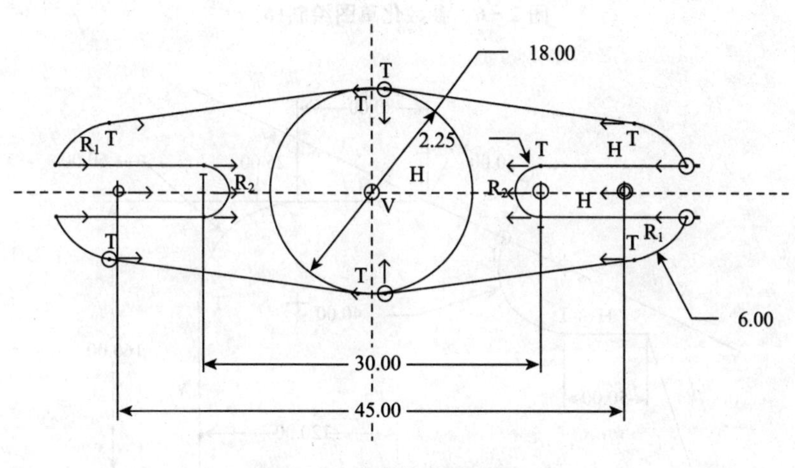

图 2－5　参数化草图绘制(5)

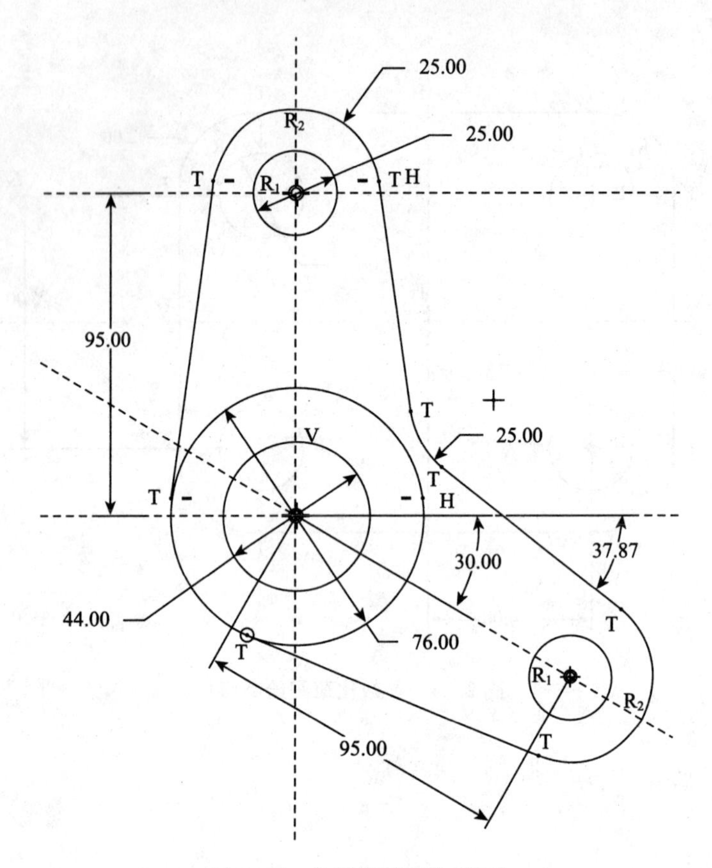

图 2-6　参数化草图绘制(6)

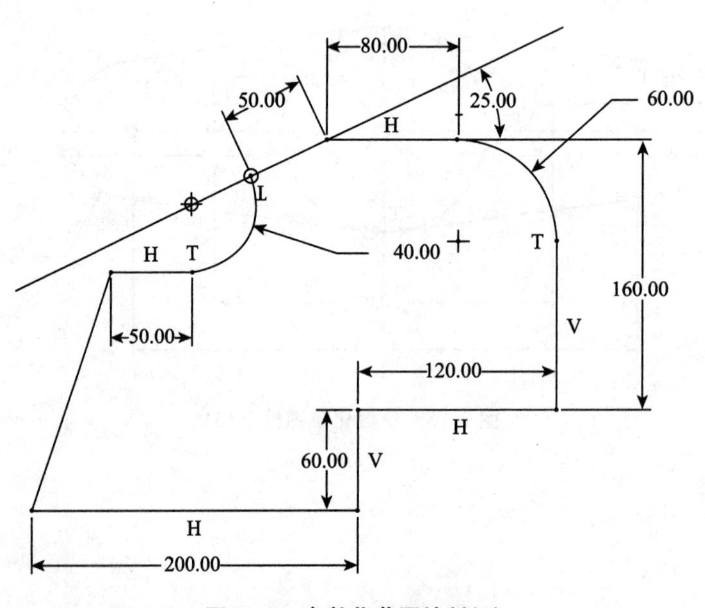

图 2-7　参数化草图绘制(7)

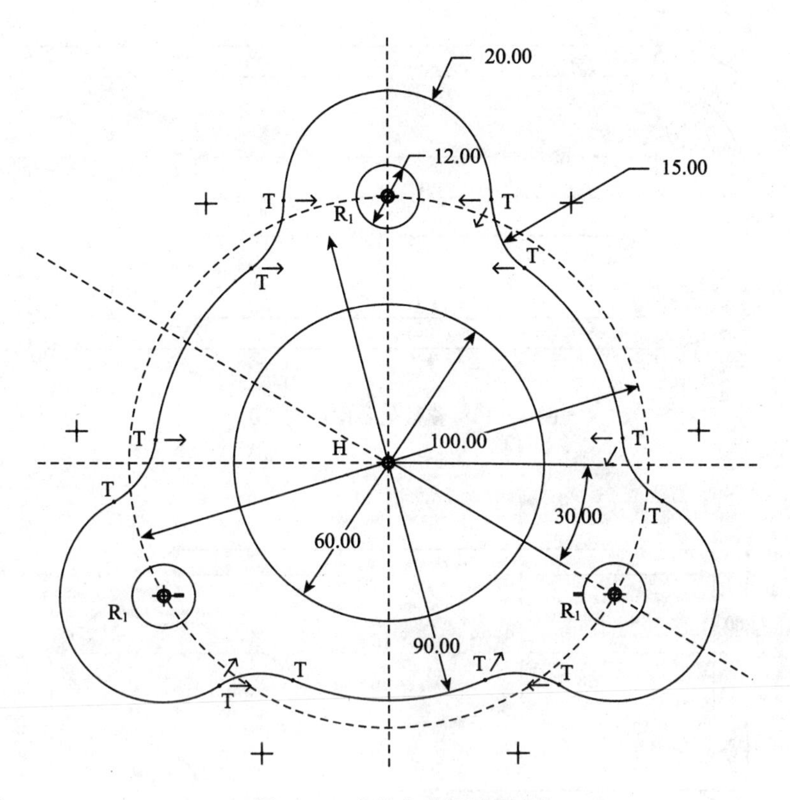

图 2-8　参数化草图绘制(8)

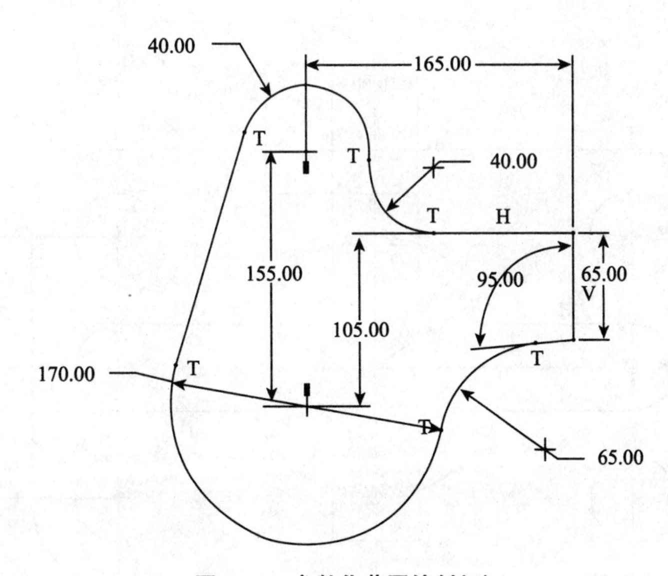

图 2-9　参数化草图绘制(9)

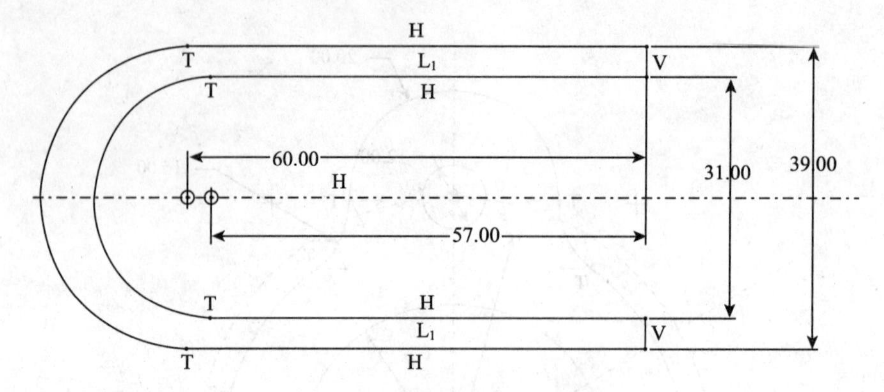

图 2－10　参数化草图绘制(10)

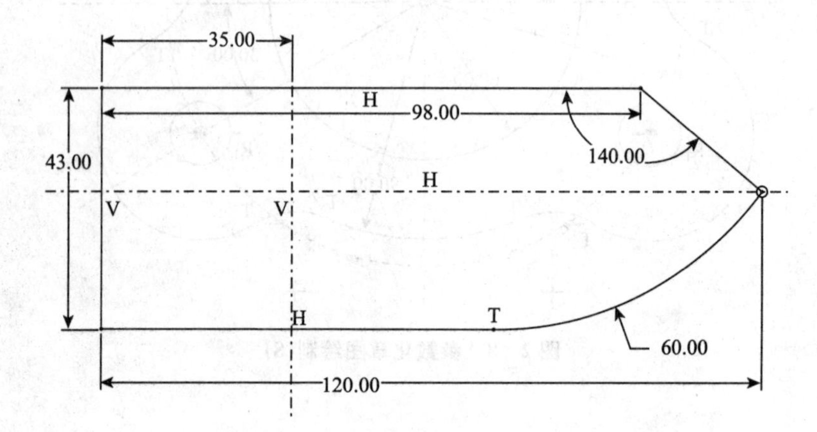

图 2－11　参数化草图绘制(11)

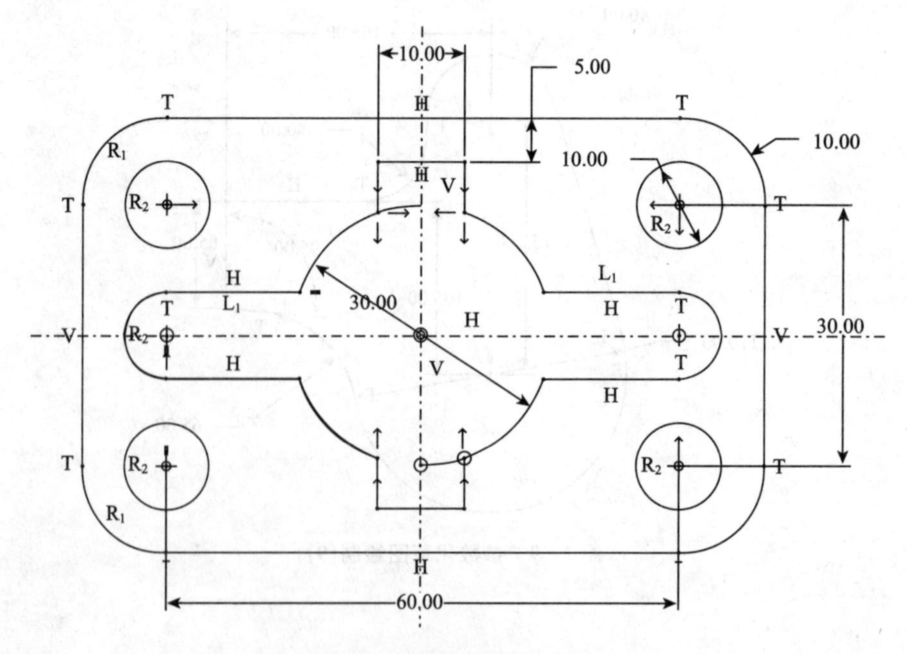

图 2－12　参数化草图绘制(12)

三、实验报告作业及思考题

1. 如何对草绘工作环境进行设置？如何设置草绘器环境中尺寸的小数点位数？

2. 如何在草图环境中绘制起辅助线作用的圆、椭圆等图元？

3. 在草绘环境中建立文本时需要注意什么问题？如何使建立的文本沿着某一条曲线放置？

4. 如何建立不同类型的尺寸标注？尺寸标注数值的修改有哪两种方式？在进行整体性的尺寸标注数值修改的时候，为什么一般情况下需要将【修改尺寸】对话框中的“重新生成”复选框去除勾选？该对话框中的“锁定比例”复选框有什么作用？

5. 如果某一个尺寸标注被“锁定”会怎样？如何更改被“锁定”了的尺寸标注数值？如何“替换”已有的尺寸标注？

6. 如何完成草绘中几何图元的剪切和延伸操作？对图元的镜像操作要注意什么问题？

7. Creo Parametric 2.0 草绘环境中的几何约束有哪些？

8. 弱尺寸和强尺寸有什么区别？如何将弱尺寸变成强尺寸？

9. 【草绘】选项卡中【基准】组的　　和【草绘】组的　　命令有何区别？对后面的造型有什么影响？

10. 总结一下在参数化草绘的绘制过程中应该注意哪些问题。

实验三　零件建模的基础特征

一、实验目的与要求

1. 熟悉 Creo Parametric 2.0 零件建模中基础特征创建的各选项卡和命令操控板的结构和使用方法。包括：

① 拉伸特征的创建

② 旋转特征的创建

③ 恒定截面扫描特征的创建

④ 可变截面扫描特征的创建

⑤ 螺旋扫描特征的创建

⑥ 平行混合特征的创建

⑦ 旋转混合特征的创建

⑧ 扫描混合特征的创建

2. 熟练掌握在 Creo Parametric 2.0 中创建各种增加材料(Protrusion，软件中译作“伸出项”)的基础特征的命令激活方法、操作步骤和特征创建过程中需要注意的问题。

3. 熟练掌握上述八种基础特征的薄板材料(Thin，软件中译作“加厚草绘”)特征的创建。

4. 熟练掌握上述八种基础特征的切除材料(Cut，即减材料，软件中译作“移除材料”)特征的创建。

5. 熟练掌握上述八种基础特征的薄板切除材料(Cut，即减材料的薄板特征中)特征的创建。

6. 能够对特征进行简单的数值修改并重新生成。

7. 掌握二维参数化草图的绘制与尺寸标注的方法和技巧，熟练使用几何工具对草图进行必要的编辑和修改操作；能够调用已经保存的二维草绘截面文件到当前零件造型的草绘环境中，完成零件的三维建模。

二、实验内容与步骤

1. 自己设计简单的基础特征造型实例，熟悉各种基础特征创建的选项卡和命令工具操控板，熟练掌握建立 Creo Parametric 2.0 各种基础特征的方法。

2. 调用实验二中所建立的参数化草图文件，建立相应的拉伸特征的实体模型。

3. 打开光盘中的练习文件“ep3 - 1(a).prt”和“ep3 - 1(b).prt”，如图 3 - 1(a)和图 3 -1(b)所示。在模型树中选中最右侧拉伸的圆柱特征，右击鼠标，从弹出的快捷菜单中选择【编辑定义】，系统将弹出【拉伸】工具操控板，改变拉伸的深度从“指定深度”为“到下一个”，比较得到的结果有什么不同。

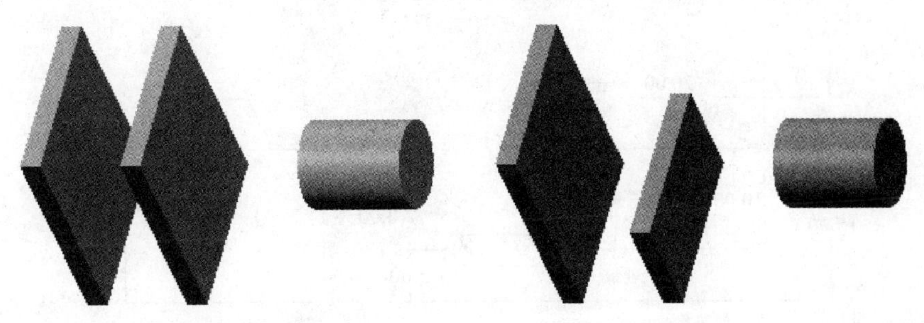
(a) 曲面完全遮挡草绘截面时的模型　　(b) 曲面不能完全遮挡草绘截面时的模型

图 3-1　"到下一个 "拉伸深度比较

4. 打开光盘中的练习文件"ep3-2.prt"，如图 3-2 所示。在模型树中选中右侧拉伸的圆柱特征，右击鼠标，从弹出的快捷菜单中选择【编辑定义】，系统将弹出创建特征时的【拉伸】工具操控板，改变拉伸的深度从"指定深度 "为" 拉伸至指定面 "，选择不同的表面，比较得到的结果有什么不同。改变拉伸的深度为"和选定的面相交 "，并选择不同的表面，比较得到的结果有什么不同。

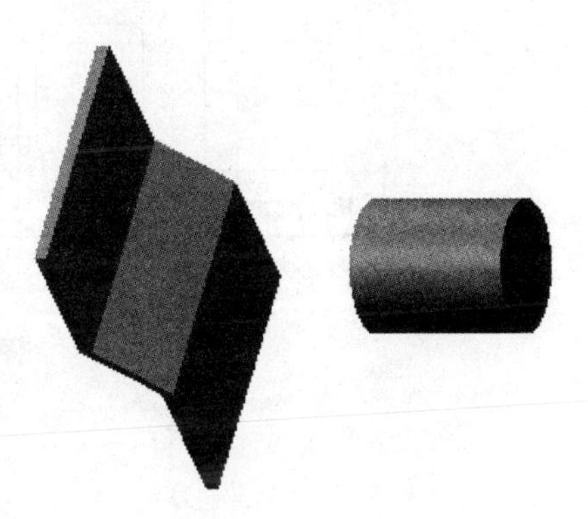
图 3-2　拉伸深度原模型

5. 在 Creo Parametric 2.0 中完成如图 3-3～图 3-6 所示的零件造型，并分别以 ep3-3～ep3-6 命名保存在自己的工作目录下。没有给定尺寸数值的模型尺寸自行确定。

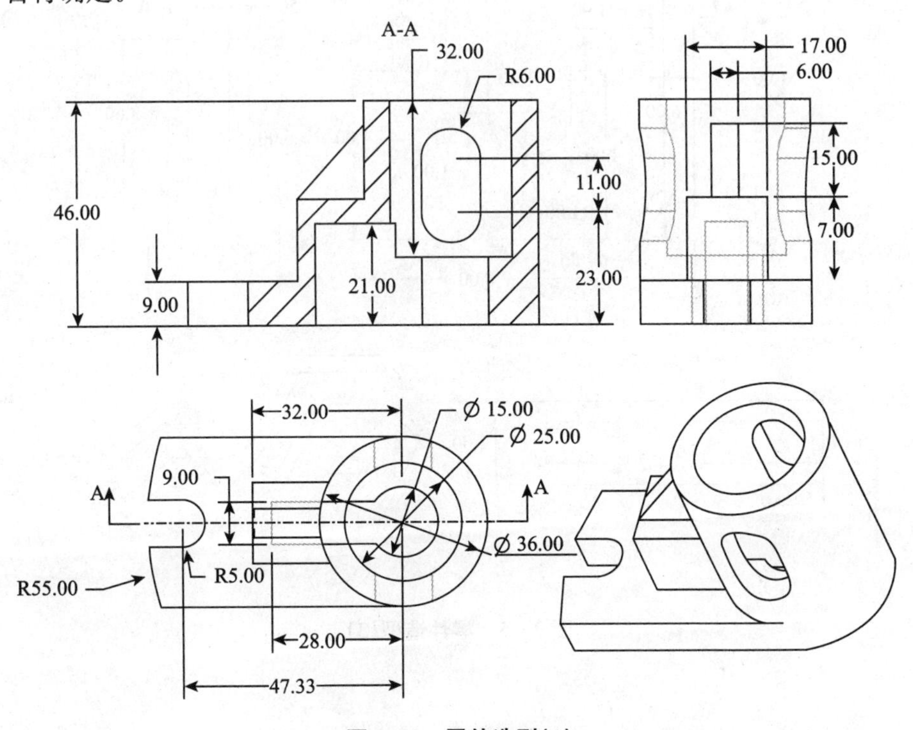

图 3-3　零件造型(1)

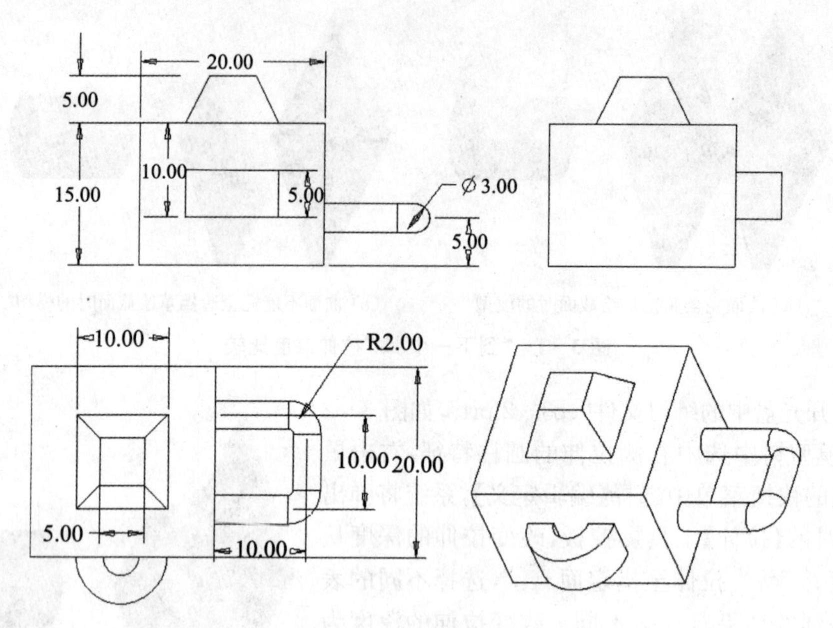

图 3-4　零件造型(2)

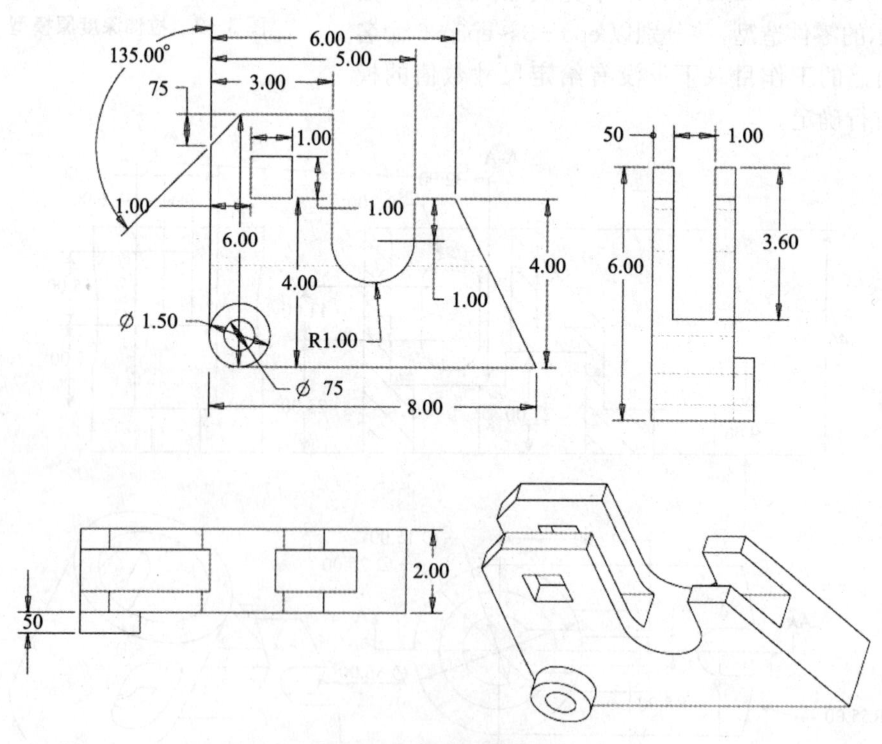

图 3-5　零件造型(3)

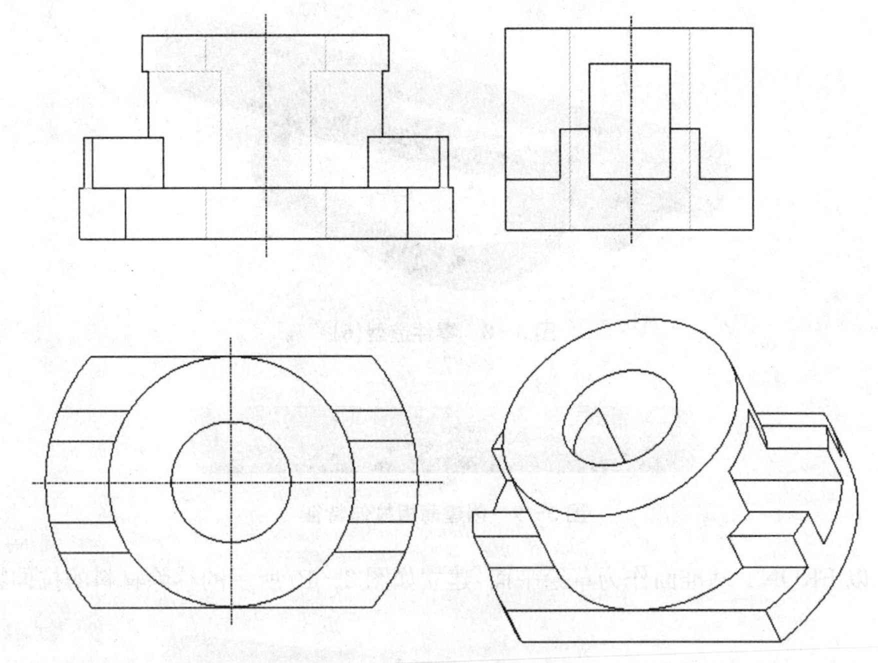

图 3-6　零件造型(4)

6. 利用拉伸等特征建立如图 3-7 所示的“金字招牌”模型,尺寸自定。

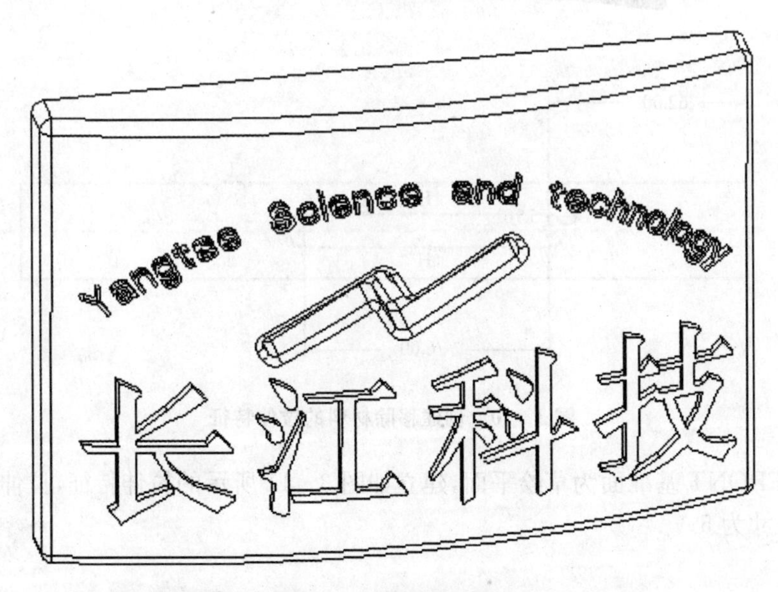

图 3-7　零件造型(5)

7. 利用拉伸等特征完成如图 3-8 所示模型的创建。

主要步骤如下:

(1) 以 RIGHT 基准面作为草绘平面,建立如图 3-9 所示的薄板拉伸特征。圆柱筒外径Ø29,内径Ø23,长度 225,特征生长方向向右。

图 3-8　零件造型(6)

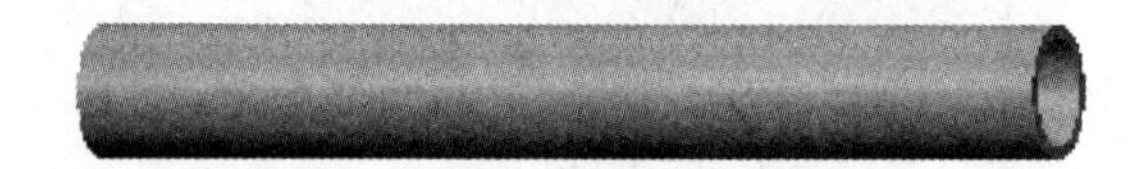

图 3-9　创建薄板拉伸特征

(2) 以 FRONT 基准面作为草绘平面，建立如图 3-10 所示的移除材料的拉伸特征。

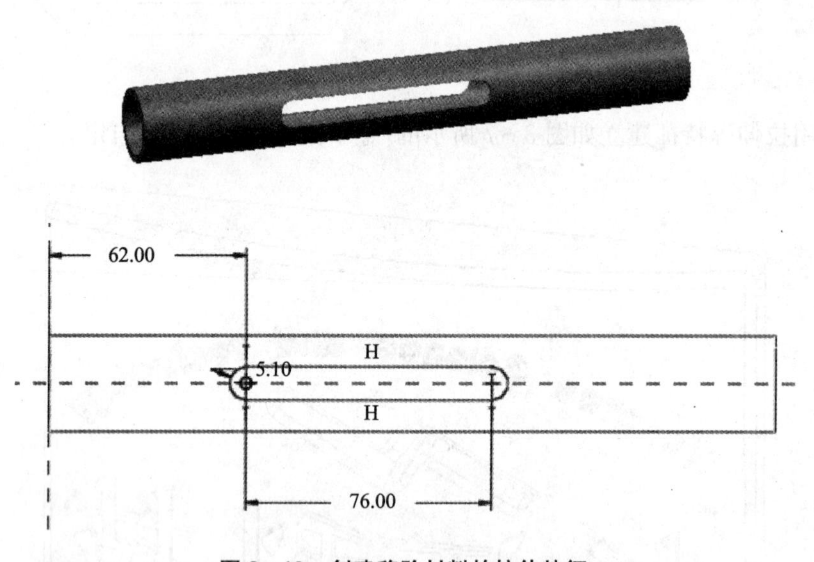

图 3-10　创建移除材料的拉伸特征

(3) 以 FRONT 基准面为草绘平面，建立如图 3-11 所示的拉伸特征，拉伸深度为对称方式，拉伸尺寸为 5。

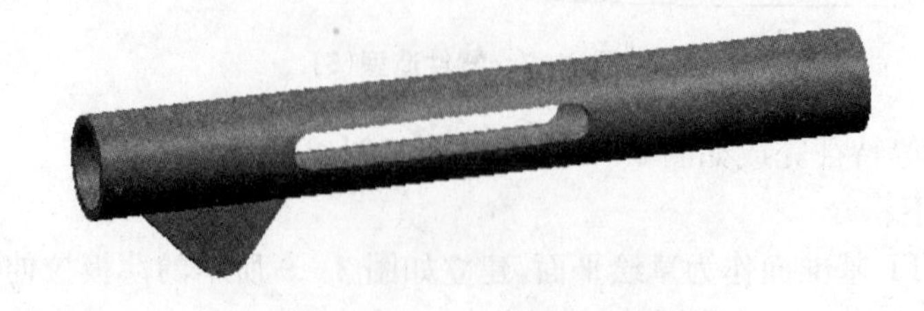

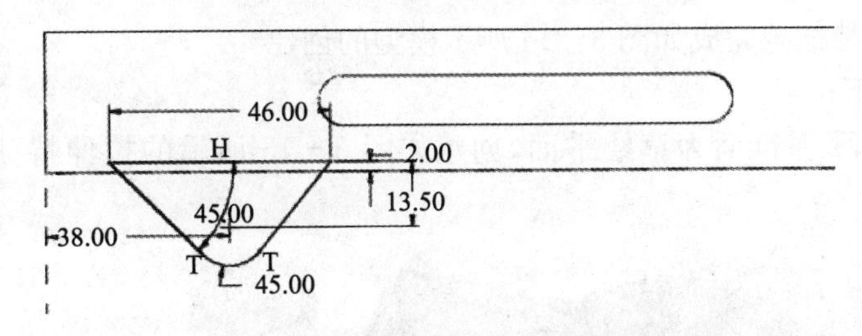

图 3-11　创建对称的拉伸特征(1)

(4) 以 FRONT 基准面为草绘平面,建立如图 3-12 所示的拉伸特征,拉伸深度为对称方式,拉伸尺寸为 12。

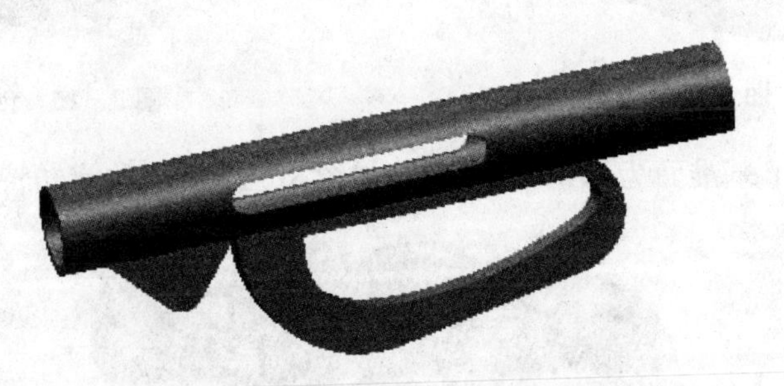

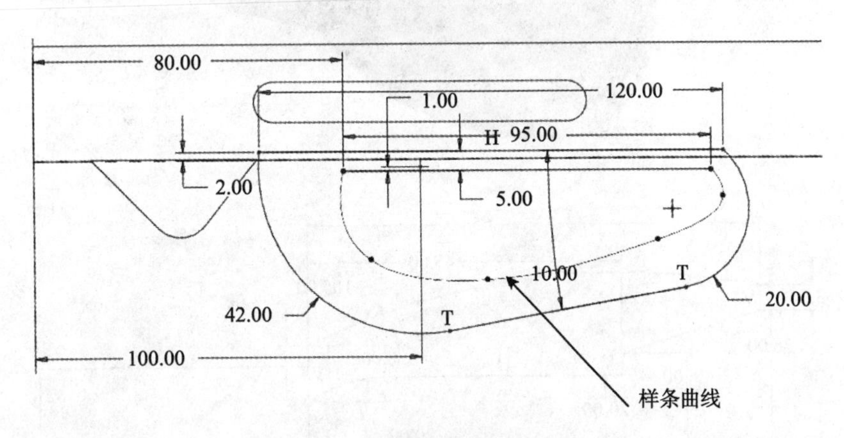

图 3-12　创建对称的拉伸特征(2)

(5) 以“减材料的拉伸特征”或者“同轴孔”的方式创建一个穿透的孔特征(参见教材第 4.2 节“孔特征”),孔的直径为∅4,如图 3-13 所示。

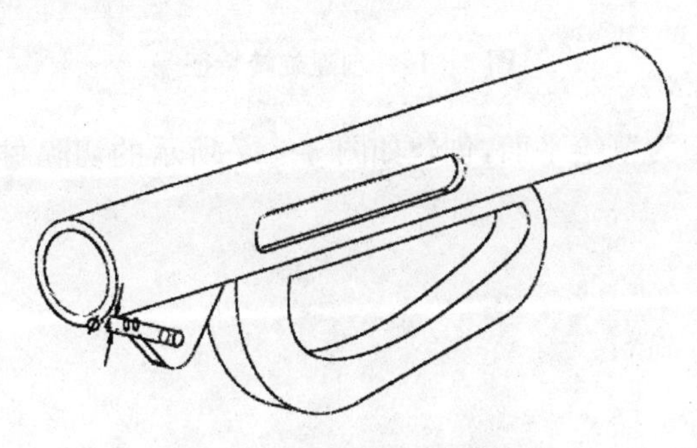

图 3-13　创建穿透的孔特征

8. 利用旋转特征等完成如图 3 - 14 所示模型的创建。

主要步骤如下:

(1) 以 RIGHT 基准面为草绘平面,创建如图 3 - 15 所示的拉伸特征,特征生长方向向左。

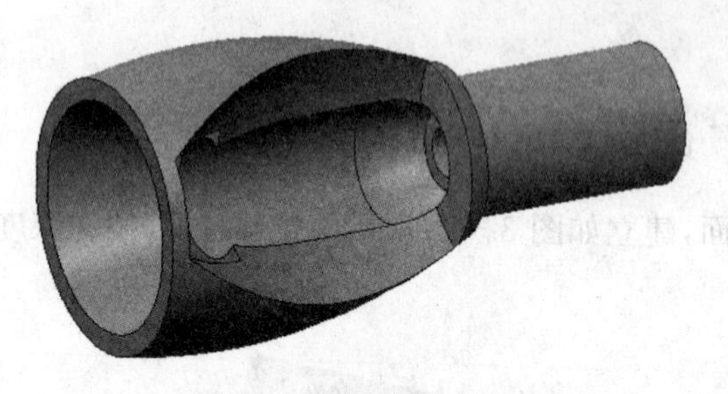

图 3 - 14　零件造型(7)

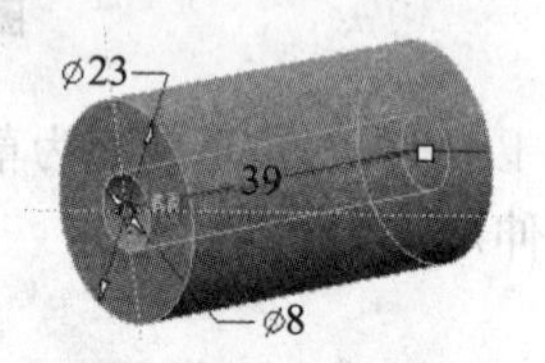

图 3 - 15　创建拉伸特征

(2) 以 FRONT 基准面为草绘平面,创建如图 3 - 16 所示的旋转特征。

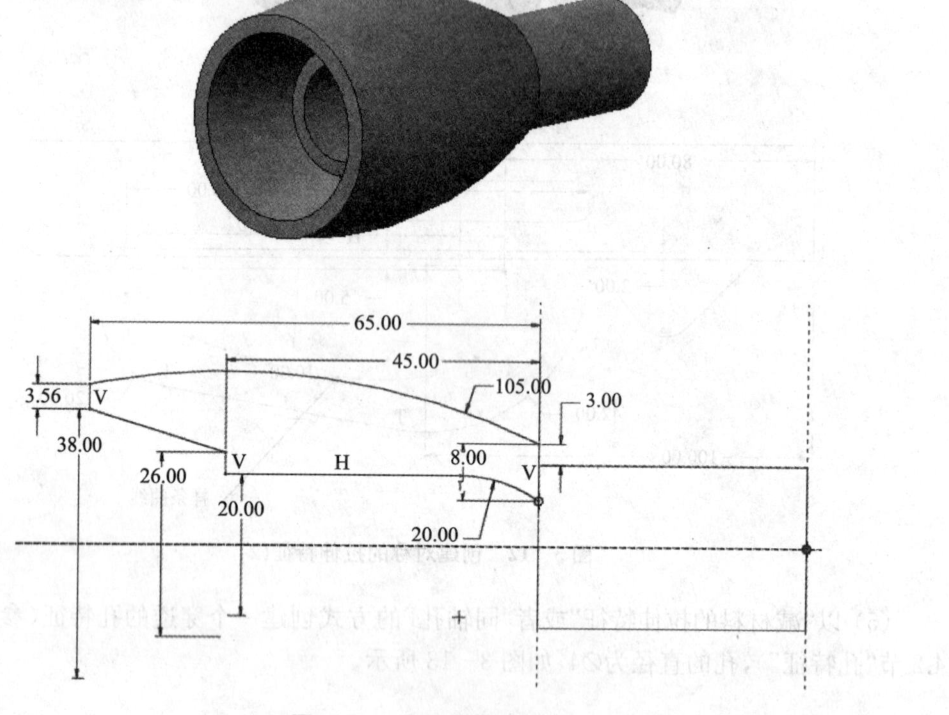

图 3 - 16　创建旋转特征

(3) 以 TOP 基准面为草绘平面,创建如图 3 - 17 所示的切除材料的旋转特征,旋转的角度为 360°。

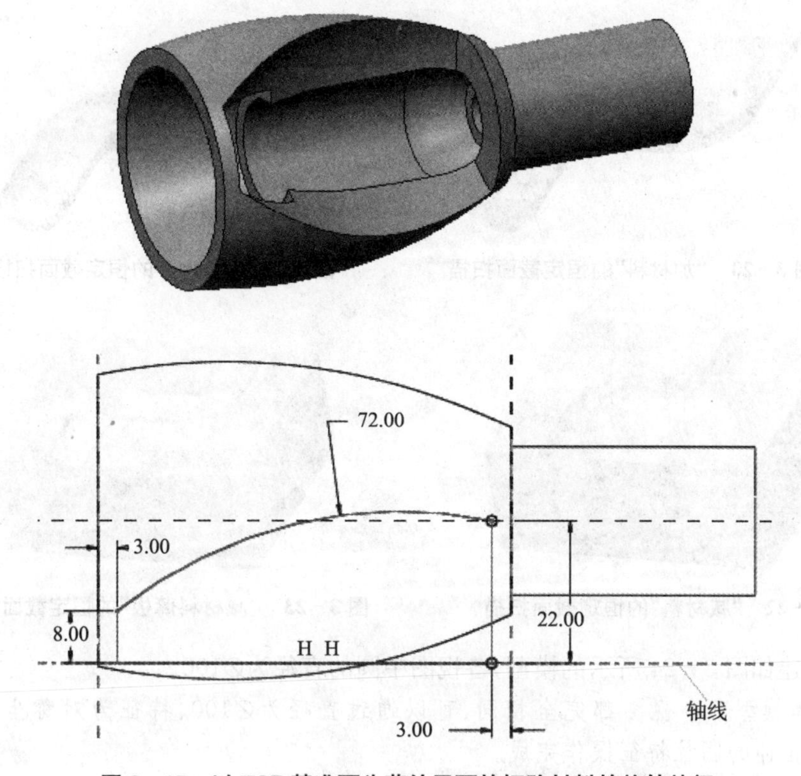

图 3 - 17　以 TOP 基准面为草绘平面的切除材料的旋转特征

9. 创建恒定截面扫描特征，其轨迹线如图 3 - 18 所示，截面如图 3 - 19 所示。通过图 3 - 20～图 3 - 23 四个图例比较“加材料”、“薄板”、“减材料”、“减材料薄板”建模方式的区别。

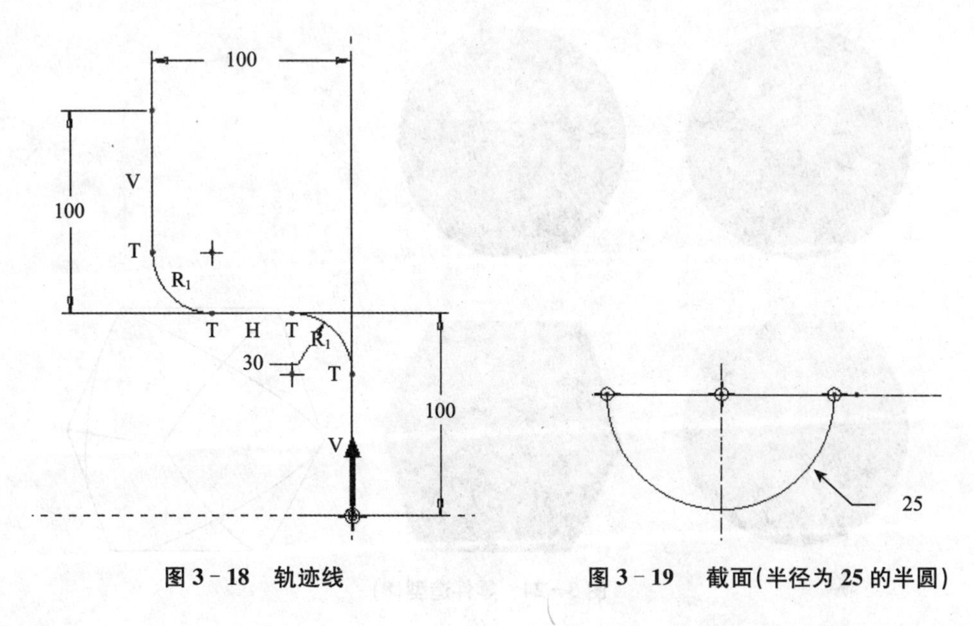

图 3 - 18　轨迹线　　**图 3 - 19　截面(半径为 25 的半圆)**

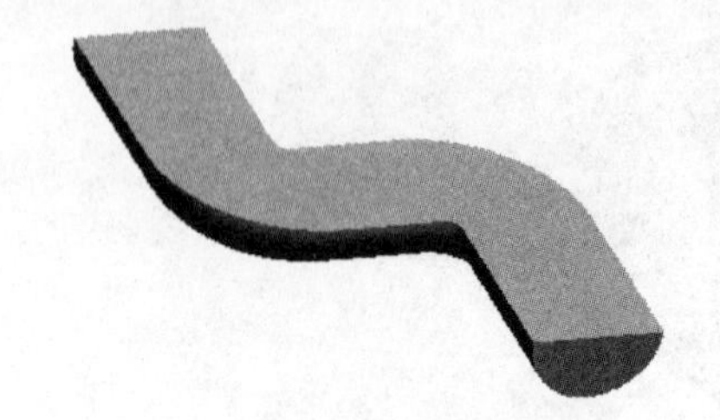

图 3-20 “加材料”的恒定截面扫描

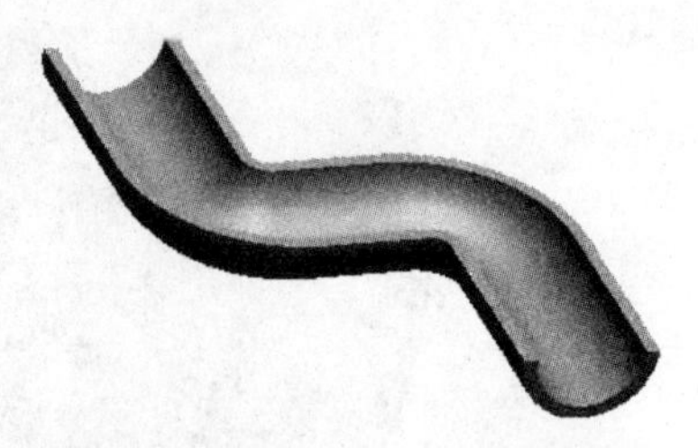

图 3-21 “薄板”的恒定截面扫描

图 3-22 “减材料”的恒定截面扫描

图 3-23 “减材料薄板”的恒定截面扫描

10. 创建如图 3-24 所示的模型，各视图中圆的直径为∅100。

分析：本模型三个视图都完全相同，可以通过直径为∅100、特征为对称生长，深度为 100 的三个拉伸的圆柱特征操作完成。

主要步骤如下：

(1) 选择【模型】选项卡→【形状】命令组→【拉伸】，打开【拉伸】命令工具操控板。选择 TOP 基准面作为草绘平面，绘制一个直径为∅100 的圆；指定特征为对称生长，深度 100。结果如图 3-25(a)所示。

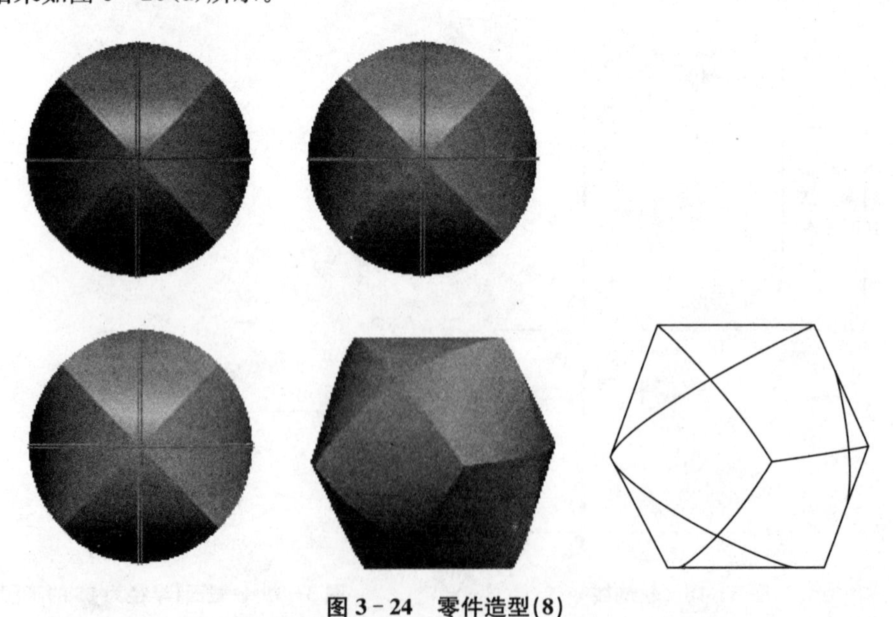

图 3-24 零件造型(8)

(2) 打开【拉伸】命令工具操控板，按下进行切除材料特征的创建。选择 FRONT 基准面作为草绘平面，绘制一个直径为∅100 的圆；指定特征为对称生长⊟，深度 100，材料去除区域为截面的外侧。结果如图 3 - 25(b)所示。

(3) 打开【拉伸】命令工具操控板，按下◿进行切除材料特征的创建。选择 RIGHT 基准面作为草绘平面，绘制一个直径为∅100 的圆；指定特征为对称生长⊟，深度 100，材料去除区域为截面的外侧。结果如图 3 - 25(c)所示。

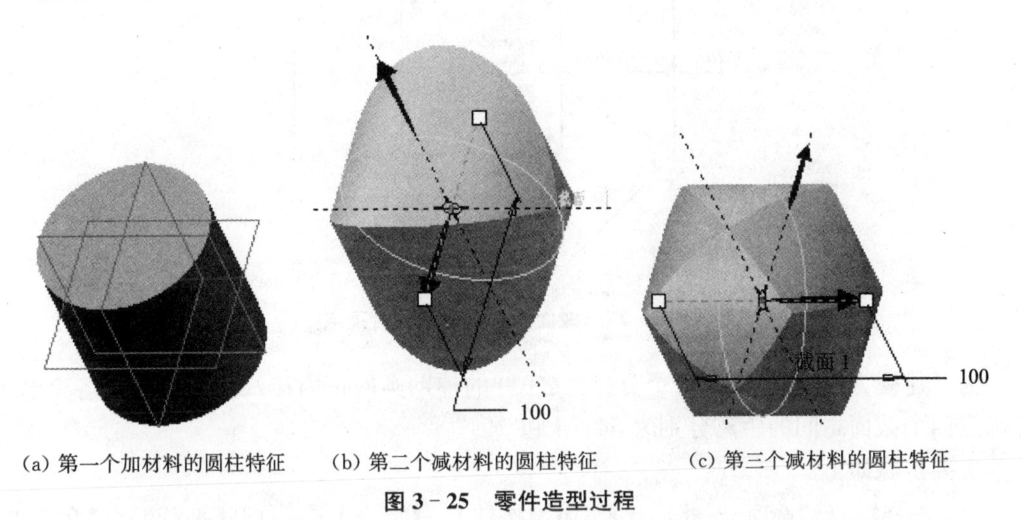

(a) 第一个加材料的圆柱特征　(b) 第二个减材料的圆柱特征　(c) 第三个减材料的圆柱特征

图 3 - 25　零件造型过程

11. 利用平行混合特征等完成如图 3 - 26 所示模型的创建。

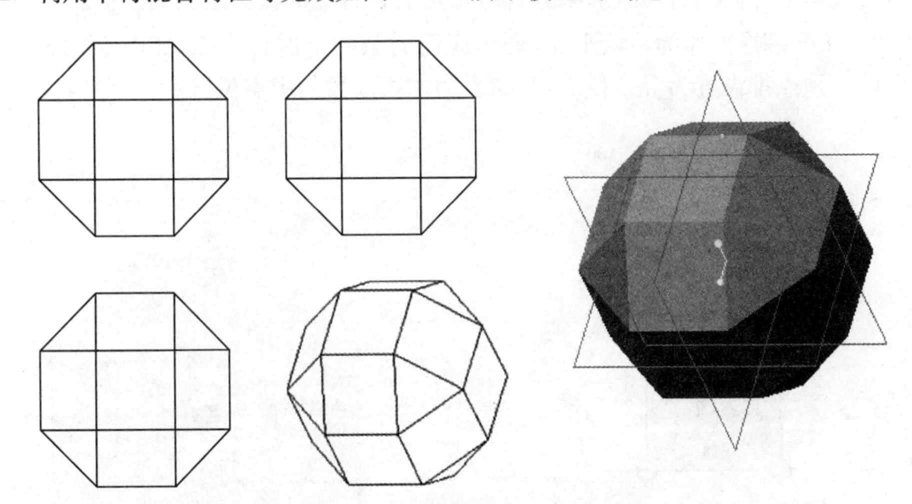

图 3 - 26　平行混合特征创建的模型

分析：本模型三个视图完全相同，看似复杂，实际只需要使用一个具有四个截面的平行混合的特征就可以建立。顶面和底面是正方形，中间的 2 个截面都是正八边形。由于创建混合特征时每个截面都需要有相同的顶点数，这样从表面上看，我们需要在顶面和底面的四个顶点处各增加一个混合顶点，使得顶面和底面的每一个顶点对应于中间截面的 2 个顶点就能解决问题。但是，因为“截面的起始点不能作为混合顶点”的限制，所以需要将截面的起始点设在顶面和底面正方形一条边的中间；同时为了使中间的八边形截面和正方形截面相对应，八边形截面的起始点也应该在一条边的中间，这样实际上每个截面都应该是 9 个顶点。如图 3-27 所示为各截面及其起始点。

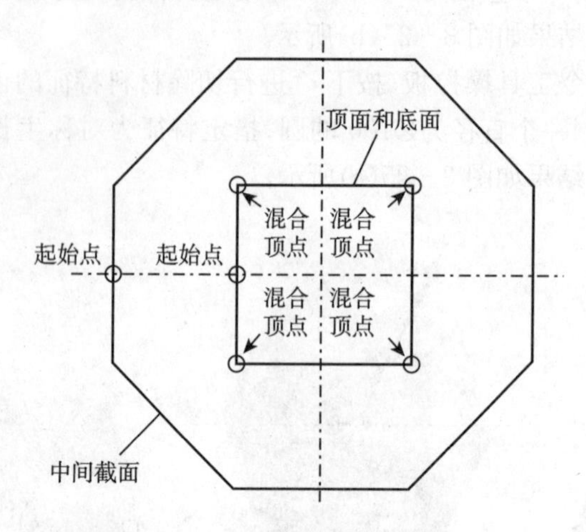

图 3-27　截面的起始点和混合顶点

为了建模方便,我们通过一个直径为∅100 的辅助圆的正内接八边形来建立各个截面,并确定四个截面之间的距离分别为 54、76 和 54。

主要步骤如下:

(1) 选择【模型】选项卡→【形状】组溢出按钮→【混合】,打开【平行混合】命令工具操控板,选择 选项 选项卡打开【选项】面板,指定混合特征的截面之间的连接属性为“直”。

(2) 以 TOP 基准面作为草绘平面,创建底面的第一个混合截面,如图 3-28(a)所示。将正方形四个顶点都设置为混合顶点,起始点为左边线段的中点位置。

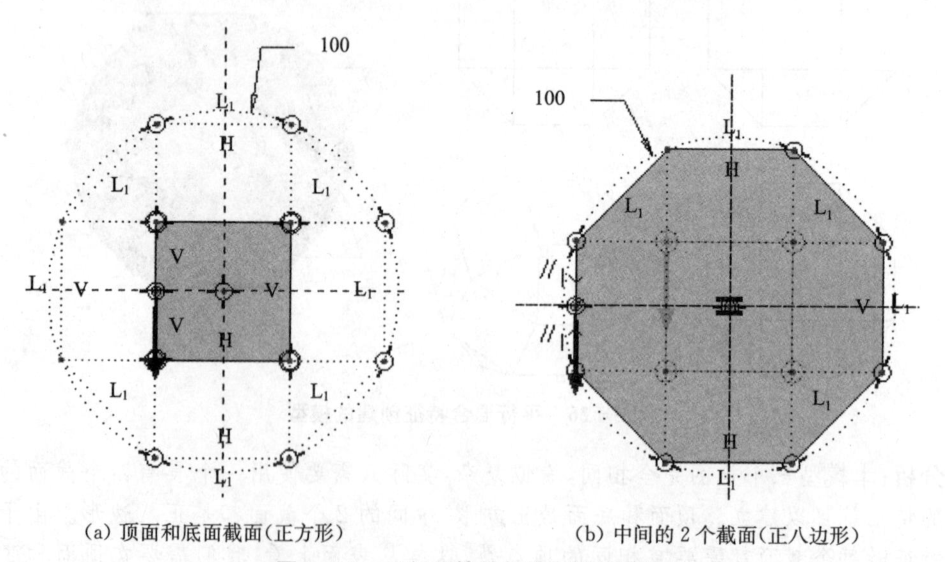

(a) 顶面和底面截面(正方形)　　(b) 中间的 2 个截面(正八边形)

图 3-28　平行旋转特征的各混合截面

(3) 第二个混合截面为一个正八边形,偏移第一个截面距离 54,起始点为左边线段的中点位置,如图 3-28(b)所示。

(4) 第三个混合截面和第二个截面形状相同,是一个正八边形,偏移第二个截面距离

76,起始点为左边线段的中点位置,如图 3－28(b)所示。

(5) 第四个混合截面和第一个截面形状相同,是一个正方形,偏移第三个截面距离 54,起始点为左边线段的中点位置,如图 3－28(a)所示。

(6) 单击特征操控板中的✔按钮,完成平行混合特征的创建。

12. 利用平行混合特征,创建具有三个截面(截面之间两两距离 60)的变形棱锥体,如图 3－29 所示。

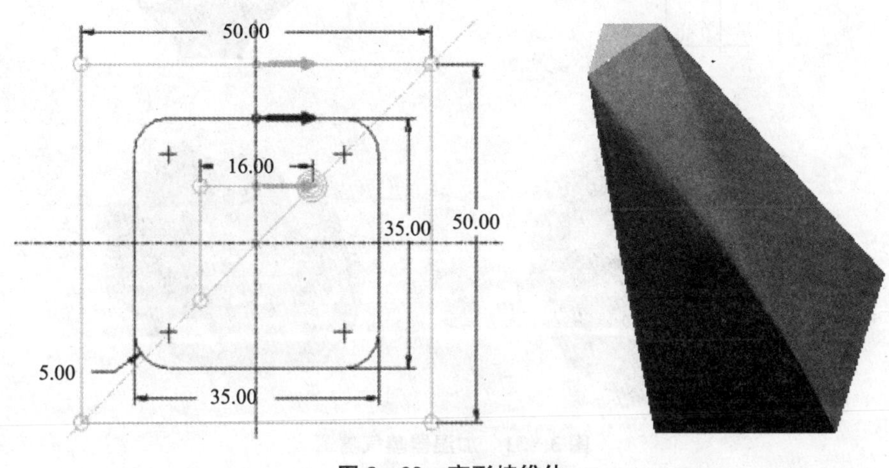

图 3－29　变形棱锥体

13. 利用扫描和平行混合特征,自定尺寸,创建如图 3－30 所示的奔驰车标记。

图 3－30　奔驰车标记

14. 创建如图 3－31 所示的“加湿器喷气嘴罩”模型。窄口处直径∅50,宽口处直径∅250,喷嘴模型厚度为 3,上边边缘处圆角半径为 R1。

分析:使用可变截面扫描,并利用关系式及 trajpar 参数控制截面的尺寸参数变化,关系式为:sd＃＝sin(trajpar＊360＊10)＊10＋10(sd＃表示图 3－31 中高度发生变化的尺寸参数)。

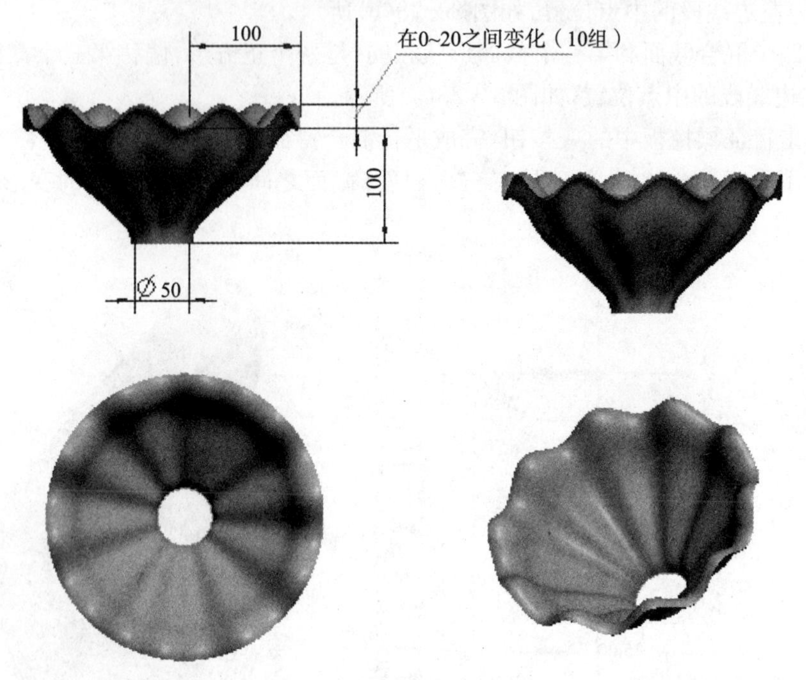

图 3-31　加湿器喷气嘴罩

(1) 以 TOP 基准面作为草绘平面绘制一个直径∅50 的圆作为可变截面扫描的原点轨迹线。

(2) 选择【模型】选项卡→【形状】命令组→【扫描】，在系统弹出的【扫描】工具操控板中选择创建可变截面扫描特征，按下并指定薄板的厚度为 3。

(3) 选择∅50 的圆曲线作为原点轨迹线和法向轨迹线。

(4) 选择操控板中的创建扫描截面。先画一条距离原点轨迹线起始点为 100 的构造中心线，再绘制如图 3-32 所示的样条曲线作为扫描截面。一共有三个尺寸，其中截面终点距离构造中心线的高度尺寸为可变的，由关系式来控制。

(5) 选择【工具】选项卡→【模型意图】命令组→【关系】d=，在弹出的【关系】对话框中键入“sd5＝10 * sin(trajpar * 360 * 10)＋10”(此处的尺寸编号为 sd5，与图 3-32 中显示的尺寸编号一致)，用以控制截面最高点距离中心线的尺寸。单击对话框中的 确定 按钮，然后选择【草绘】选项卡，单击完成二维截面的绘制，退出“草绘器”。

注意：关系式右侧 sin(trajpar * 360 * 10)的几何意义表示为 10 个周期的正弦函数曲线。当 trajpar 为 0 时，其值为 0；当 trajpar 的值为 1/10 时，其值为 sin360°，表示第二个周期的正弦函数曲线开始，依次类推。

(6) 单击特征操控板中的按钮，完成可变截面扫描特征的创建，如图 3-31 所示。

(7) 在模型上边边缘处创建半径为 R1 的圆角特征(圆角的创建参见教材第 4.3 节“倒圆角特征”)。

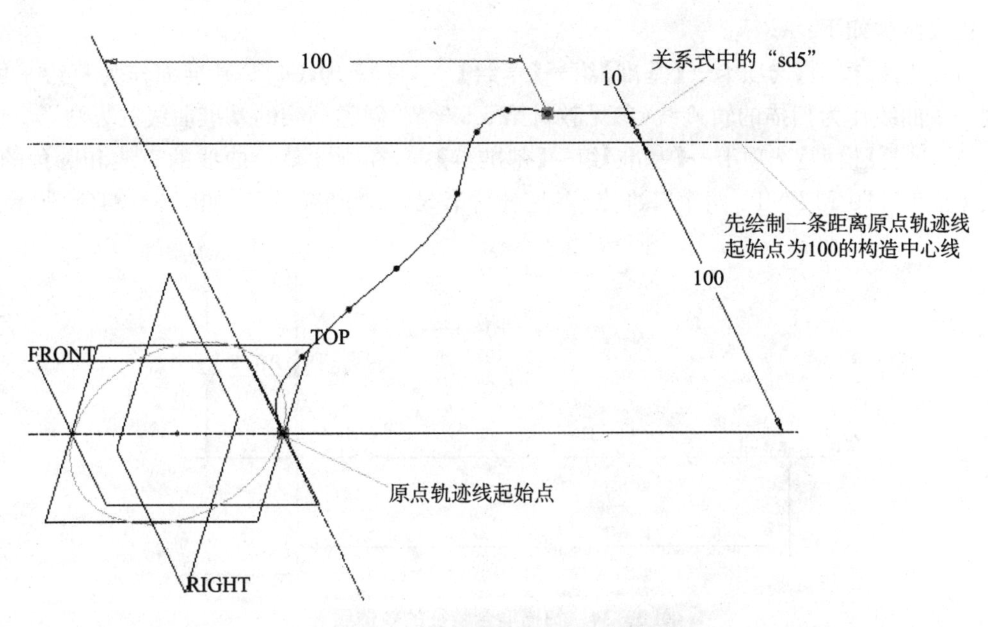

图 3－32　加湿器喷气嘴罩的扫描截面

15. 创建如图 3－33 所示的烟斗零件模型。

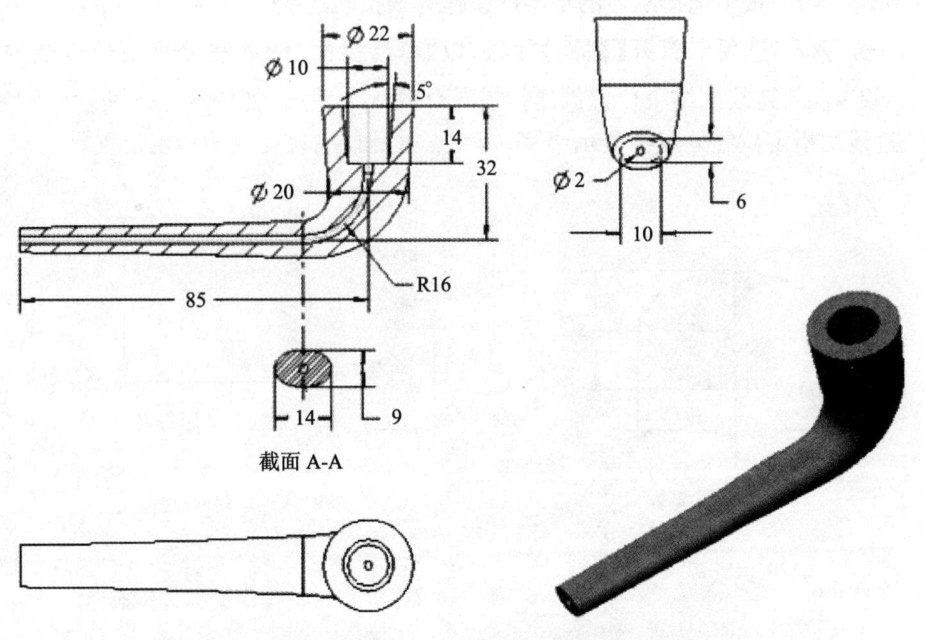

图 3－33　烟斗零件模型

分析：本模型主要使用扫描混合特征创建烟斗的外形；中间的细长孔使用减材料的扫描特征创建；右边上方带有锥度的孔可以使用减材料及带有锥度的拉伸特征，或者先建立孔特征（参见教材第 4.2 节"打孔特征"），再对于孔的内表面进行拔模（参见教材第 4.7 节"拔模特征"）。

主要步骤如下：

(1) 选择【模型】选项卡→【基准】组→【草绘】，选择 FRONT 基准面作为草绘平面，绘制一条曲线作为扫描的轨迹线(参见教材第 5.5.3 节“创建草绘的基准曲线的方法”)。

(2) 选择【模型】选项卡→【基准】组→【基准点】，在刚才草绘曲线的直线和圆角的连接处创建 PNT0 和 PNT1 两个基准点(参见教材第 5.4 节“基准点”)，如图 3-34(a)所示。

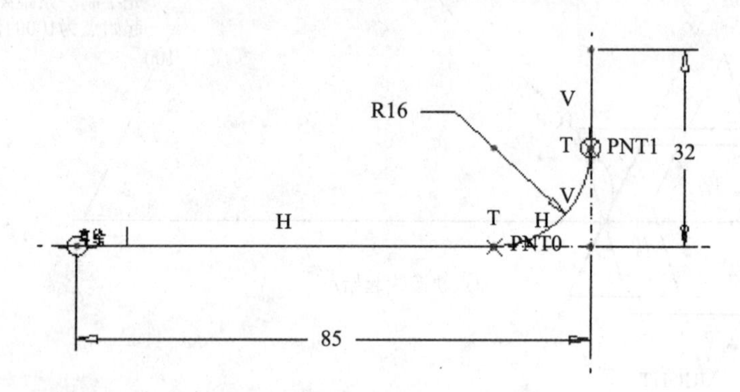

图 3-34　扫描混合特征的轨迹线

(3) 选择【模型】选项卡→【形状】组→【扫描混合】。

① 在【参考】面板中选择刚才的草绘曲线作为扫描轨迹线。

② 单击 截面 选项卡打开【截面】面板，以“草绘截面”的方法分别在轨迹线的开始、PNT0、PNT1 和轨迹线的结束位置创建扫描混合的 4 个截面，如图 3-35 所示。图形区域中，在轨迹线的指定位置处点会显示十字，其交点就是扫描轨迹线的指定位置。

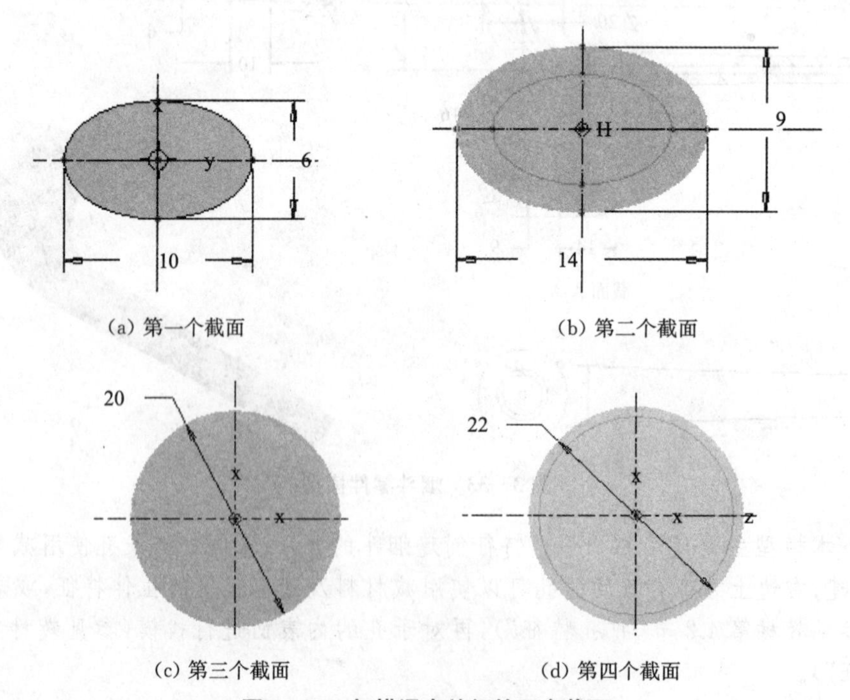

(a) 第一个截面　(b) 第二个截面

(c) 第三个截面　(d) 第四个截面

图 3-35　扫描混合特征的四个截面

③ 单击特征操控板中的按钮，完成可变截面扫描特征的创建，如图 3－36 所示。

(4) 选择【模型】选项卡→【形状】组→【扫描】，单击创建减材料的恒定截面扫描特征——烟斗中间Ø2 的孔。仍然选择(1)中的草绘曲线作为轨迹线，绘制一个直径Ø2 的圆作为截面，结果如图 3－37 所示。

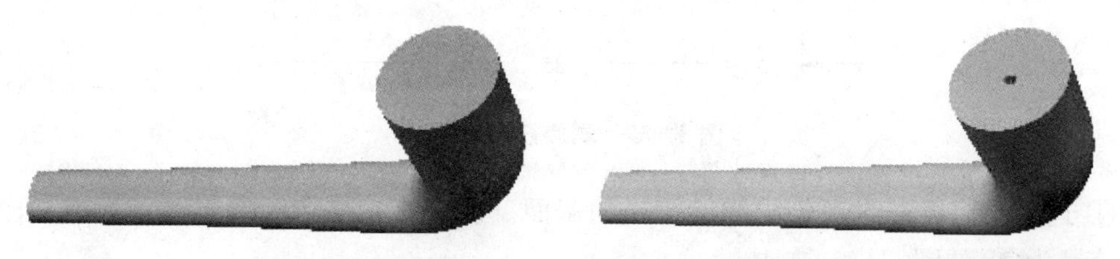

图 3－36　创建的扫描混合特征　　　**图 3－37　创建减材料的恒定截面扫描特征**

(5) 使用减材料的拉伸特征创建烟斗右面上部带有锥度的大孔；或者先直接创建一个孔(参见教材第 4.2 节“打孔特征”)，然后再对孔的内表面进行拔模(参见教材第 4.7 节“拔模特征”)。

16. 创建如图 3－38 所示的麻花钻头模型：直径Ø12，总长度 130，工作部分长度 85，螺距 30，顶角 118°，排屑槽底圆弧直径Ø8。

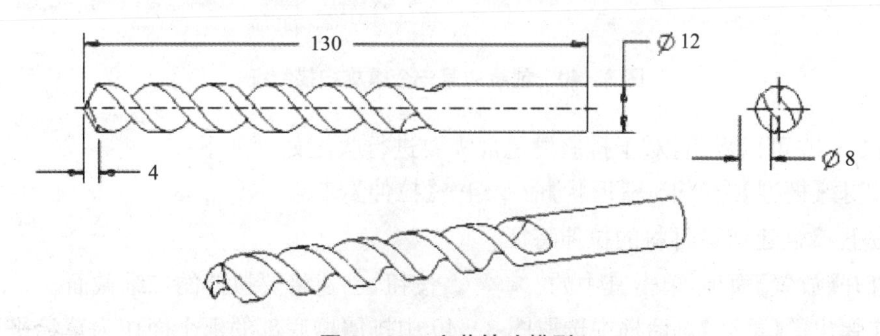

图 3－38　麻花钻头模型

分析：本模型使用螺旋扫描特征创建排屑槽结构。排屑槽尾部的收尾结构使用和螺旋扫描轨迹线相切的一个减材料拉伸的圆柱得到。由于麻花钻头的排屑槽为双线螺旋结构，所以对于已经建立好的排屑槽及尾部直接可以使用特征的“复制”和“选择性粘贴”操作(参见教材第 6.3.6 节“移动几何”)。对于钻头 118°的顶角，可以采用切除材料的旋转特征完成。

主要步骤如下：

(1) 以 FRONT 基准面作为草绘平面，创建一直径Ø12、长度 130 的轴，位于 RIGHT 基准面的左侧的旋转特征。

(2) 选择【模型】选项卡→【形状】命令组→【扫描】命令溢出按钮→【螺旋扫描】。

① 按下和按钮，创建切除材料、右旋的螺旋扫描特征。

② 打开【参考】面板，设置截面方向为“垂直于”轨迹。

③ 在【参考】面板中选择 定义... ，以 FRONT 基准面为草绘平面绘制旋转的轴线和螺旋扫描轮廓线。为了避免轴的左端出现切不到的情况，将螺旋扫描轮廓线适当延长 10，如图 3－39 所示。

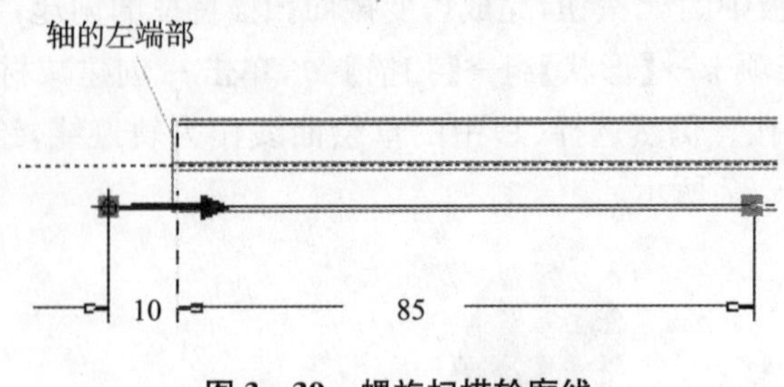

图 3-39　螺旋扫描轮廓线

④ 选择操控板中的创建螺旋扫描的截面。以螺旋扫描轮廓线起始点为圆心，绘制一个直径为∅8 的圆。

⑤ 输入螺距数值 30。

⑥ 单击特征操控板中的按钮，完成螺旋扫描特征的建立，如图 3-40 所示。

图 3-40　创建的第一个螺旋扫描特征

从图 3-40 可以看出，对于排屑槽尾部需要进行收尾处理如下：

(3) 选择【模型】选项卡→【形状】命令组→【拉伸】。

① 按下创建切除材料的拉伸特征。

② 打开【放置】面板，单击其中的 定义... 按钮，创建将要拉伸的二维截面。

③ 在弹出的【草绘】对话框中选取图 3-40 中排屑槽底部的那个面作为草绘平面，不指定定向参考面，直接进入草绘器。

④ 选择【草绘】选项卡→【草绘】组→【投影】，选择排屑槽底部的那条圆弧线作为草绘的一条边，然后选择【草绘】选项卡→【草绘】组→【3 点/相切弧】命令，画弧和已有的半圆相切，使截面成为一个完成的圆形，如图 3-41(a)所示。

⑤ 指定拉伸特征的生长深度为穿透，方向沿着原有的螺旋线方向。

⑥ 单击操控板中的按钮，完成排屑槽收尾结构的处理，如图 3-41(b)所示。

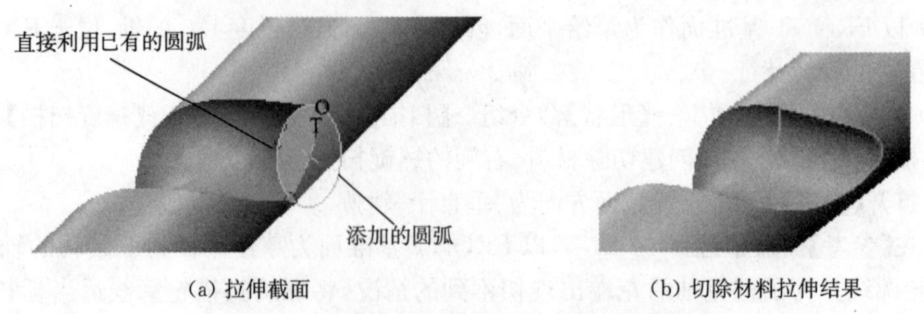

(a) 拉伸截面　　(b) 切除材料拉伸结果

图 3-41　切除材料拉伸得到的排屑槽收尾结构

(4) 对双线螺旋结构的麻花钻头的排屑槽，使用特征的“复制”和“选择性粘贴”操作如下：

① 在图形中选择创建的螺旋扫描特征和拉伸特征。

② 选择【模型】选项卡→【操作】组→【复制】，或者按下 Ctrl+C 键。

③ 选择【模型】选项卡→【操作】组→【选择性粘贴】，在弹出的如图 3-42 所示的【选择性粘贴】对话框中勾选“对副本应用移动/旋转变换”，单击 确定(O) 。

④ 系统弹出【移动(复制)】工具操控板，单击对副本进行旋转操作。选择轴的中心线作为旋转参考，角度为 180°，如图 3-43 所示。

⑤ 单击操控板中的按钮，完成排屑槽及收尾结构的复制操作，如图 3-44 所示。

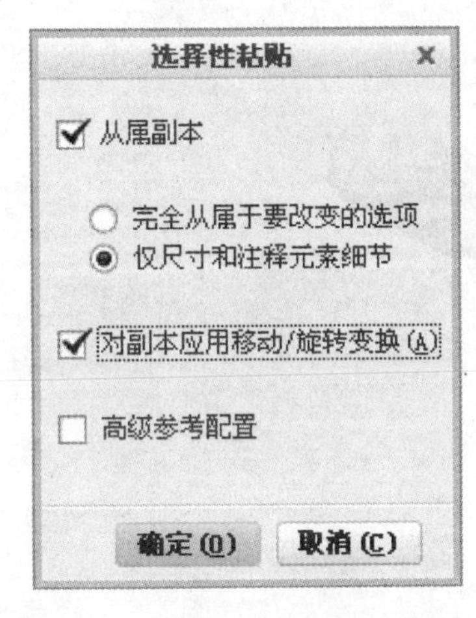

图 3-42　【选择性粘贴】对话框

图 3-43　【移动(复制)】工具操控板

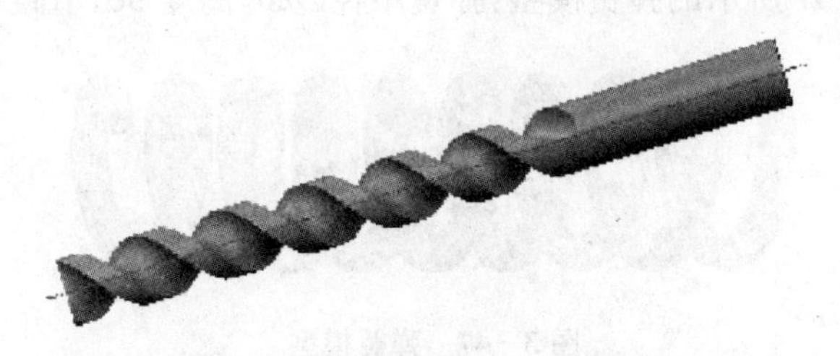

图 3-44　双线排屑槽及收尾结构

(5) 选择【模型】选项卡→【形状】命令组→【旋转】，采用切除材料的旋转特征完成钻头 118°的顶角。

① 按下创建移除材料的拉伸特征。

② 选择 FRONT 平面作为草绘平面，绘制如图 3-45 所示的旋转截面。

③ 指定旋转角度为 360°。

④ 单击操控板中的按钮，结果如图 3-45 所示。

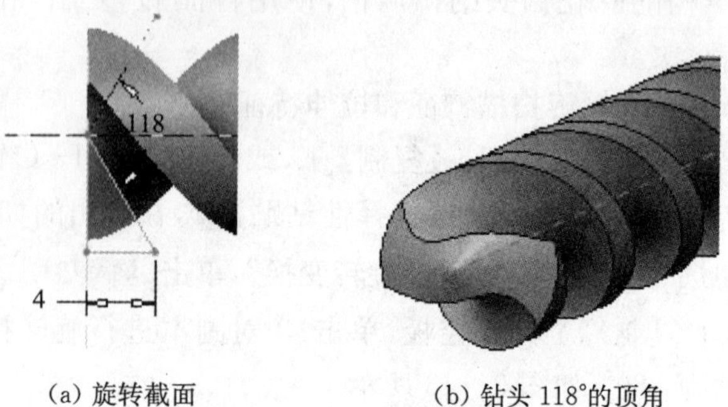

(a) 旋转截面　　(b) 钻头 118°的顶角

图 3-45　钻头 118°的顶角的创建过程

最终结果如图 3-46 所示。

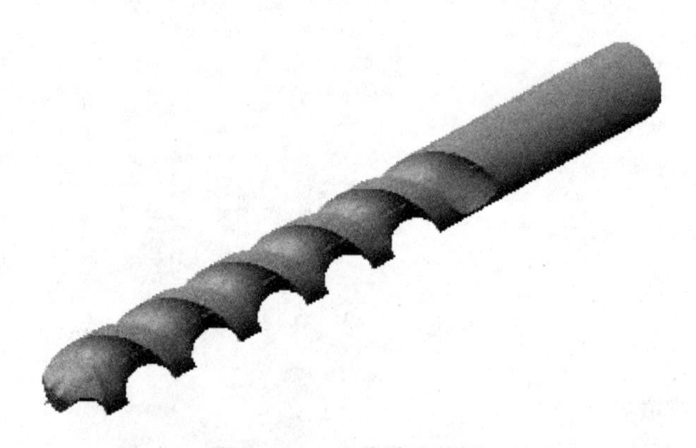

图 3-46　麻花钻头模型

17. 创建如图 3-47 所示的弹簧模型：弹簧中径∅20，高度 90，节距 10，簧丝直径∅5。

图 3-47　弹簧模型

三、实验报告作业及思考题

1. 练习并比较特征生长深度各选项“盲孔”、“对称”、“到下一个”、“穿透”、“穿至”、“到选定的”的区别与联系。

2. 结合“实验内容与步骤”练习 9，比较拉伸、旋转、恒定截面扫描、可变截面扫描、螺旋扫描、平行混合、旋转混合、扫描混合等八种基础特征的“伸出项”、“薄板伸出项”、“切口”、“薄板切口”建模方式有什么区别和联系？尝试自己构造不同特征建立方法建立三维模型。

3. 练习在基础特征的建立过程中设置特征的生长属性为“单方向生长”、“双方向对称生长”、“双方向不对称生长”等不同的情况。

4. 如何创建旋转剖面草图中的直径尺寸标注？简述绘制旋转特征截面草图的要求。

5. 在恒定截面扫描特征创建过程中，“合并端”和“封闭端点”选项对于造型的结果有何影响？对于特征截面有何不同的要求？造型的结果有何不同？扫描特征建立失败可能的原因是什么？

6. 混合特征的创建对于截面有什么要求？如何改变截面的起始点和起始方向？双重混合顶点应如何设置？

7. 在可变截面扫描特征创建过程中，【参照】面板中“轨迹”右侧的 X、N、T 代表什么意思，如何使用？如何改变原点轨迹线的起始点和起始方向？

8. 在扫描特征创建过程中，“垂直于轨迹”、“垂直于投影”和“恒定的法向”三种类型是怎样定义的？它们之间有什么区别？

9. 在可变截面扫描中如何使用基准图形(Datum Graph)结合轨迹参数 trajpar、计算函数 evalgraph 来控制截面的尺寸参数变化？

10. 将“实验内容与步骤”练习 14“加湿器喷气嘴罩”模型中高度发生变化的尺寸参数关系式“sd5＝10＊sin(trajpar＊360＊10)＋10”分别改变为“sd5＝10＊sin(trajpar＊360＊5)＋10”和“sd5＝10＊sin(trajpar＊360＊14)＋10”，观察并解释模型发生的变化。

实验四 零件建模的工程特征

一、实验目的与要求

1. 熟悉 Creo Parametric 2.0 工程特征创建的命令激活方法。

2. 熟练掌握建立 Creo Parametric 2.0 各种工程特征的方法，包括：

(1) 孔特征　　(2) 圆角特征
(3) 自动倒圆角　　(4) 倒角
(5) 拐角倒角　　(6) 轮廓筋
(7) 轨迹筋　　(8) 抽壳
(9) 拔模斜度

3. 熟练掌握在零件造型模块中建立各种方式的横截面的方法(单一剖切、旋转剖、阶梯剖等)。

二、实验内容与步骤

1. 自己设计工程特征造型实例，熟悉各种工程特征创建的菜单结构，熟练掌握建立 Creo Parametric 2.0 各种工程特征的方法。

2. 利用旋转、扫描、抽壳等特征实现如图 4-1 所示的茶杯杯体的造型，以“ep4-1.prt”命名存盘。尺寸、形态自己设计。

主要步骤如下：

(1) 以 FRONT 基准面为草绘平面，建立如图 4-2 所示的旋转特征。

图 4-1 零件造型(1)—茶杯

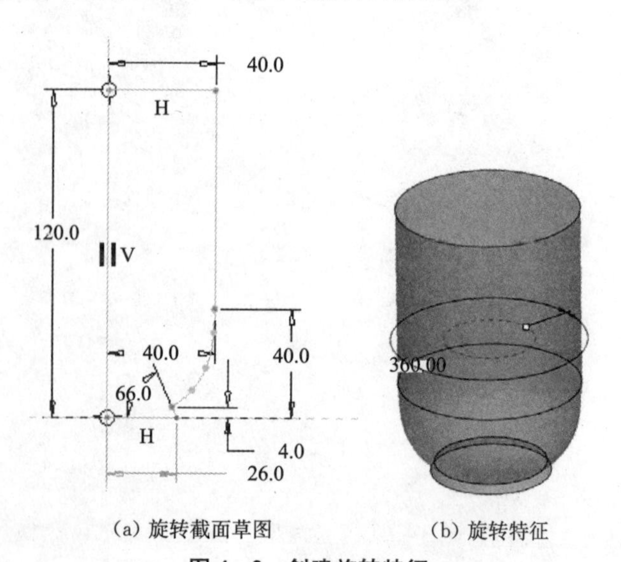

(a) 旋转截面草图　　(b) 旋转特征

图 4-2 创建旋转特征

(2) 建立如图 4-3 所示的壳特征,壳的厚度为 2.33,杯体上面的面为要去除的面。

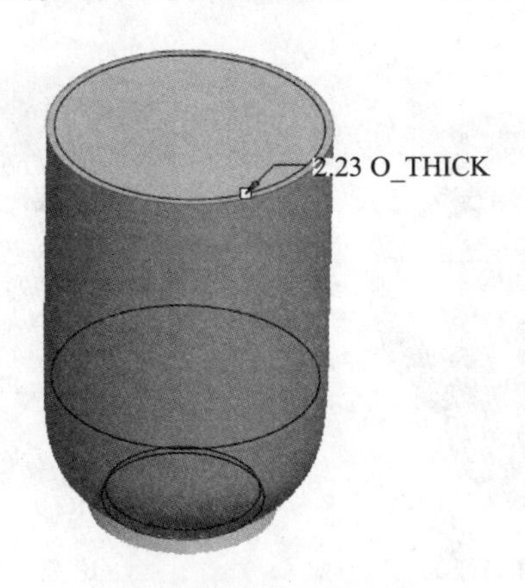

图 4-3 创建壳特征

(3) 以 FRONT 基准面为草绘平面,在杯体的底部建立如图 4-4 所示的草绘孔特征。

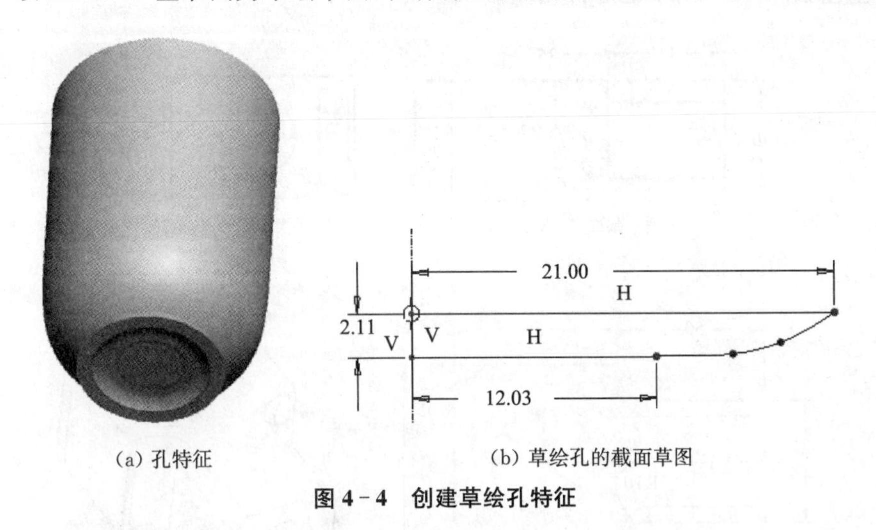

(a) 孔特征 (b) 草绘孔的截面草图

图 4-4 创建草绘孔特征

(4) 以 FRONT 基准面为扫描轨迹草绘平面,通过扫描特征建立如图 4-5 所示的杯子的把手。

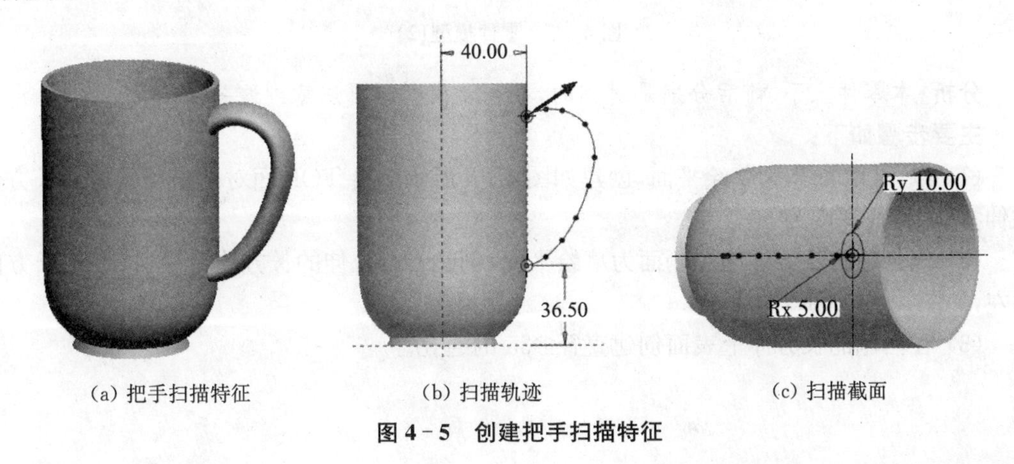

(a) 把手扫描特征 (b) 扫描轨迹 (c) 扫描截面

图 4-5 创建把手扫描特征

(5) 建立如图 4－6 所示的圆角特征。

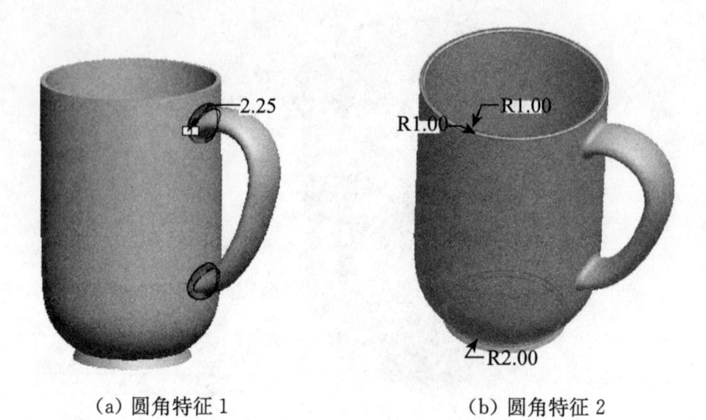

(a) 圆角特征 1　　(b) 圆角特征 2

图 4－6　创建圆角特征

3. 创建如图 4－7 所示的零件模型。

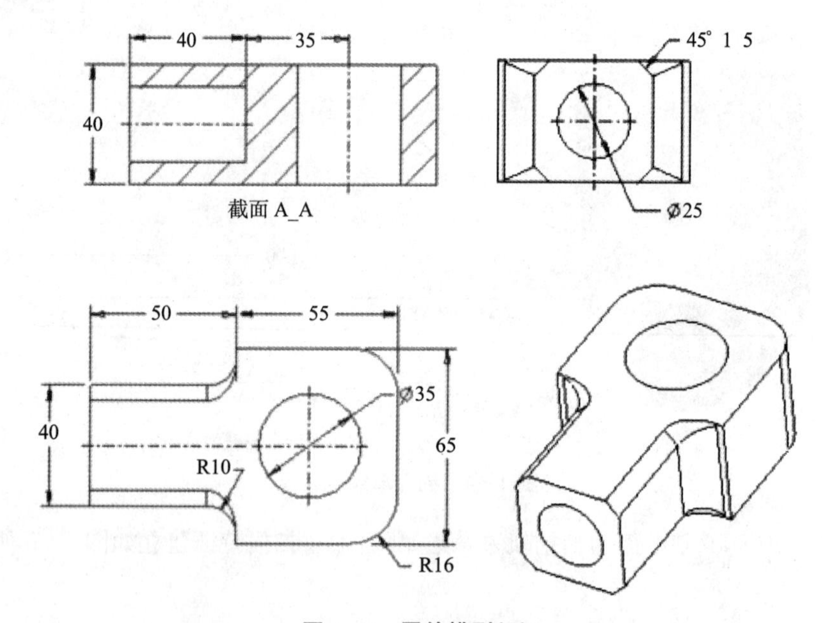

图 4－7　零件模型(2)

分析:本零件上下、前后分别是对称的,在创建模型时要注意到这一点。

主要步骤如下:

(1) 以 TOP 面作为草绘平面,创建如图 4－8 所示的沿 TOP 面对称生长的右侧长方体拉伸特征,特征深度为 60。

(2) 以创建的长方体的左侧面为草绘平面,创建一个拉伸的长方体特征,特征生长方向向左,如图 4－9 所示。

(3) 在右侧的长方体上表面创建直径Ø35 的通孔。

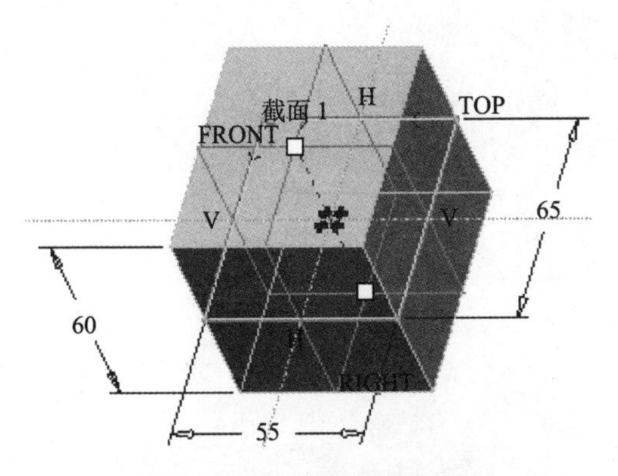

图 4 - 8　右侧长方体拉伸特征

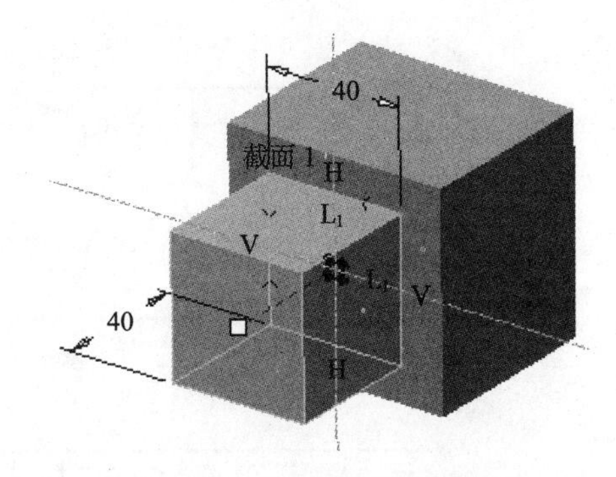

图 4 - 9　左侧长方体拉伸特征

(4) 在左侧的长方体左侧面创建直径∅25，深度 40 的圆孔，结果如图 4 - 10 所示。

(5) 在右侧的长方体右前和右后边创建 R16 的圆角，如图 4 - 11 所示。

(6) 在左侧的长方体创建倒角距离为 5 的倒角，如图 4 - 12 所示。

图 4 - 10　创建 2 个圆孔

图 4 - 11　创建 R16 的圆角

图 4 - 12　创建距离为 5 的倒角

(7) 在两个长方体的相交处创建 R10 的圆角，如图 4 - 13 所示。

(8) 以左侧长方体的左端面为草绘平面，创建减材料的拉伸特征，结果如图 4 - 14 所示。

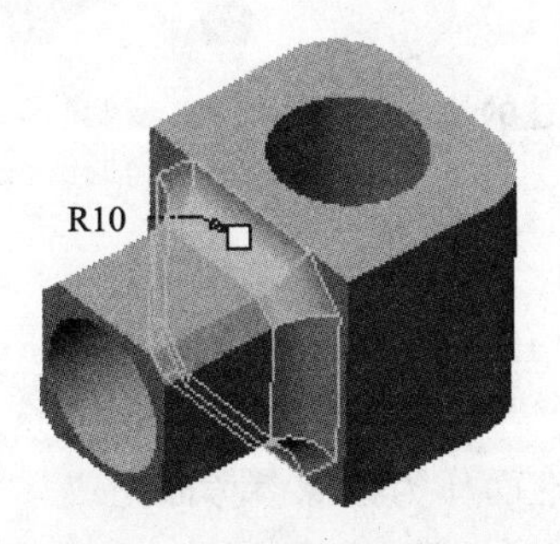

图 4 - 13　创建 R10 的圆角

图 4 - 14　创建减材料的拉伸特征

4. 创建如图 4 - 15 所示的零件模型。

主要步骤如下：

(1) 以 FRONT 面作为草绘平面，创建左右对称的长方体拉伸特征：长 54、宽 8、高 30，左上棱边和右上棱边圆角为 R6，特征生长方向向前。

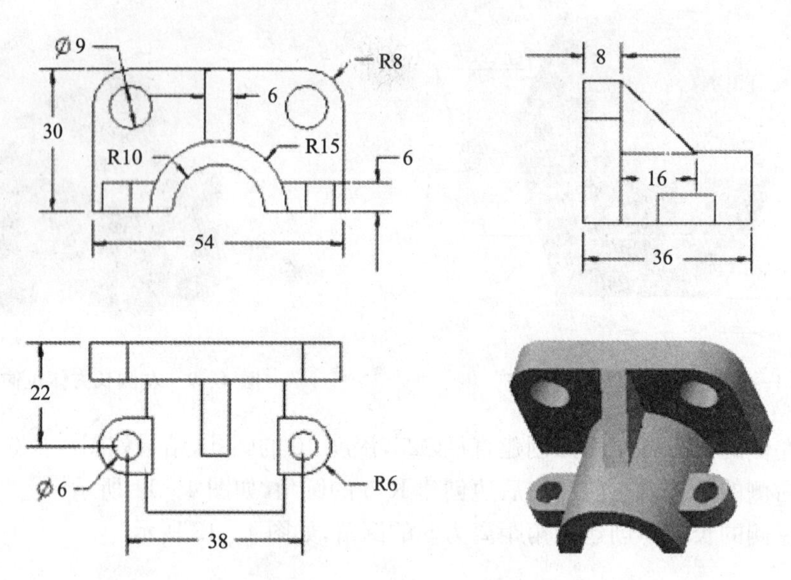

图 4－15　零件模型(3)

（2）在长方体左上棱边和右上棱边圆角处各创建一条基准轴线（参见教材第 5.3 节“基准轴线”），并选择所创建的基准轴线作为同轴孔特征的参考，分别创建两个直径∅9 的通孔，如图 4－16 所示。

（3）以后底板的前侧面为草绘平面，创建半圆柱的拉伸特征，如图 4－17 所示。

（4）创建半圆柱的同轴孔特征，如图 4－18 所示。

图 4－16　创建后面的板及孔特征　　图 4－17　创建半圆柱的拉伸特征　　图 4－18　创建半圆柱的同轴孔特征

（5）创建半圆柱筒左侧的耳板及孔特征，如图 4－19 所示。

（6）在半圆柱筒右侧创建和左侧对称的耳板及孔特征，如图 4－20 所示。本步骤操作也可以通过在模型树中先选择步骤(4)和步骤(5)创建的耳板及孔特征，然后选择【模型】选项卡→【编辑】组→【镜像】命令，指定 RIGHT 基准面作为镜像参考面完成。

（7）以 RIGHT 基准面作为草绘平面创建筋特征，如图 4－21 所示。

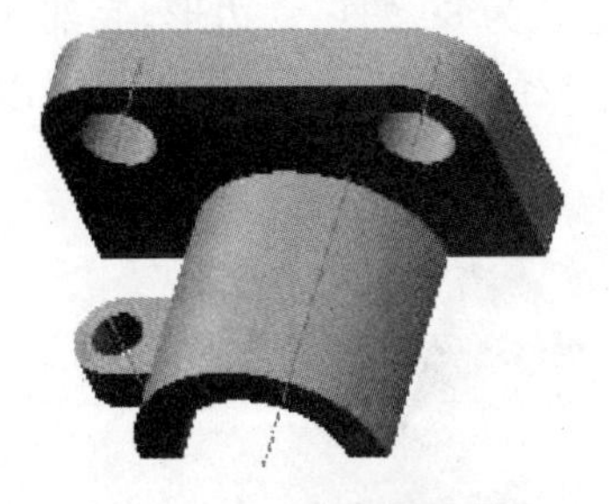

图 4－19　创建左侧的耳板及孔特征

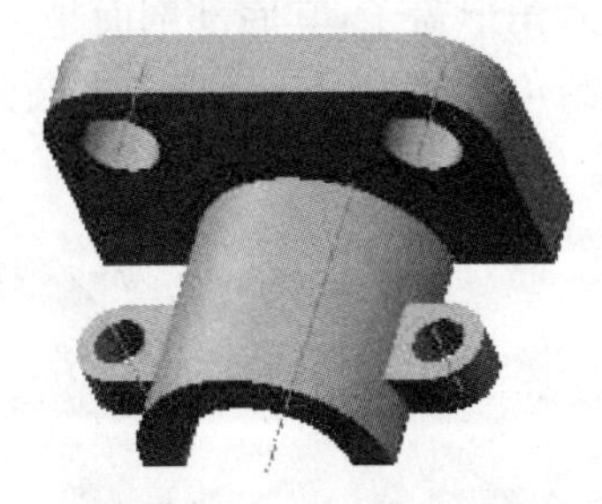

图 4－20　创建右侧的耳板及孔特征

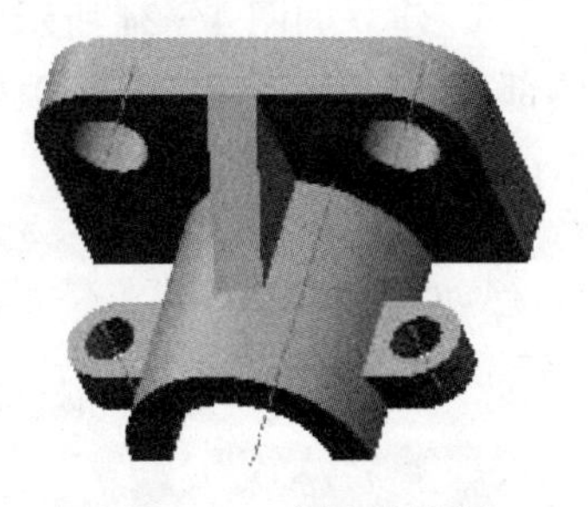

图 4－21　创建筋特征

5. 用 Creo Parametric 2.0 创建如图 4－22 和图 4－23 所示的零件，分别以“ep4－22.prt”、“ep4－23.prt”命名存盘。

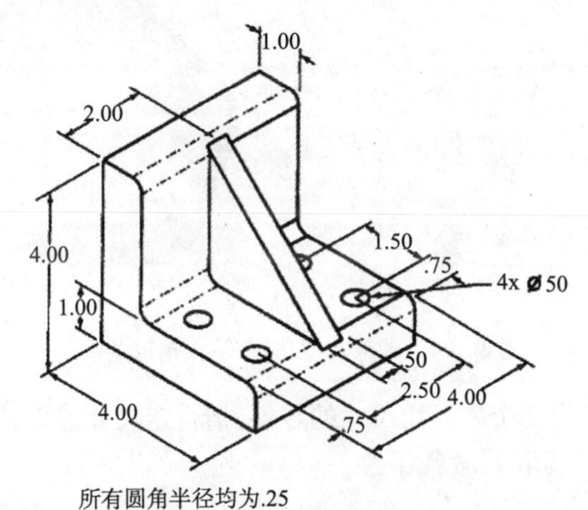

图 4－22　零件造型(4)

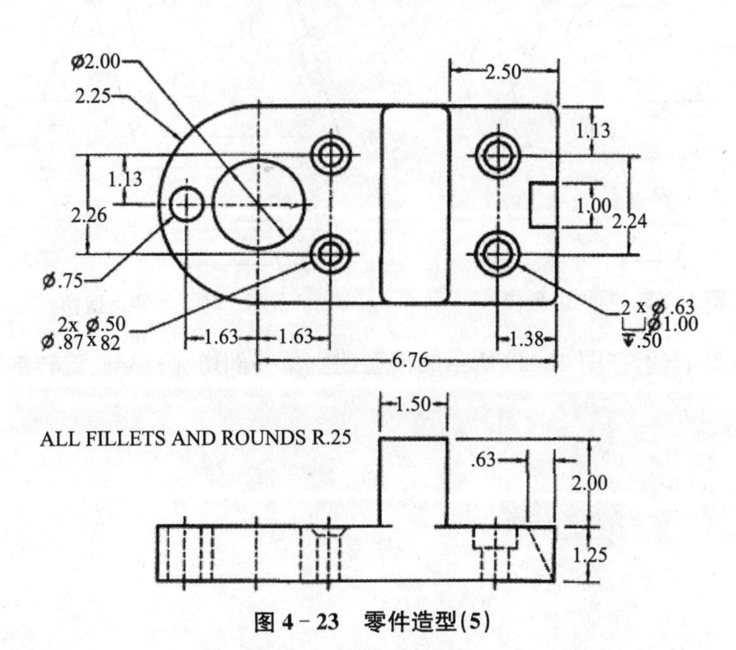

图 4－23　零件造型(5)

6. 建立如图 4－24 所示的六角形盖子，其底部剖面是一边长为 60 的正六边形，底部和锥部高分别为 24 和 30，锥顶处圆角半径为 R6，底部最大圆角半径为 R25，抽壳厚度为 5，以“ep4－24.prt”命名存盘。

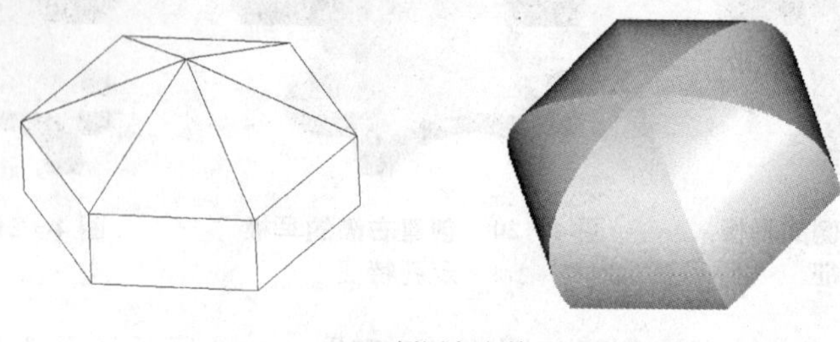

(a) 倒圆角之前

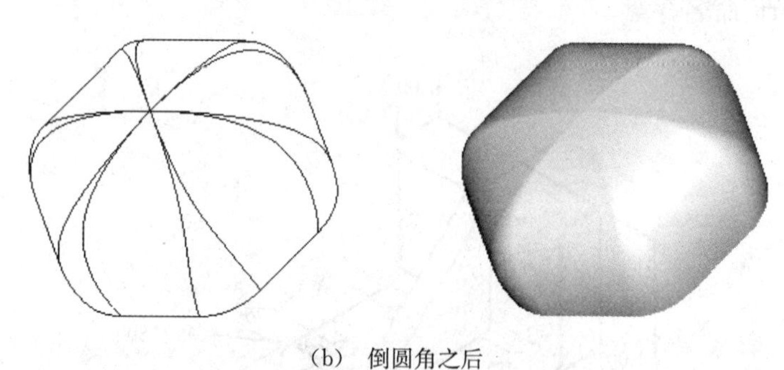

(b) 倒圆角之后

图 4－24 零件造型(6)——六角形盖子

7. 图 4－25、4－26 为 2 个未标注尺寸的零件，请自定尺寸建立这 2 个零件的造型。分别以“ep4－4.prt”、“ep4－5.prt”命名存盘。

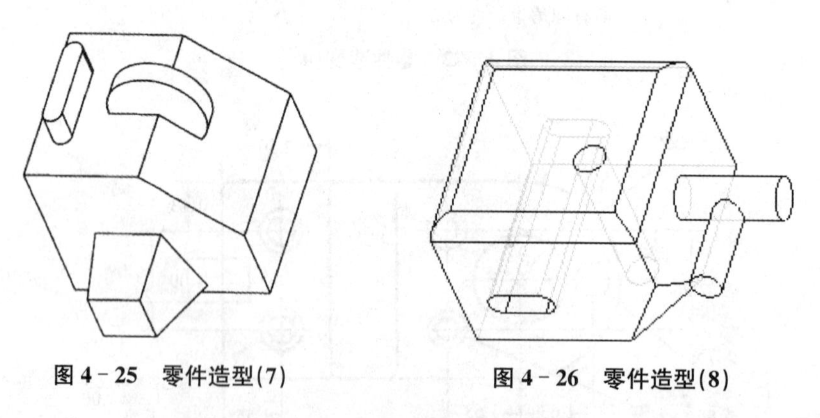

图 4－25 零件造型(7)　　　　**图 4－26 零件造型(8)**

8. 打开如图 4－27～图 4－29 所示的模型建立单一剖切、阶梯剖、旋转剖等不同类型的横截面并保存。

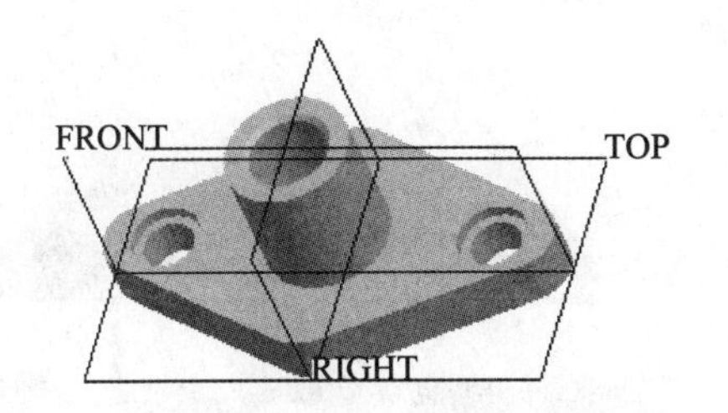

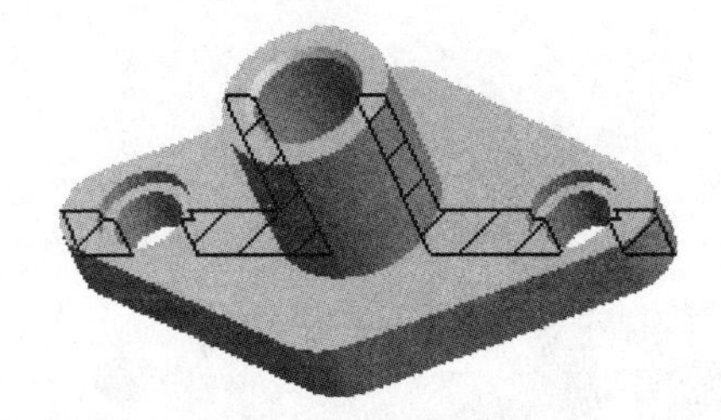

图 4－27　单一剖切

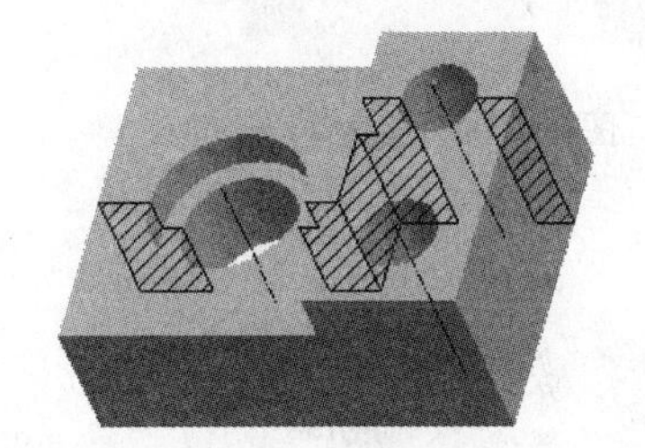

图 4－28　阶梯剖

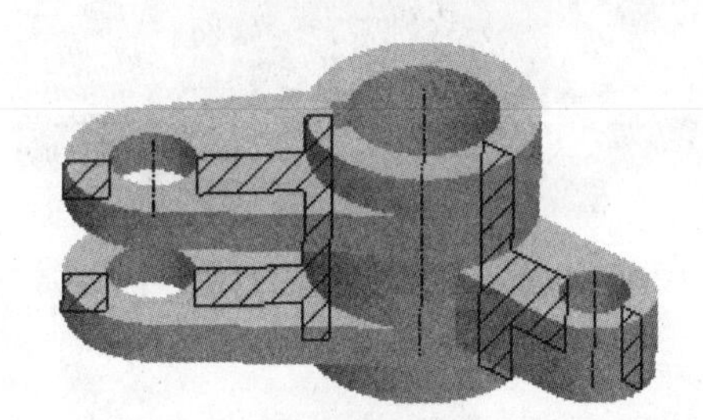

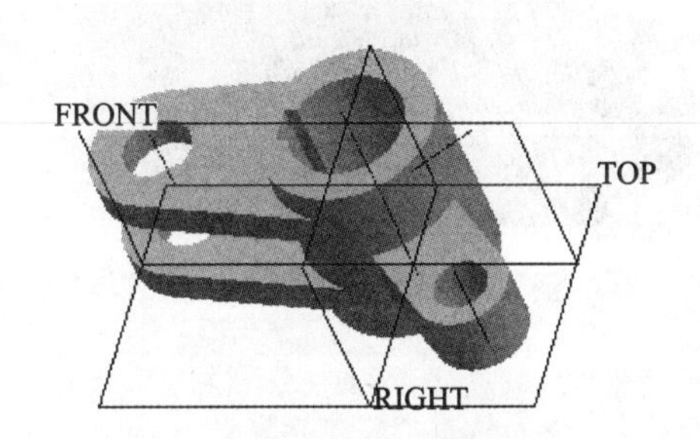

图 4－29　旋转剖

9．自行设计尺寸，在圆柱表面上建立孔特征，如图 4－30 所示。

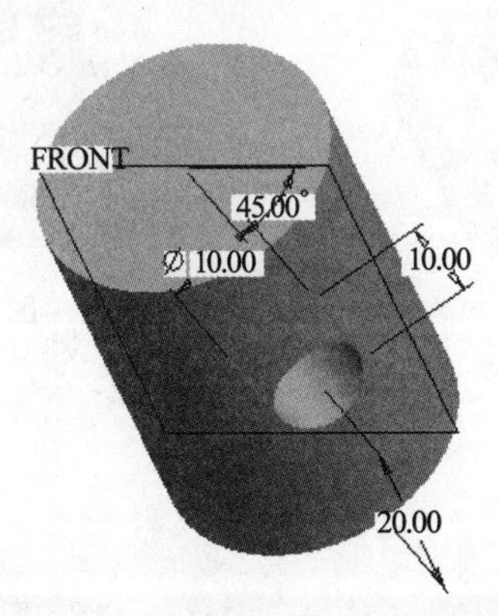

图 4－30　圆柱表面上建立的孔特征

10．组合体造型综合练习

在当前章节的文件夹中打开下列组合体的造型源文件（文件名称与图号一致），通过“工具”菜单中的“模型播放器”观看并分析其造型的过程。然后自行设计尺寸，完成其中的十个造型，并命名保存。

图 4－31　组合体一

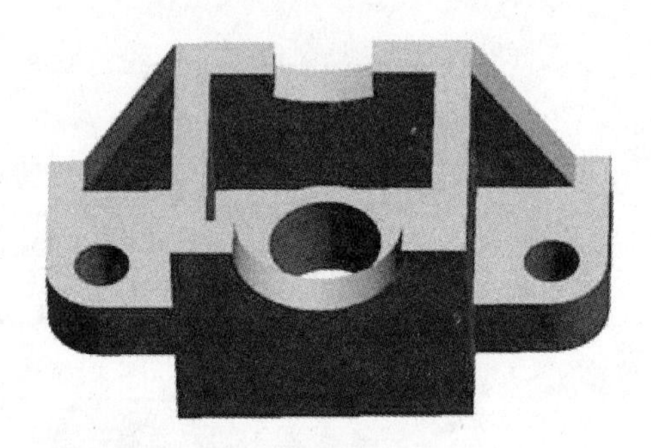

图 4－32　组合体二

图 4－33　组合体三

图 4－34　组合体四

图 4－35　组合体五

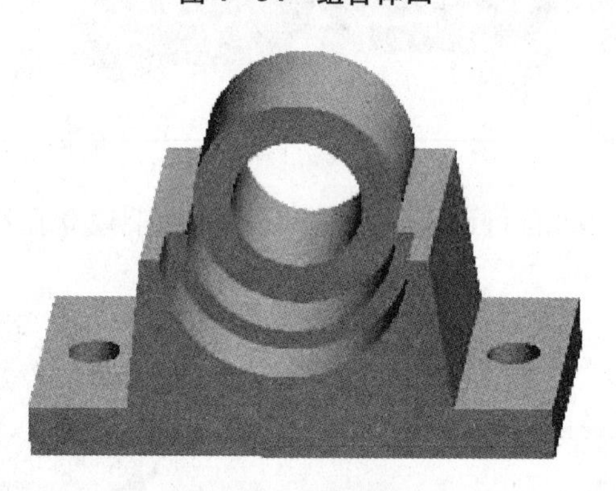

图 4－36　组合体六

图 4－37　组合体七

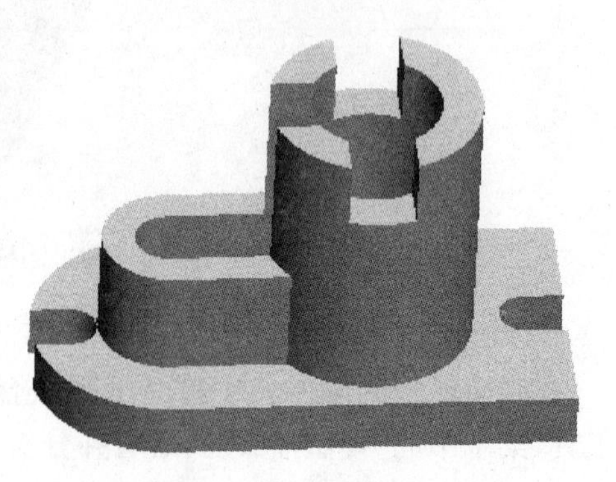

图 4－38　组合体八

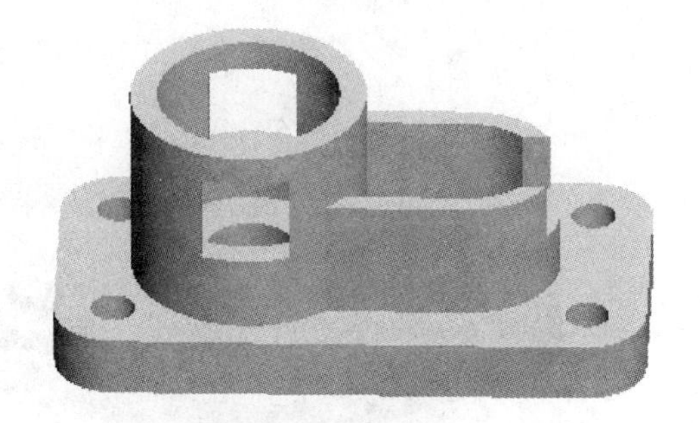

图 4－39　组合体九

图 4－40　组合体十

图 4－41　组合体十一

图 4－42　组合体十二

图 4－43　组合体十三

图 4－44　组合体十四

图 4－45　组合体十五

图 4－46　组合体十六

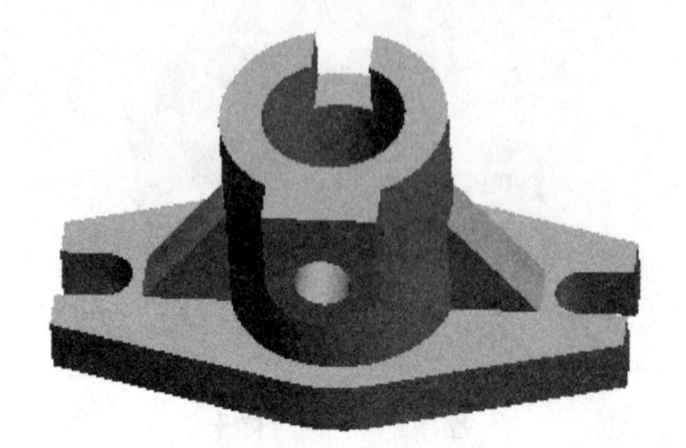

图 4 - 47　组合体十七

图 4 - 48　组合体十八

图 4 - 49　组合体十九

图 4 - 50　组合体二十

图 4 - 51　组合体二十一

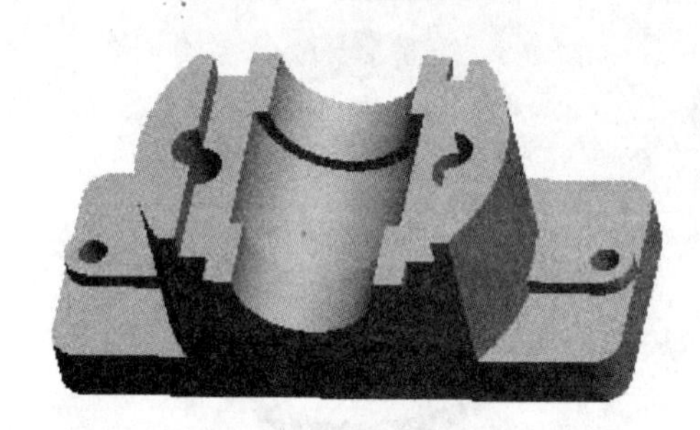

图 4 - 52　组合体二十二

图 4 - 53　组合体二十三

图 4 - 54　组合体二十四

图 4－55　组合体二十五

图 4－56　组合体二十六

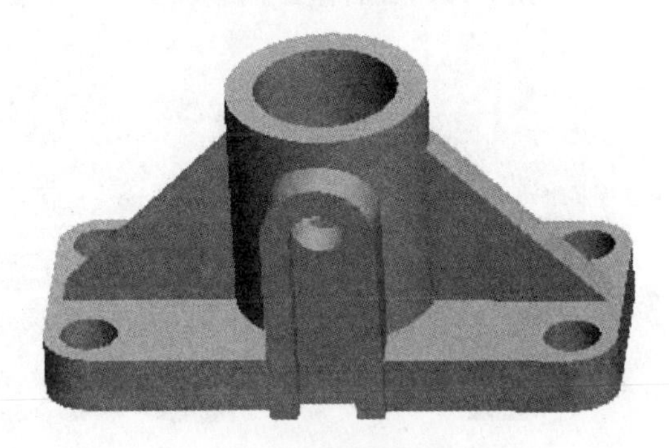

图 4－57　组合体二十七

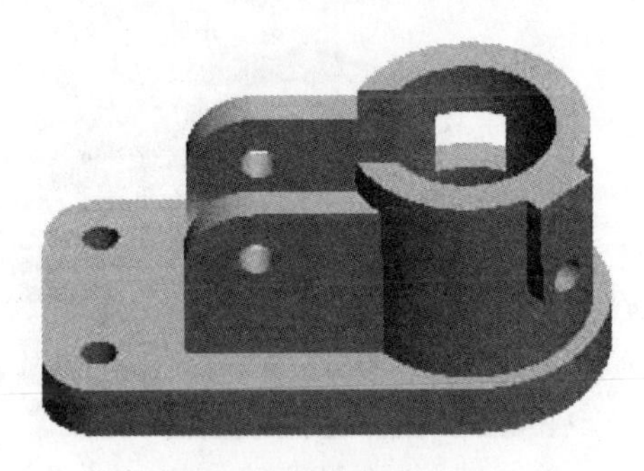

图 4－58　组合体二十八

图 4－59　组合体二十九

图 4－60　组合体三十

图 4－61　组合体三十一

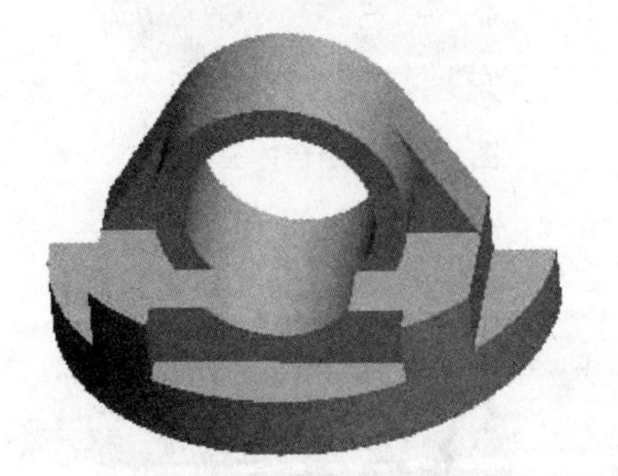

图 4－62　组合体三十二

图 4-63　组合体三十三

图 4-64　组合体三十四

图 4-65　组合体三十五

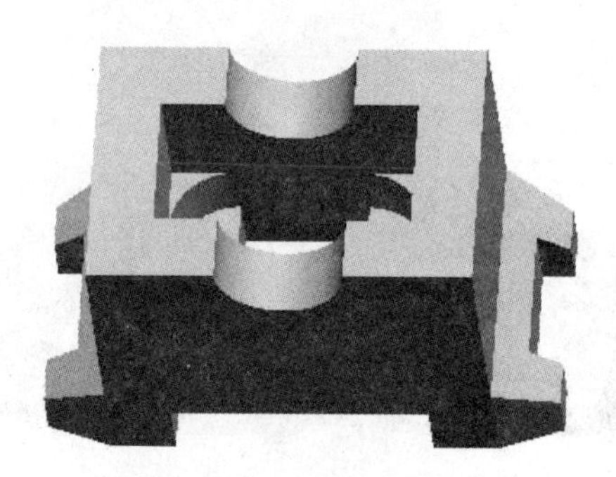

图 4-66　组合体三十六

图 4-67　组合体三十七

图 4-68　组合体三十八

图 4-69　组合体三十九

图 4-70　组合体四十

三、实验报告作业及思考题

1. Creo Parametric 2.0 中选择集有什么作用？链选择集是如何分类及构建的？曲面选择集又是如何分类及构建的？

2. Creo Parametric 2.0 中提供几种不同的孔特征？（什么叫做标准孔？在创建标准孔时可以设置哪些内容？）孔的定位有哪几种方式？孔的深度类型有哪些？

3. 根据圆角特征的放置参考不同可以有哪几种类型的倒圆角？如何建立变半径的倒圆角？在创建圆角特征的过程中应该注意哪些问题？自动倒圆角和常规倒圆角有什么不同？

4. 筋特征的分类有哪些？在创建轮廓筋的截面时需要注意哪些问题？轨迹筋的作用是什么？在创建轨迹筋的时候需要注意哪些问题？

5. 简单分析壳特征失败可能产生的原因有哪些。

6. 拔模特征中的拔模曲面、枢轴平面、拔模方向和拔模角度的概念是什么？如何创建带有分割的拔模特征？多角度的拔模特征是怎样建立的？仔细体会【拔模】工具操控板【选项】面板中的【延伸相交曲面】复选框所起的作用。

7. 可变拖拉方向拔模和常规拔模有什么不同？在创建可变拖拉方向拔模时应该注意哪些问题？

8. 在零件造型模块中如何建立各种不同形式的横截面？需要注意什么问题？对于横截面和剖面线怎样进行编辑修改？

实验五 基准特征的创建

一、实验目的与要求

1. 认识和了解 Creo Parametric 2.0 中基准特征的种类及其在三维造型中的重要作用。

2. 熟练掌握在 Creo Parametric 2.0 中建立各种基准特征的步骤与方法，包括

(1) 基准面的建立(Datum Plane)

(2) 基准轴的建立 (Datum Axis)

(3) 基准曲线的建立(Datum Curve)

(4) 基准点的建立(Datum Point)

(5) 基准坐标系的建立(Datum Coordinate System)

(6) 基准图形的建立(Datum Graph)

二、实验内容与步骤

1. 熟悉各种基准特征创建的菜单结构和子菜单，熟练掌握在 Creo Parametric 2.0 中建立各种基准特征的方法。

2. 在如图 5-1 所示的模型中建立以下几个基准平面，结果如图 5-2 所示。

(1) DTM1：过轴线 A_2，与前表面平行；

(2) DTM2：垂直于 DTM1，通过最左面的棱边；

(3) DTM3：向左偏移 DTM2，距离为 6；

(4) DTM4：通过左前侧边，与左前侧面成 45°夹角；

(5) DTM5：与大圆柱面相切，并且平行于 RIGHT 面。

将结果以"ep5-2.prt"命名存盘。

3. 在如图 5-3 所示的模型中建立以下几条基准轴线，结果如图 5-4 所示。

(1) A_1：通过零件的左上边棱线；

(2) A_2：垂直于零件的左上表面，距离零件左侧面和前表面的距离分别为 0.5 和 4；

(3) A_3：过零件上表面的一基准点 PNT0，且垂直于该表面；

(4) A_4：通过圆柱面的中心线；

(5) A_5：左上表面和右侧面的交线；

(6) A_6：零件右侧面两个顶点的连线；

(7) A_7：过圆柱面的一基准点 PNT1；

(8) A_8：与指定的曲线在端点处相切。

将模型以"ep5-4.prt"命名存盘。

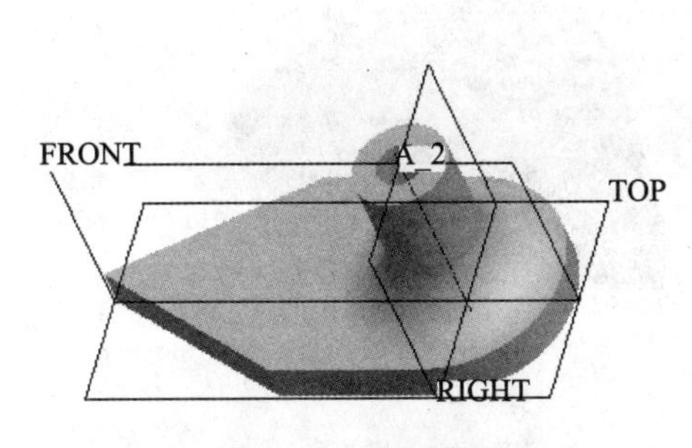

图 5-1 原有模型

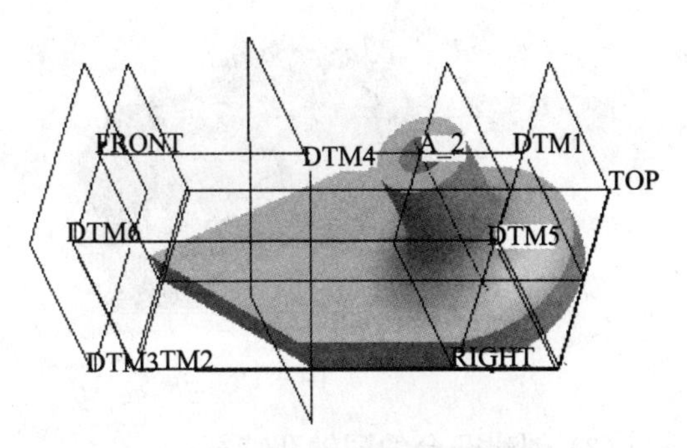

图 5-2 建立的基准平面

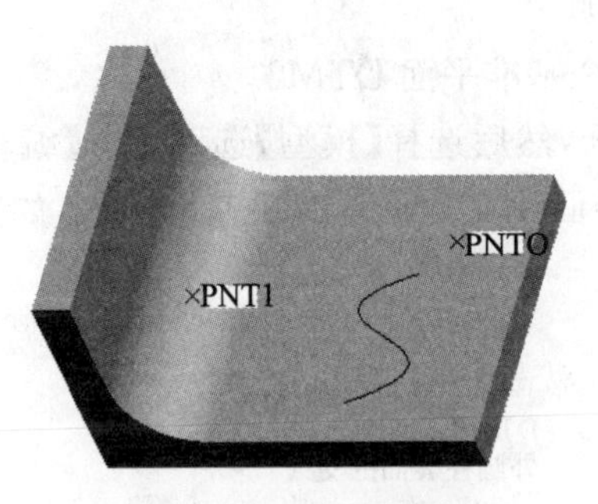

图 5-3 原有模型

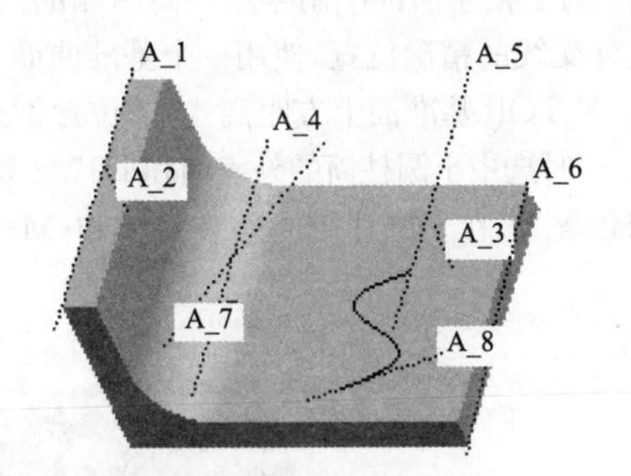

图 5-4 建立的基准轴

4. 在造型的过程中利用基准创建如图 5-5 所示的零件模型。

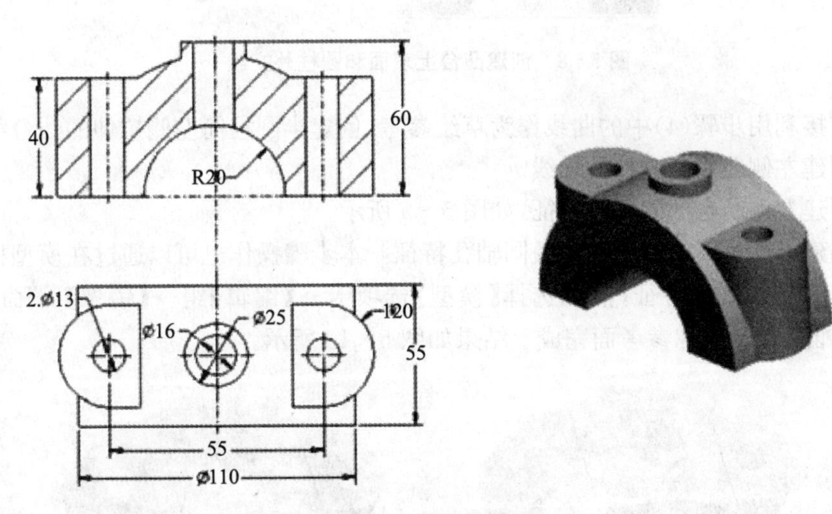

图 5-5 零件模型(1)

主要步骤如下:

(1) 以 TOP 面为草绘平面,创建关于 FRONT 基准平面前、后对称的半圆柱筒的特征,内圆半径 R28,外圆半径 R55,长度 55,如图 5-6 所示。

(2) 使用拉伸特征创建半圆柱筒上方的圆柱形凸台,草绘平面使用距离 TOP 基准面 60 的嵌入基准,结果如图 5-7 所示(嵌入的基准平面名称为 DTM1,被自动隐藏)。

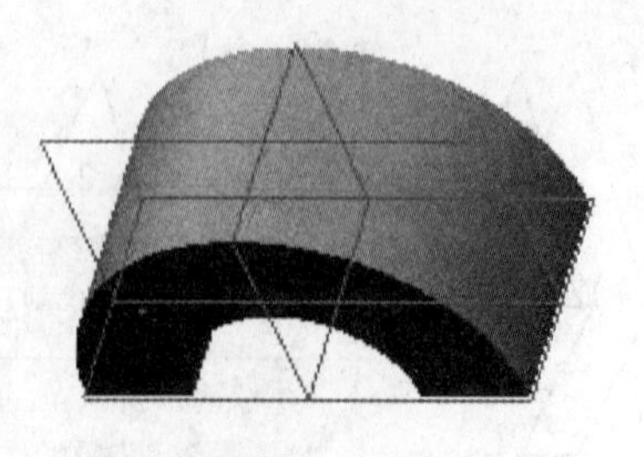
图 5-6

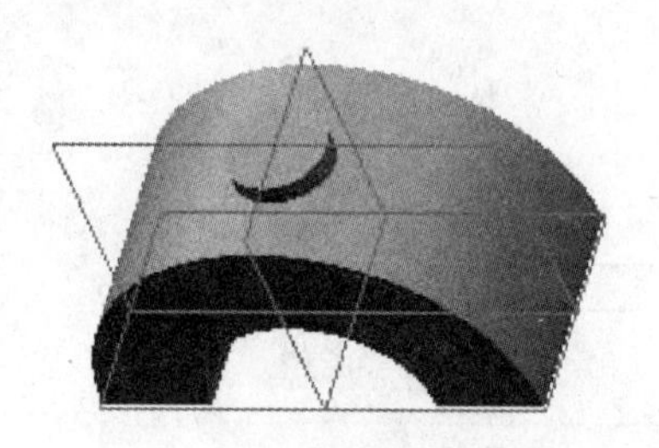
图 5-7

(3) 创建凸台的同轴孔特征。

(4) 为了便于后面绘制半圆柱筒两侧的凸台截面,需要确定半圆柱筒两侧凸台上表面和圆柱外交线的精确位置,使用一个基准曲面来标明。

① 在 TOP 基准面上方距离 46 的位置创建一个基准平面 DTM2。

② 同时选中半圆柱筒的外表面和 DTM2 基准面,然后选择【模型】选项卡→【编辑】组→【相交】命令,在半圆柱筒的外表面和 DTM2 基准面相交处创建 2 条基准曲线,如图 5-8 所示。

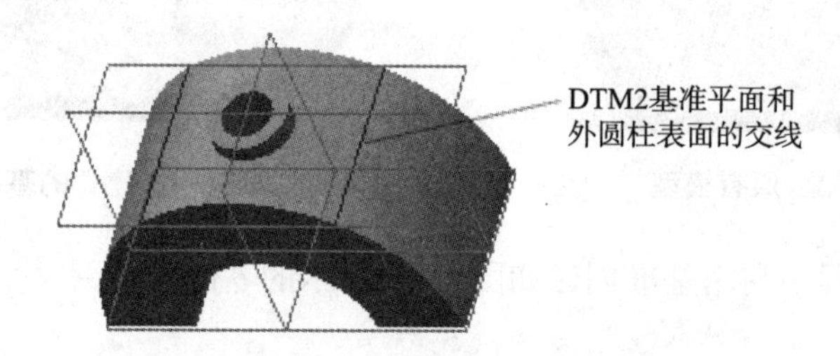

图 5-8 创建凸台上表面和圆柱外交线

(5) 直接利用步骤(4)中的曲线作为草绘参考,创建半圆柱筒左侧拉伸的凸台特征。

(6) 创建左侧凸台半圆柱的轴线。

(7) 创建左侧凸台的同轴孔特征,如图 5-9 所示。

(8) 创建半圆柱筒右侧的凸台及同轴孔特征。本步骤操作也可以通过在模型树中先选择左侧的凸台及同轴孔特征,然后选择【模型】选项卡→【编辑】组→【镜像】命令,指定 RIGHT 基准面作为镜像参考面完成。结果如图 5-10 所示。

图 5-9 左侧凸台及同轴孔

图 5-10 造型结果

5. 在造型的过程中利用基准,创建如图 5-11 所示的零件模型。

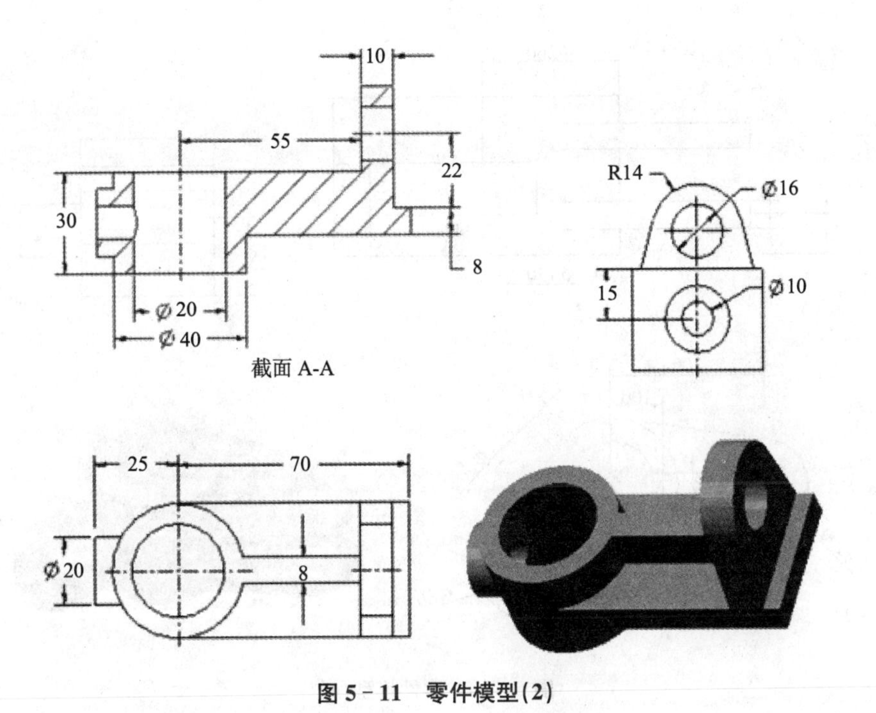

图 5-11　零件模型(2)

6. 在造型的过程中利用基准,创建如图 5-12 所示的零件模型。

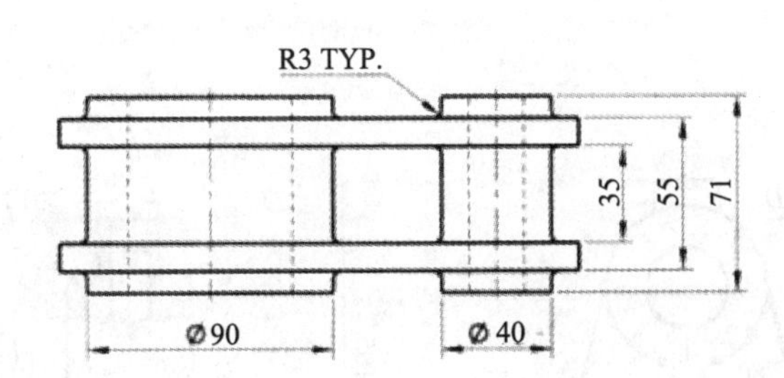

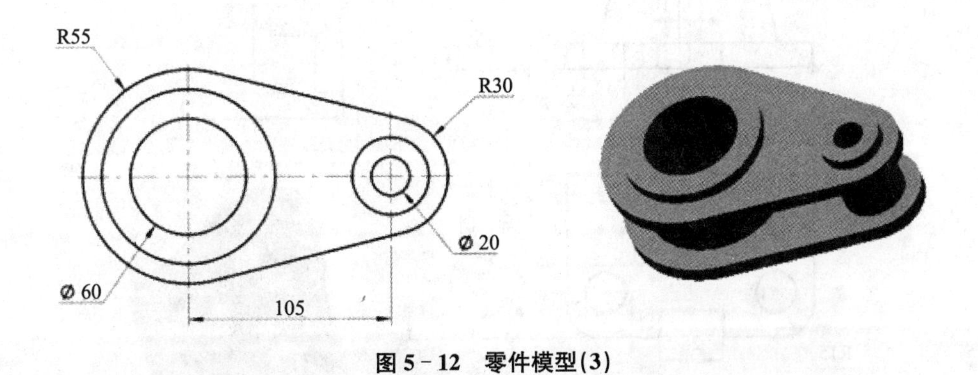

图 5-12　零件模型(3)

7. 在造型的过程中利用基准,创建如图 5-13 所示的零件模型。

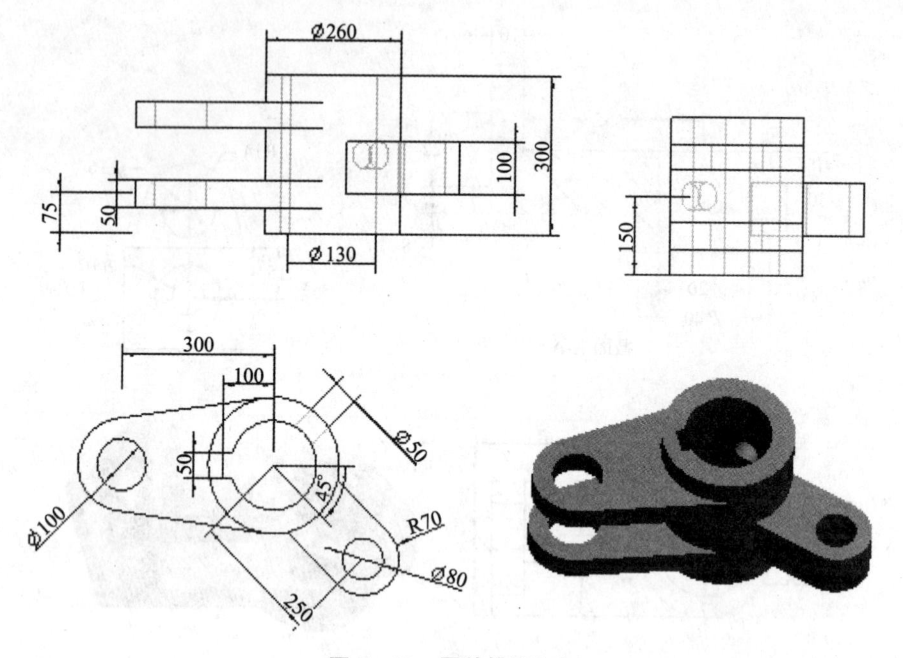

图 5-13　零件模型(4)

8. 在造型的过程中利用基准，创建如图 5-13 所示的零件模型。其中，A=112，B=72，C=72，D=52。

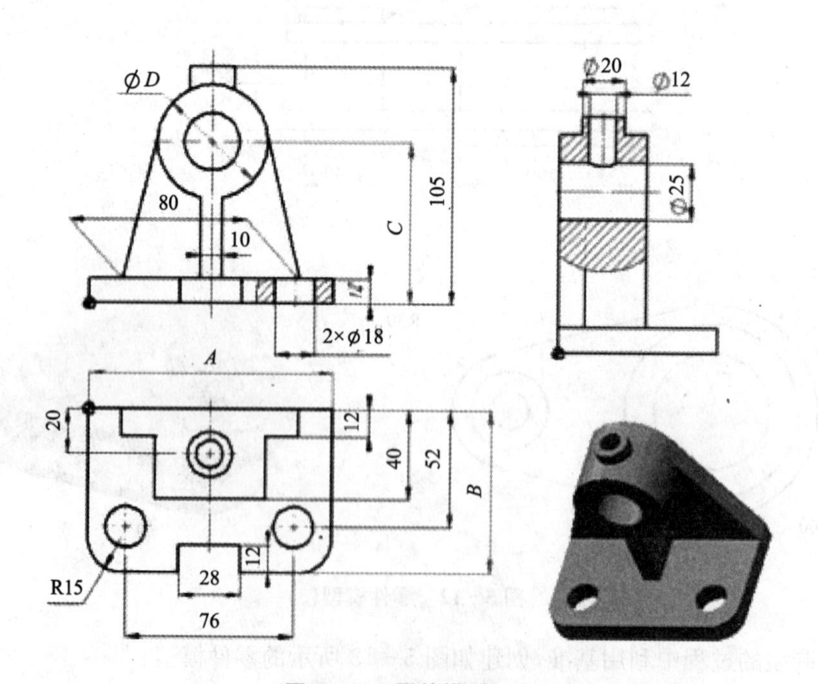

图 5-14　零件模型(5)

三、实验报告作业及思考题

1. 基准平面有哪些用途？产生基准平面的几何约束条件有哪些？哪几种方式只能单独使用，哪几种方式既可以单独使用也可以与其他选项配合使用？

2. 如何修改基准的名称？如何改变基准平面黄色面和黑色面的方向？

3. 建立基准轴有哪几种方式？倒圆角时系统是否会自动产生中心轴线；如果不能，应使用什么方式建立？

4. 简述基准曲线的分类和创建方法。

5. 基准点、基准曲线在三维造型中的作用是什么？使用“投影”和“包络”方式建立基准曲线时有何异同？

6. 列举建立基准坐标系的几种方式。

7. 比较独立基准和嵌入的基准有什么异同。它们的作用有什么不同之处？

8. 独立基准和嵌入基准可以相互转换吗？如何进行？

实验六　曲面特征的创建与应用

一、实验目的与要求

1. 了解有关曲面创建的基本理论以及曲面在复杂实体造型中的作用：拉伸、旋转、恒定截面扫描、可变截面扫描、螺旋扫描、平行混合、旋转混合和扫描混合。

2. 掌握在 Creo Parametric 2.0 中建立基本曲面特征的步骤和方法，包括：

(1) 拉伸曲面　　(2) 旋转曲面
(3) 恒定截面扫描曲面　　(4) 可变截面扫描曲面
(5) 螺旋扫描　　(6) 混合曲面
(7) 扫描混合曲面　　(8) 填充曲面
(9) 边界混合曲面

3. 掌握对曲面进行编辑的步骤与方法，包括：

(1) 曲面的复制　　(2) 曲面的偏移
(3) 曲面的合并(Merge)　　(4) 曲面的修剪(Trim)
(5) 曲面的延伸(Extend)　　(6) 曲面的转换(Transform)
(7) 曲面的拔模操作(Draft)　　(8) 曲面的镜像操作(Mirror)
(9) 曲面的偏移操作(Offset)

4. 掌握在 Creo Parametric 2.0 中通过曲面建立三维复杂实体模型的方法。

二、实验内容与步骤

1. 熟悉基本曲面特征创建的菜单结构和子菜单，熟练掌握在 Creo Parametric 2.0 中建立基本曲面特征的方法。

2. 掌握对曲面进行编辑和应用曲面建立三维复杂模型的方法及步骤。

3. 建立如图 6-1 所示的洗发液瓶体的实体模型。

分析：本模型造型过程中用到的主要内容有：平行混合特征、旋转特征、恒定截面扫描特征、利用已有的曲面切割实体、边界混合曲面等。

主要步骤如下：

(1) 利用"光滑的"平行混合特征，以 TOP 基准面为草绘平面，建立瓶体的主体，如图 6-2 所示。该特征共有六个截面，分别为：椭圆(Ry=30，Rx=50)、椭圆(Ry=33，Rx=60)、椭圆(Ry=35，Rx=65)、椭圆(Ry=25，Rx=45)、椭圆(Ry=15，Rx=25)、圆(R=15)，各截面的深度分别为：40、30、110、10、10。

(2) 以 FRONT 基准面为草绘平面，建立如图 6-3 所示的瓶盖的旋转特征。

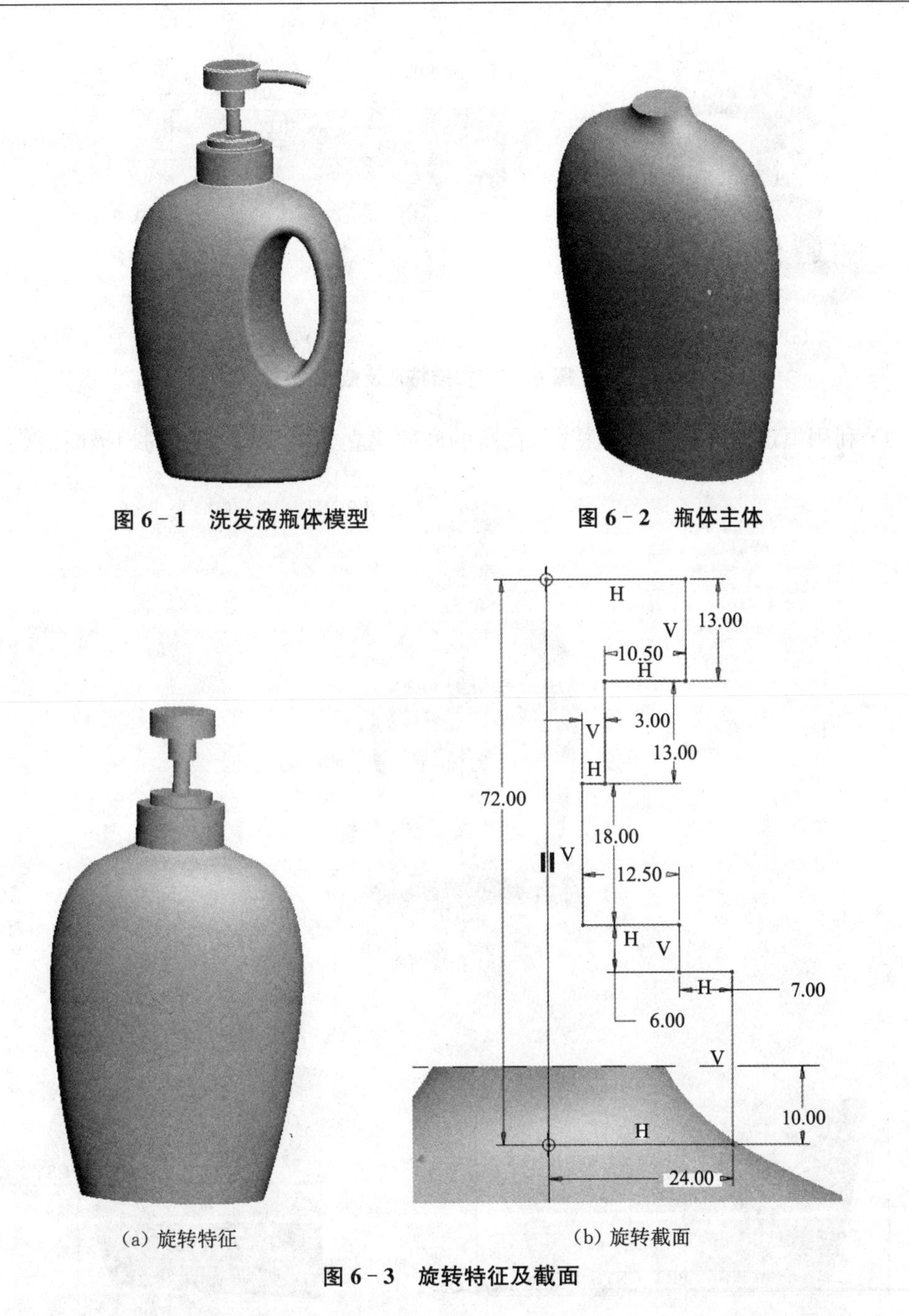

图 6-1　洗发液瓶体模型

图 6-2　瓶体主体

(a) 旋转特征

(b) 旋转截面

图 6-3　旋转特征及截面

(3) 以 FRONT 基准面为扫描轨迹的草绘平面，利用恒定截面扫描创建如图 6-4 所示的喷嘴，扫描截面直径为 8 的圆。

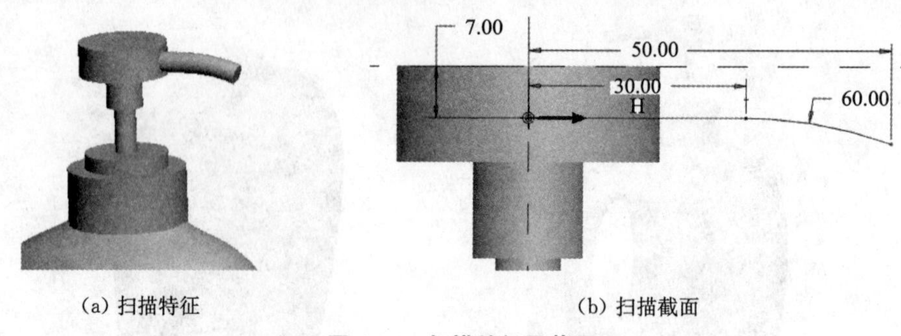

(a) 扫描特征　　　　(b) 扫描截面

图 6－4　扫描特征及截面

(4) 利用恒定截面扫描扫描特征，在瓶的底部建立如图 6－5 所示的扫描曲面。

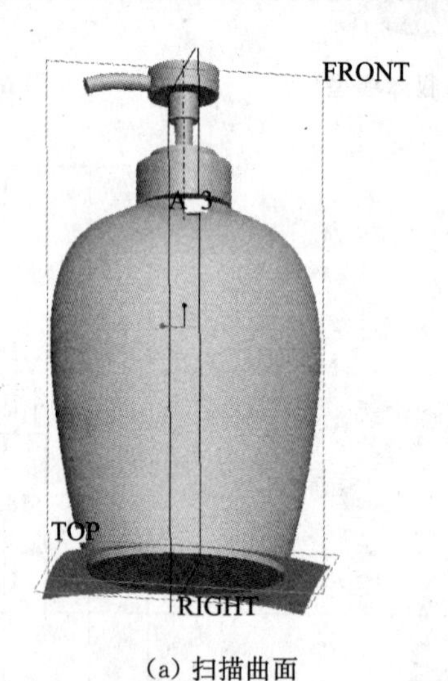

(a) 扫描曲面

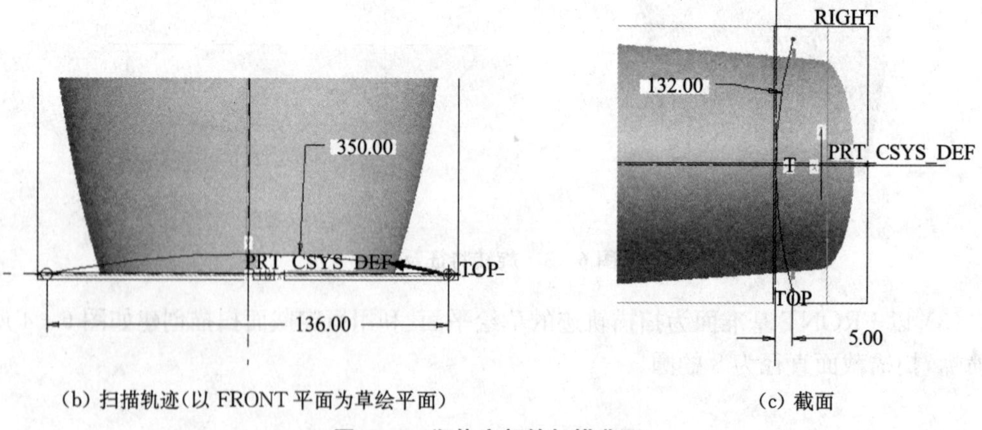

(b) 扫描轨迹(以 FRONT 平面为草绘平面)　　　　(c) 截面

图 6－5　瓶体底部的扫描曲面

(5) 利用步骤(4)创建的扫描曲面来切割瓶体底部，如图 6－6 所示(瓶底内凹)。首先选择步骤(4)创建的曲面作为用来切割实体的曲面，然后选择【模型】选项卡→【编辑】组→【实体化】，按下操控板中的图标，指定要移除材料的那一侧为曲面的下部。

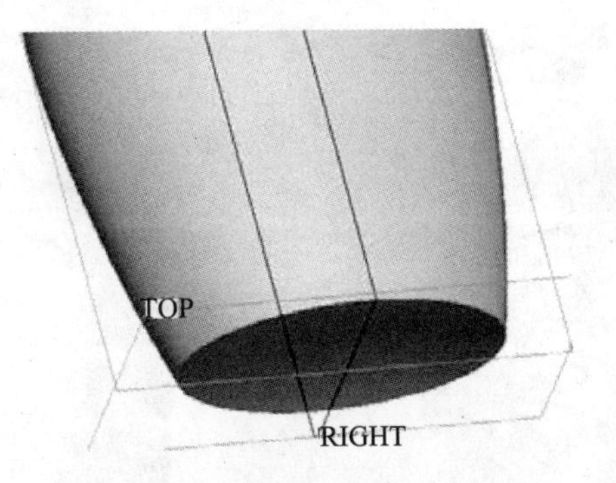

图 6-6　瓶体底部的扫描曲面

(6) 利用草绘曲线、基准面、镜像等命令，分别建立如图 6-7 所示的三条曲线，这三条曲线为三个椭圆，曲线 2 的草绘平面 DTM1 距离 FRONT 平面的距离为 40，曲线 3 由曲线 2 镜像得到。

① 选择【模型】选项卡→【基准】组→【草绘】，选择 FRONT 基准面为草绘平面，定向参考面 RIGHT 基准面的法线方向向右，绘制第一条椭圆曲线，如图 6-7(a)所示。

② 选择【模型】选项卡→【基准】组→【草绘】，在 FRONT 基准面前面创建一个距离为 40 的嵌入基准面，以此面作为草绘平面，绘制第二条椭圆曲线，如图 6-7(b)所示。

③ 在模型树中选择第二条椭圆曲线，选择【模型】选项卡→【编辑】组→【镜像】，指定 FRONT 基准面作为镜像参考面，得到第三条椭圆曲线，如图 6-7(c)所示。

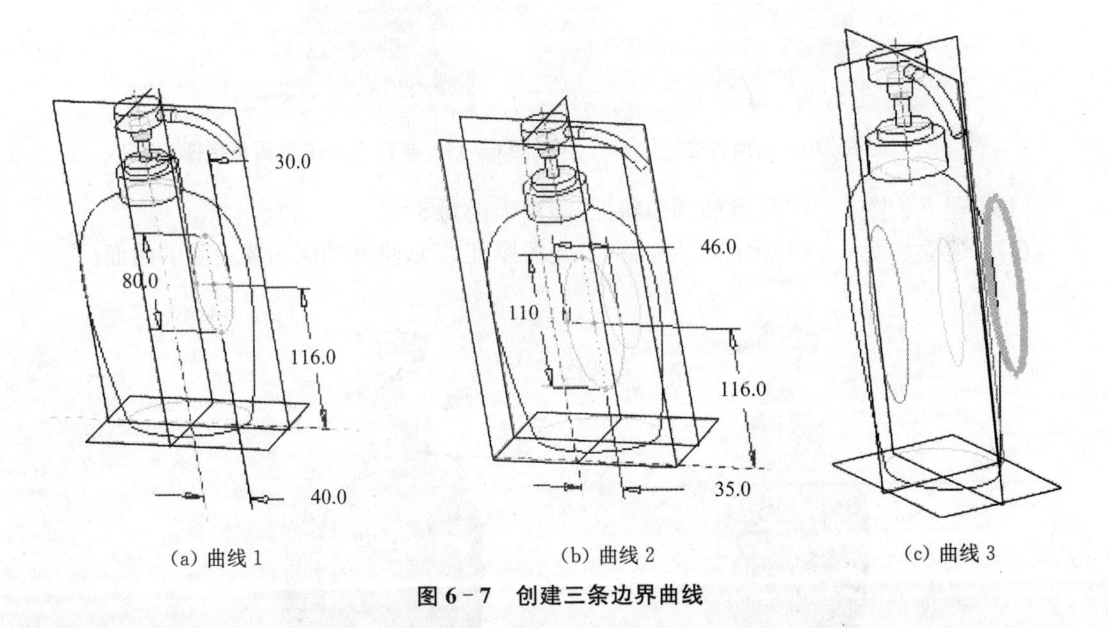

(a) 曲线 1　　(b) 曲线 2　　(c) 曲线 3

图 6-7　创建三条边界曲线

(7) 选择【模型】选项卡→【曲面】组→【边界混合】，创建如图 6-8 所示的边界混合曲面。

(8) 利用步骤(7)创建的曲面实现对瓶体的切割。

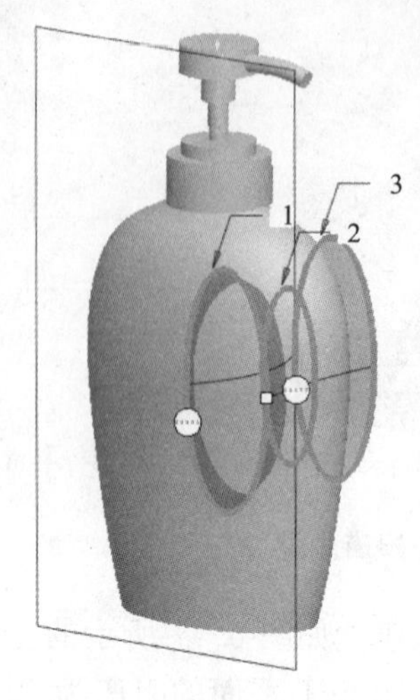

图 6-8　边界混合曲面

图 6-9　利用曲面切割实体

(9) 建立如图 6-10 所示的倒角特征，倒角尺寸为 1。

(10) 建立如图 6-11 所示的圆角特征，圆角半径为 1。

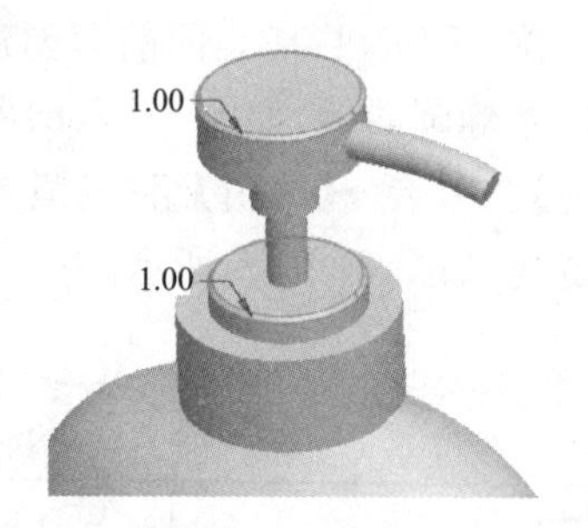

图 6-10　倒角特征

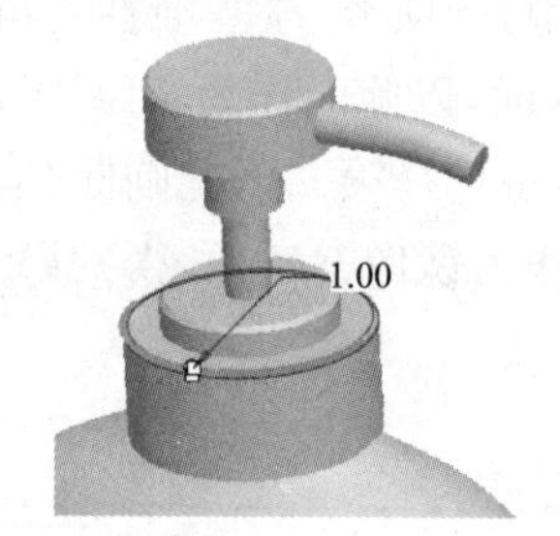

图 6-11　半径为 R1d 的圆角特征

(11) 建立如图 6-12 所示的圆角特征，圆角半径为 5。

(12) 建立如图 6-13 所示的抽壳特征，壳的厚度为 1，喷嘴端面为要去除的曲面。

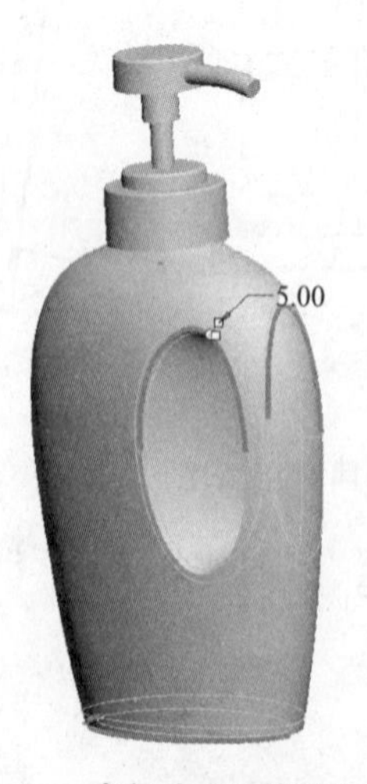

图 6-12　半径为 R5 的圆角特征

图 6-13　壁厚为 1 的抽壳特征

4. 建立如图 6 - 14 所示的鼠标模型,以“ep6 - 14.prt”为名称保存。

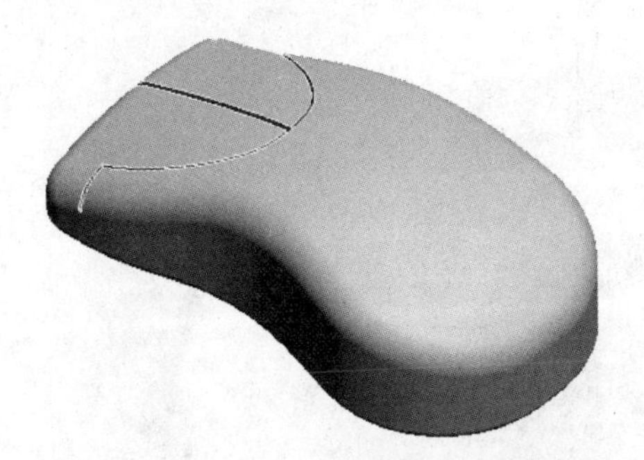

图 6 - 14　鼠标模型

分析:本模型造型过程中用到的主要内容有:恒定截面扫描曲面、拉伸曲面、曲面合并、曲面加厚(将整个曲面模型转换成薄板实体)、利用加厚曲面来切割实体等。

主要步骤如下:

(1) 以 FRONT 基准面为扫描轨迹的草绘平面,建立如图 6 - 15 所示的恒定截面扫描曲面。

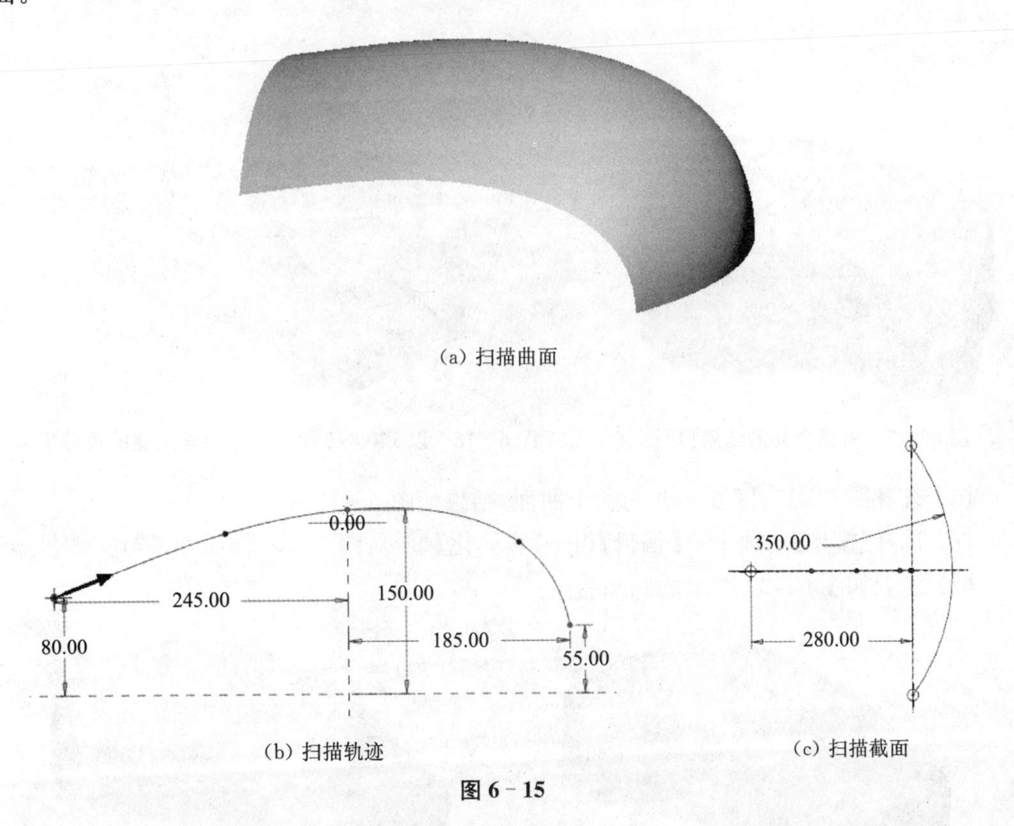

(a) 扫描曲面

(b) 扫描轨迹　　(c) 扫描截面

图 6 - 15

(2) 以 TOP 基准面为草绘平面,建立草绘截面如图 6 - 16 所示的拉伸曲面,拉伸深度为 260。

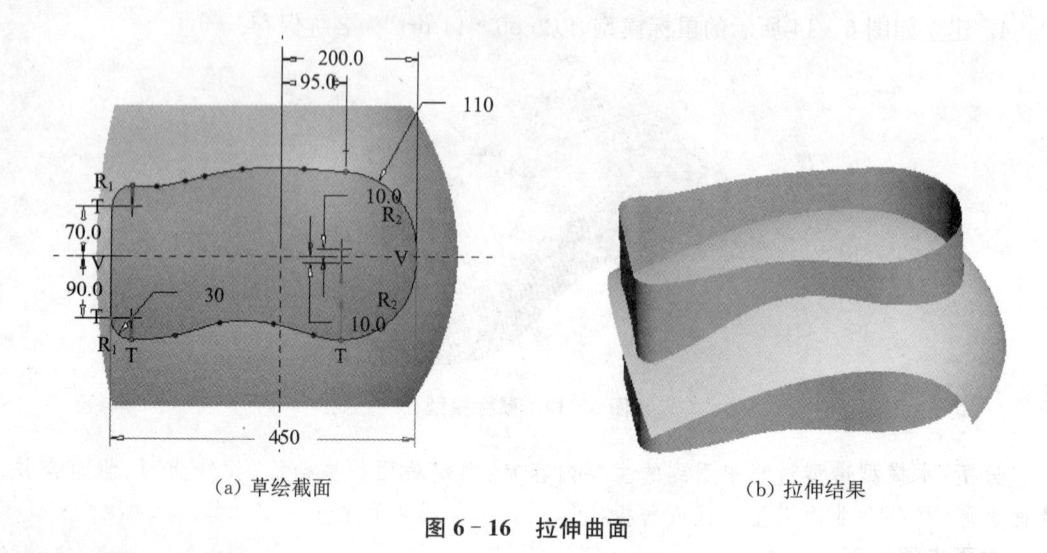

(a) 草绘截面　　(b) 拉伸结果

图 6-16　拉伸曲面

(3) 合并图 6-15、图 6-16 的两个曲面，结果如图 6-17 所示。

(4) 以 FRONT 基准面为草绘平面，创建如图 6-18 所示的拉伸平面。

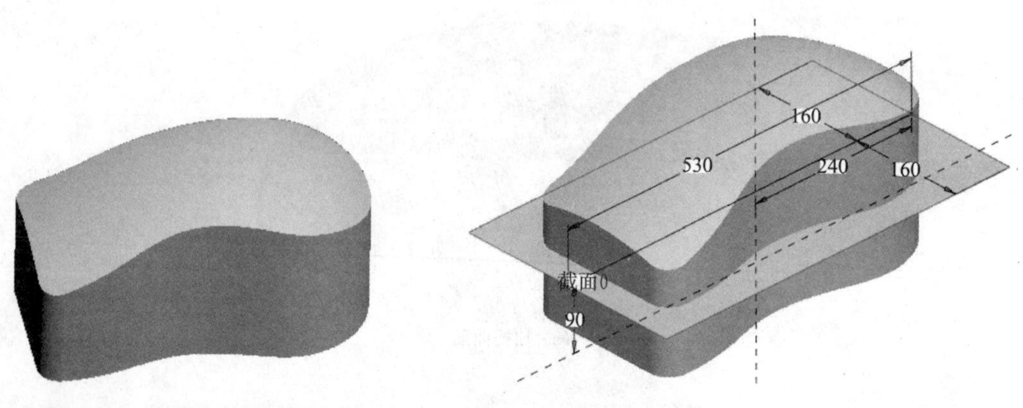

图 6-17　曲面合并的结果(1)　　**图 6-18　以 FRONT 面为草绘平面创建的拉伸平面**

(5) 合并图 6-17、图 6-18 的两个曲面，结果如图 6-19 所示。

(6) 选择【模型】选项卡→【编辑】组→【实体化】，对图 6-19 的曲面进行实体化操作。

(7) 建立如图 6-20 所示的圆角特征。

图 6-19　曲面合并的结果(2)

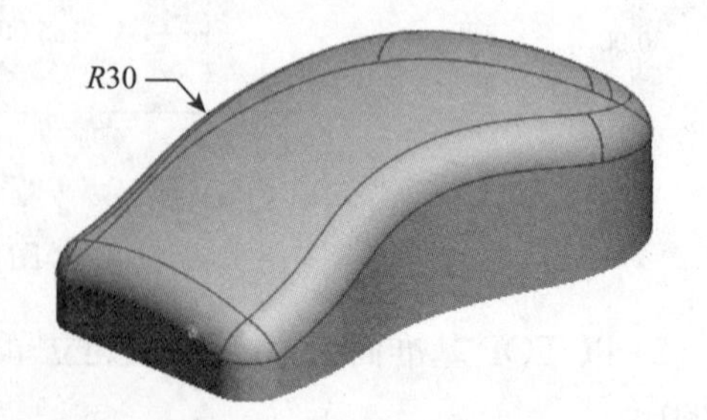

图 6-20　建立圆角特征

(8) 在 TOP 基准面上方创建一个与 TOP 面距离为 130 的基准平面 DTM1。

(9) 以基准平面 DTM1 为草绘平面，建立如图 6－21 所示的拉伸曲面，曲面的深度为 150，生长方向向上。

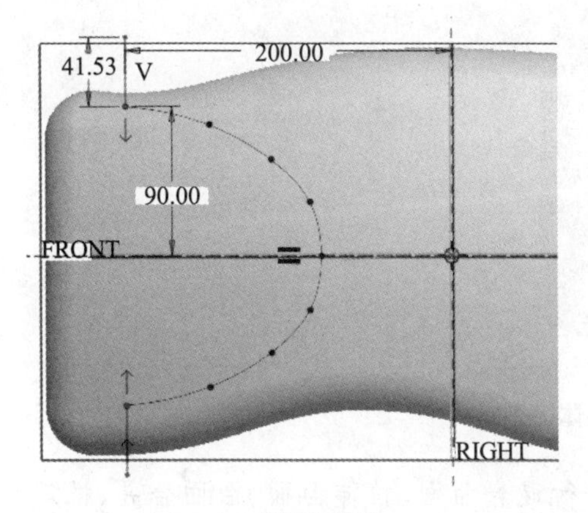

(a) 草绘的截面

(b) 创建拉伸曲面后的模型

图 6－21　以 DTM1 为草绘平面创建的拉伸曲面

(10) 选择步骤(9)创建的拉伸曲面，然后选择【模型】选项卡→【编辑】组→【加厚】，在弹出的【加厚】工具操控板中按下按钮，进行移除材料的曲面加厚，即“薄曲面修剪”，厚度为 3，结果如图 6－22 所示。

(11) 利用步骤(10)中的方法进一步进行移除材料的曲面加厚，即“薄曲面修剪”，结果如图 6－23 所示。

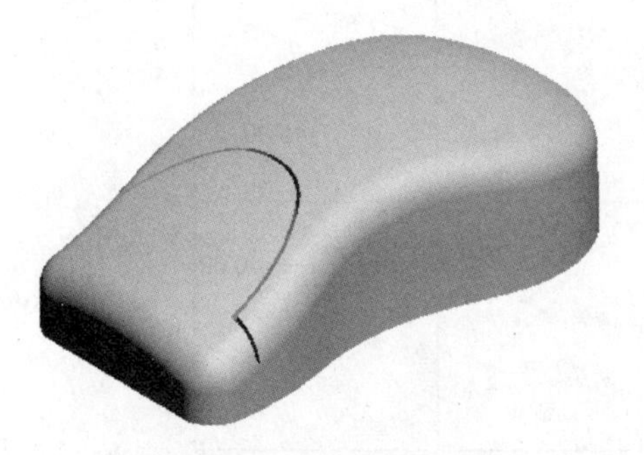

图 6－22　薄曲面修剪(1)

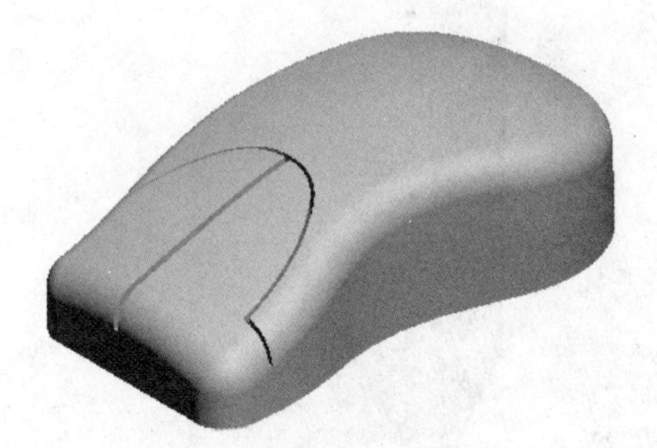

图 6－23　薄曲面修剪(2)

(12) 建立如图 6－24 所示的圆角，完成整个模型的制作。

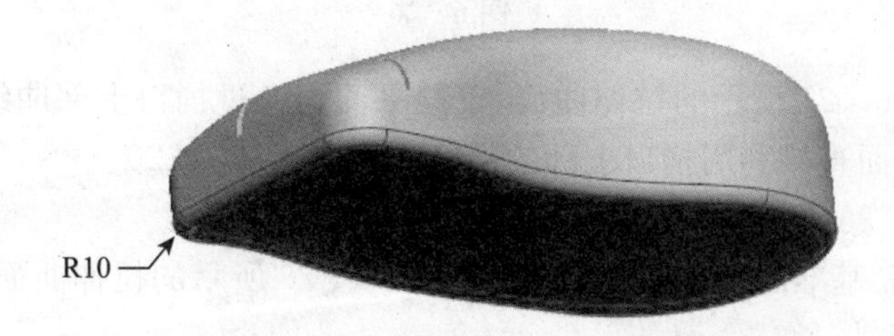

图 6－24　创建半径为 R10 的圆角

5. 建立如图 6－25 所示的油桶的实体模型，以“ep6－25.prt”为名称保存。

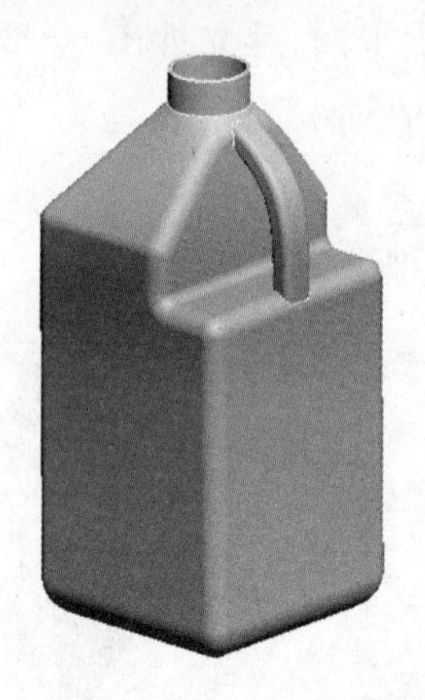

图 6－25　油桶的实体模型

分析：本模型造型过程中用到的主要内容有：平行混合曲面、拉伸曲面、曲面合并、恒定截面扫描曲面、平面式曲面、曲面加厚（将曲面模型转换成薄板实体）、自动倒圆角等。

主要步骤如下：

（1）以 TOP 基准面为草绘平面，利用“直”的平行混合特征建立如图 6－26 所示的曲面，第 1、第 2 个截面为边长为 130 的正方形，截面 3 为直径为 40 的圆，各个截面的距离为 220、60。

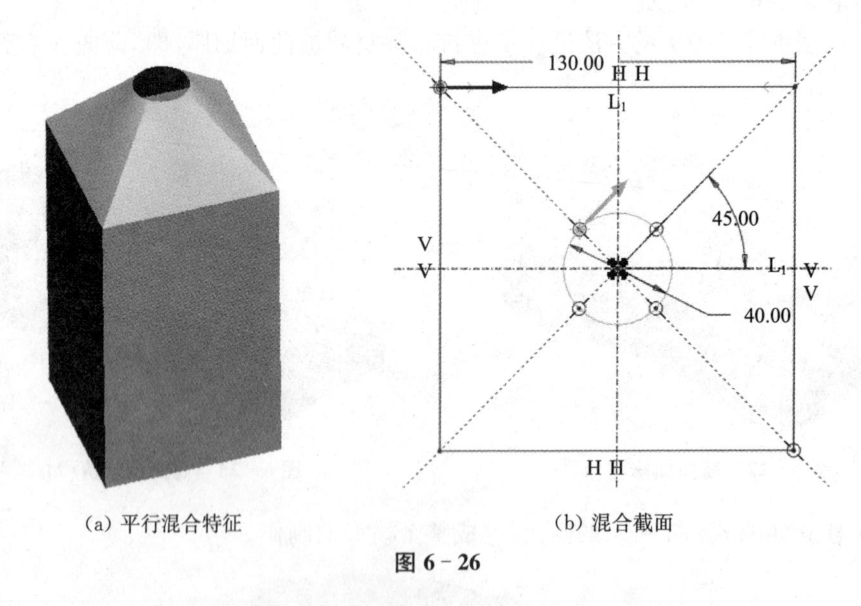

（a）平行混合特征　　（b）混合截面

图 6－26

（2）建立如图 6－27 所示的拉伸曲面，草绘平面为通过桶口上部曲线创建的嵌入基准面 DTM1。拉伸截面直接利用桶口上部的圆，特征生长深度为 20。

（3）合并图 6－26、图 6－27 的两个曲面。

（4）以 RIGHT 基准面为草绘平面，建立如图 6－28 所示的拉伸曲面，采用前后对称拉伸的方式，拉伸深度为 180。

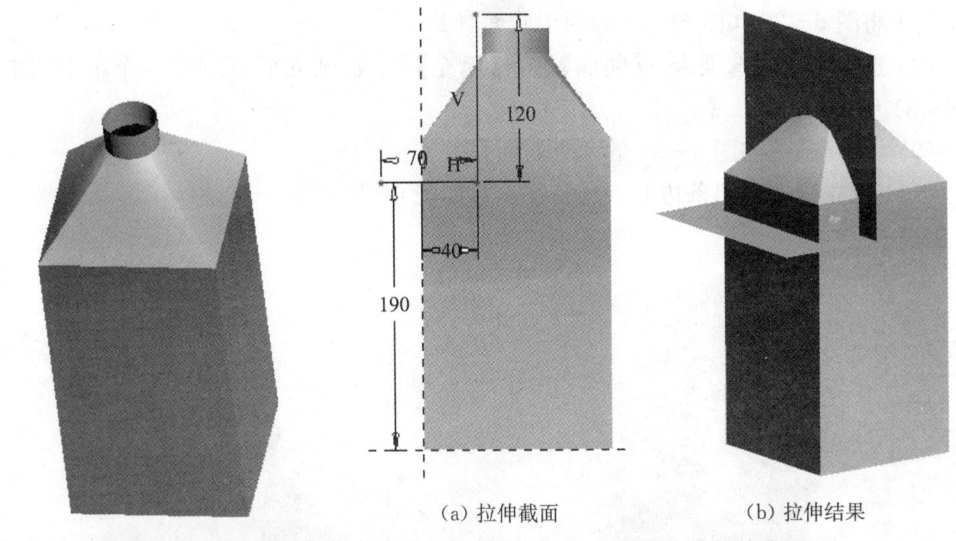

(a) 拉伸截面　　(b) 拉伸结果

图 6-27　创建桶口的拉伸曲面(1)　　**图 6-28　创建桶口的拉伸曲面(2)**

(5) 合并步骤(3)和图 6-28 的两个曲面，如图 6-29 所示。

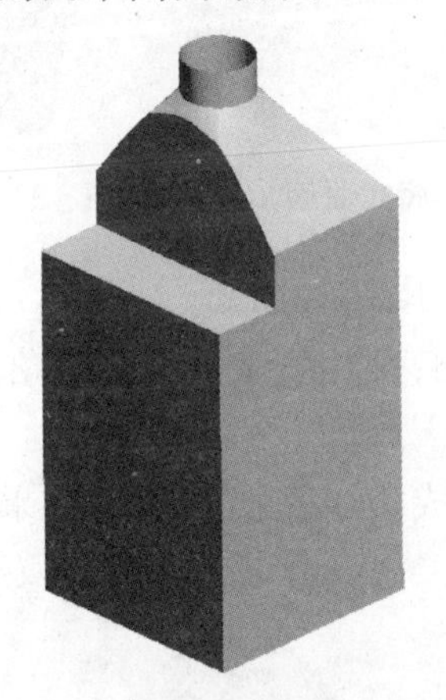

图 6-29　曲面合并结果

(6) 以 RIGHT 基准面为扫描轨迹的草绘平面，建立如图 6-30 所示的恒定截面扫描曲面。

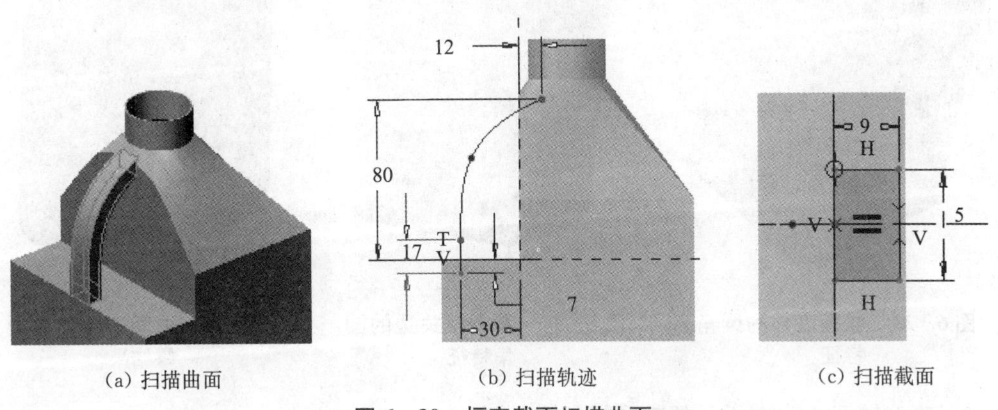

(a) 扫描曲面　　(b) 扫描轨迹　　(c) 扫描截面

图 6-30　恒定截面扫描曲面

(7) 将图 6-29 和图 6-30 的两个曲面合并。

(8) 选择【模型】选项卡→【曲面】组→【填充】，在桶的底部创建一个平面式曲面，如图 6-31 所示。

(9) 将步骤(7)和图 6-31 的两个曲面合并。

(10) 建立桶把手四条边的圆角特征 R2，如图 6-32 所示。

图 6-31　在桶的底部创建的平面式曲面

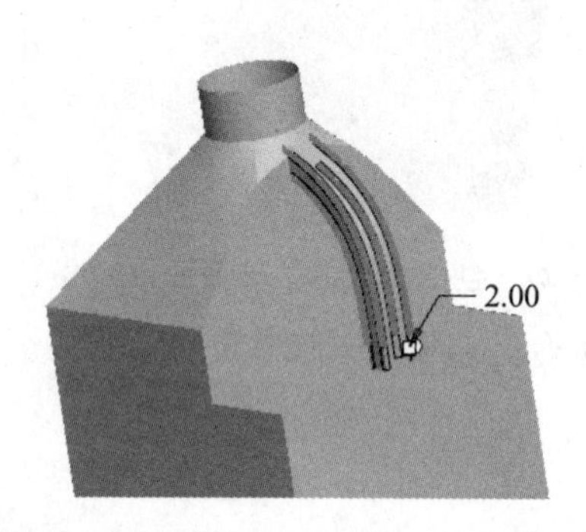

图 6-32　建立桶把手四条边的圆角特征

(11) 建立桶底部的圆角特征 R20，如图 6-33 所示。

(12) 选择【模型】选项卡→【工程】组→【自动倒圆角】，建立其余相关边的圆角特征 R8，如图 6-34 所示。

(13) 曲面加厚，厚度为 2，完成实体特征的建立，结果如图 6-35 所示。

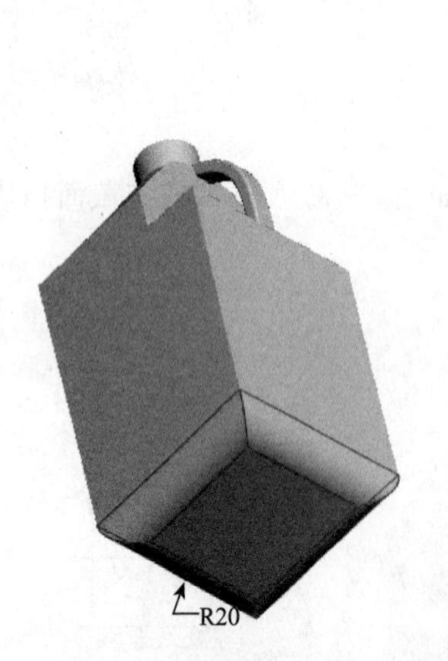

图 6-33　立桶底部的圆角特征

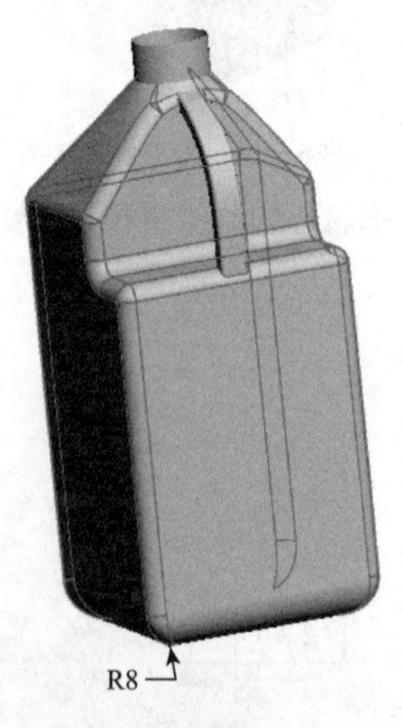

图 6-34　其余相关边的圆角特征

图 6-35　曲面实体化的最终结果

6. 建立如图 6-36 所示的千叶板的实体模型。

分析:本模型造型过程中用到的主要内容有:边界混合曲面、恒定截面扫描曲面、特征成组(详见教材第 7.2.4 节“特征的成组”)、特征阵列(详见教材第 7.1 节“特征的阵列”)、曲面合并、曲面加厚(将曲面模型转换成薄板实体)等。

主要步骤如下:

(1) 在 FRONT 基准面前面,创建与 FRONT 基准面平行且距离为 100 的基准平面 DTM1。

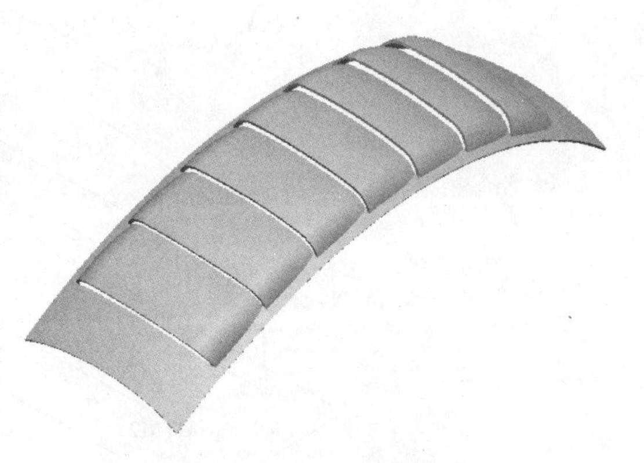

图 6 - 36　千叶板实体模型

(2) 以基准平面 DTM1 为草绘平面,草绘曲线 1(一段圆弧)。

(3) 将 FRONT 基准面作为镜像参考平面,镜像刚才的草绘曲线 1,从而得到曲线 2,如图 6 - 37 所示。

(4) 创建通过曲线 1 的端点并且与 RIGHT 基准面平行的基准平面 DTM2,如图 6 - 38 所示。

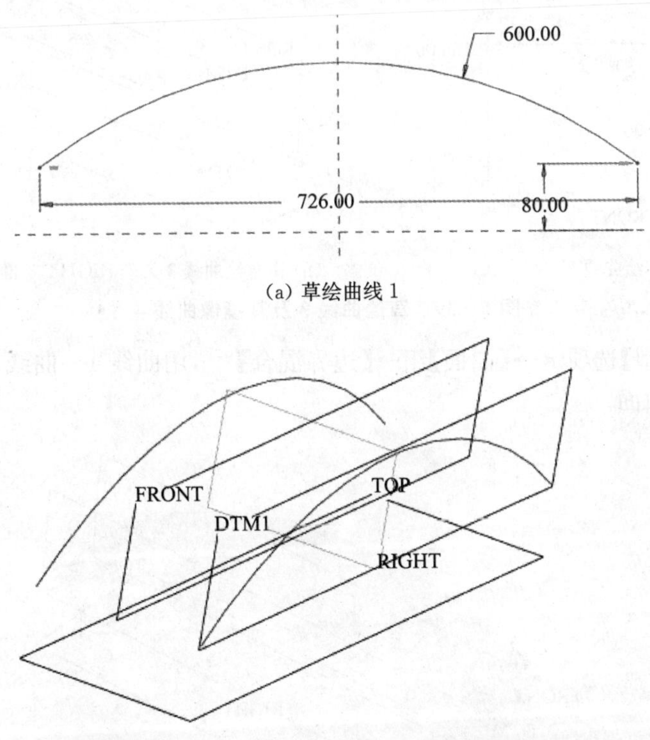

(a) 草绘曲线 1

(b) 由草绘曲线 1 关于 FRONT 基准面镜像得到曲线 2

图 6 - 37　草绘曲线 1 及其镜像曲线 2

(5) 以基准平面 DTM2 为草绘平面,通过曲线 1、曲线 2 的端点,草绘图 6 - 39(a)所示的曲线 3;以 RIGHT 基准面为镜像平面,镜像曲线 3 得到曲线 4,如图 6 - 39(b)所示。

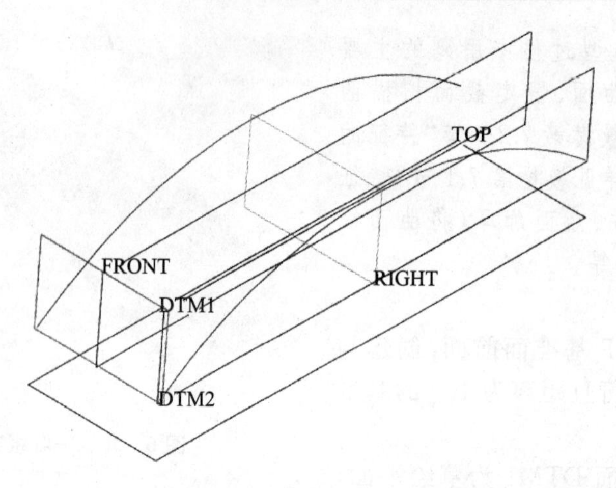

图 6－38　通过曲线 1 的端点且与 RIGHT 基准面平行的基准平面 DTM2

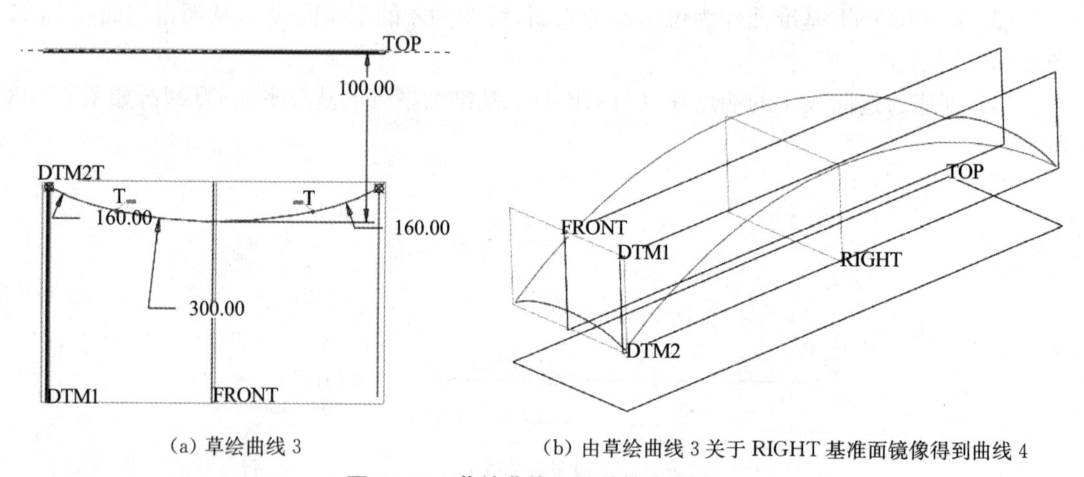

(a) 草绘曲线 3　　(b) 由草绘曲线 3 关于 RIGHT 基准面镜像得到曲线 4

图 6－39　草绘曲线 3 及其镜像曲线 4

(6) 选择【模型】选项卡→【曲面】组→【边界混合】，用曲线 1～曲线 4 建立如图 6－40 所示的边界混合曲面。

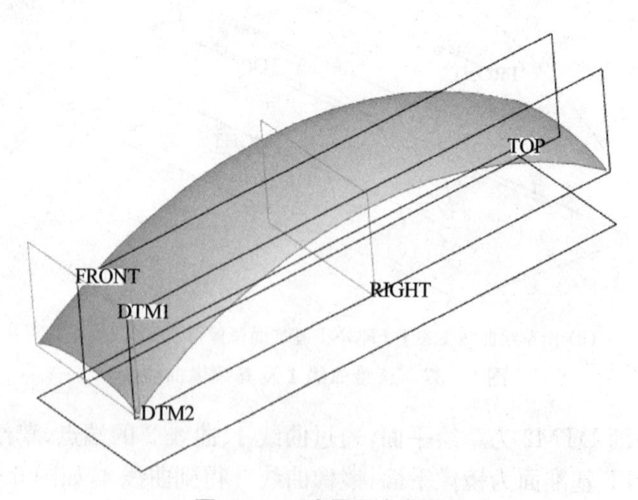

图 6－40　边界混合曲面

(7) 以曲线 1、曲线 2 的圆心为参考，建立基准点 PNT0、PNT1，并以这两点为参考，建立基准轴线 A_1，如图 6-41 所示。

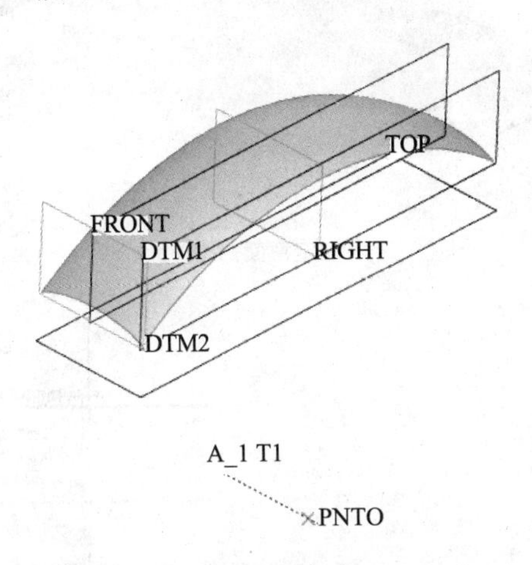

图 6-41　建立基准点和基准轴线

(8) 通过基准轴线 A_1，并与 RIGHT 基准面成 30°夹角建立基准面 DTM3，如图 6-42 所示。

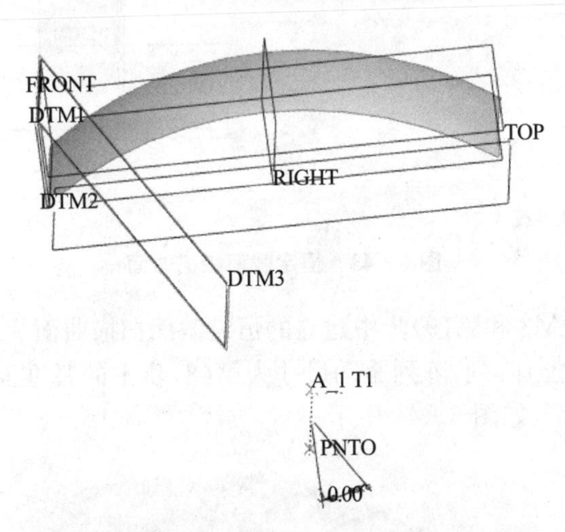

图 6-42　过基准轴线 A_1 且与 RIGHT 基准面成 30°角建的基准平面 DTM3

(9) 以 FRONT 基准面为恒定截面扫描扫描轨迹的草绘平面，基准面 DTM3 为草绘的右定向平面，建立如图 6-43(a)扫描曲面特征，扫描轨迹如图 6-43(b)所示(注意调整起始点)，定义属性为“封闭端”，并草绘如图 6-43(c)所示的截面。

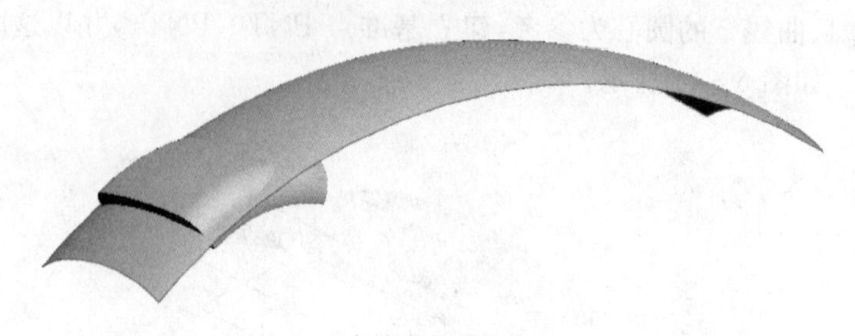

(a) 恒定截面扫描曲面

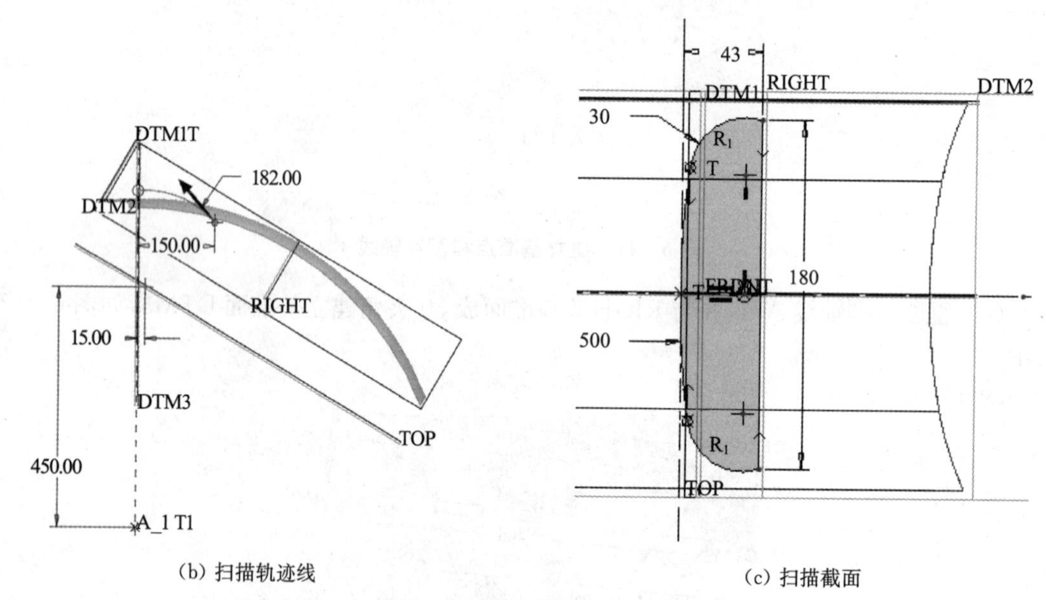

(b) 扫描轨迹线

(c) 扫描截面

图 6-43　恒定截面扫描曲面

(10) 将基准面 DTM3 和第(9)步中建立的恒定截面扫描曲面成组。

(11) 对成组对象进行阵列,阵列驱动尺寸为第(8)步中的基准面定位角度 30°,尺寸增量为 8°,阵列数量为 8 个,如图 6-44 所示。

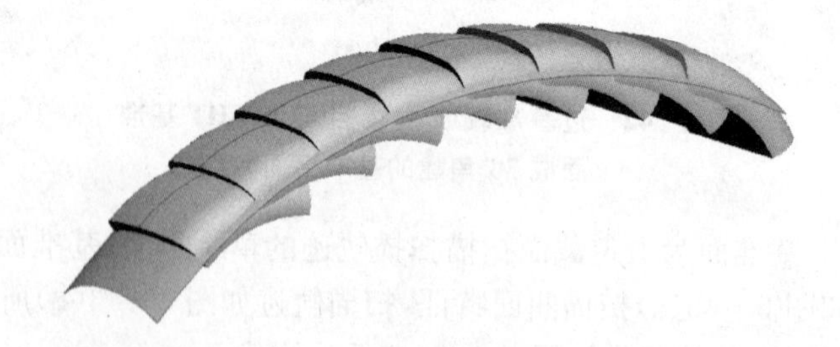

图 6-44　对成组对象进行阵列的结果

(12) 合并主体曲面和各个扫描曲面,结果如图 6-45 所示。

(13) 对曲面进行加厚,厚度为 3,并排除 8 个小曲面,可得最终的千叶板实体模型。为了隐藏加厚特征的原始曲面,必要时需隐藏加厚特征。最终结果如图 6-46 所示。

图 6 - 45　合并主体曲面和各个扫描曲面

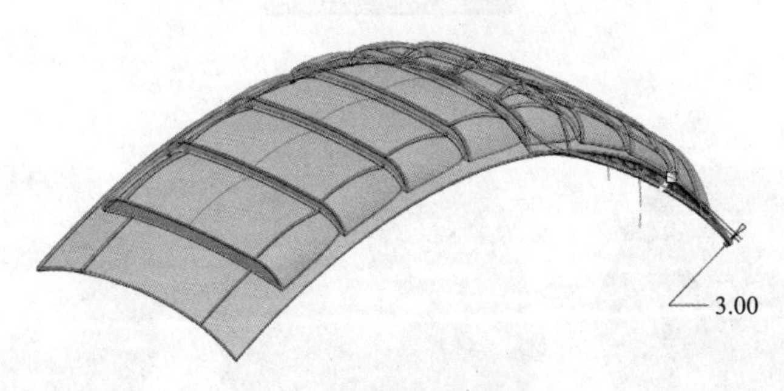

图 6 - 46　曲面加厚的结果

7. 利用拉伸曲面和曲面的合并操作，拉伸截面如图 6 - 47(a)所示，建立如图 6 - 47(b)所示的拉伸曲面(曲面对称生长，深度为 40)，将其转换为实体模型，以“ep6 - 47.prt”的名称存盘。

分析：本模型造型过程中用到的主要内容有：拉伸曲面、曲面合并、曲面实体化等。

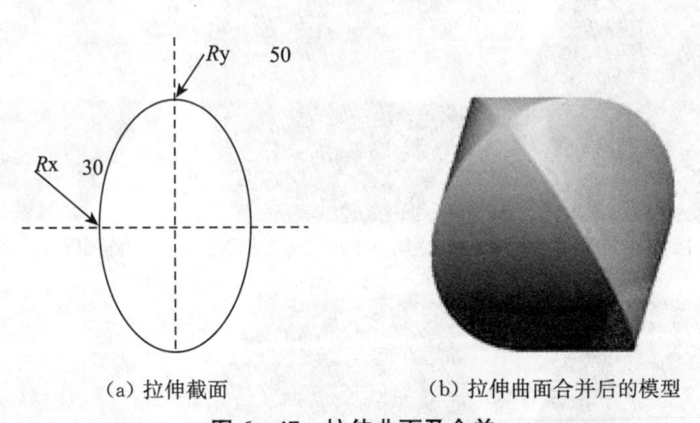

(a) 拉伸截面　(b) 拉伸曲面合并后的模型

图 6 - 47　拉伸曲面及合并

8. 利用拉伸曲面和曲面的合并操作，建立如图 6 - 48 所示的曲面，并将之转换为实体模型。正方体面的棱边边长为 100，大三角形平面与正方体上表面的夹角为 30°。将模型以“ep6 - 48.prt”的名称存盘(提示：大三角形平面、小三角形平面以及中间部分的小正方形平面都是平面式曲面)。

分析：本模型造型过程中用到的主要内容有：嵌入的基准平面、用填充命令创建平面式曲面、在草绘过程中直接利用模型中已有特征的边线、曲面的镜像、曲面的合并、曲面的实体化等。

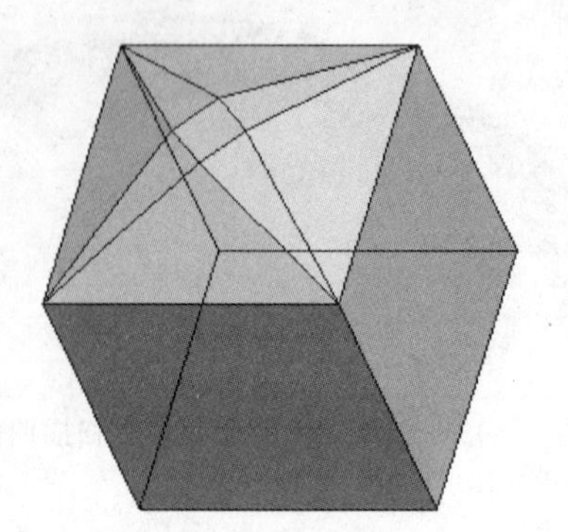

(a) 着色后的实体模型

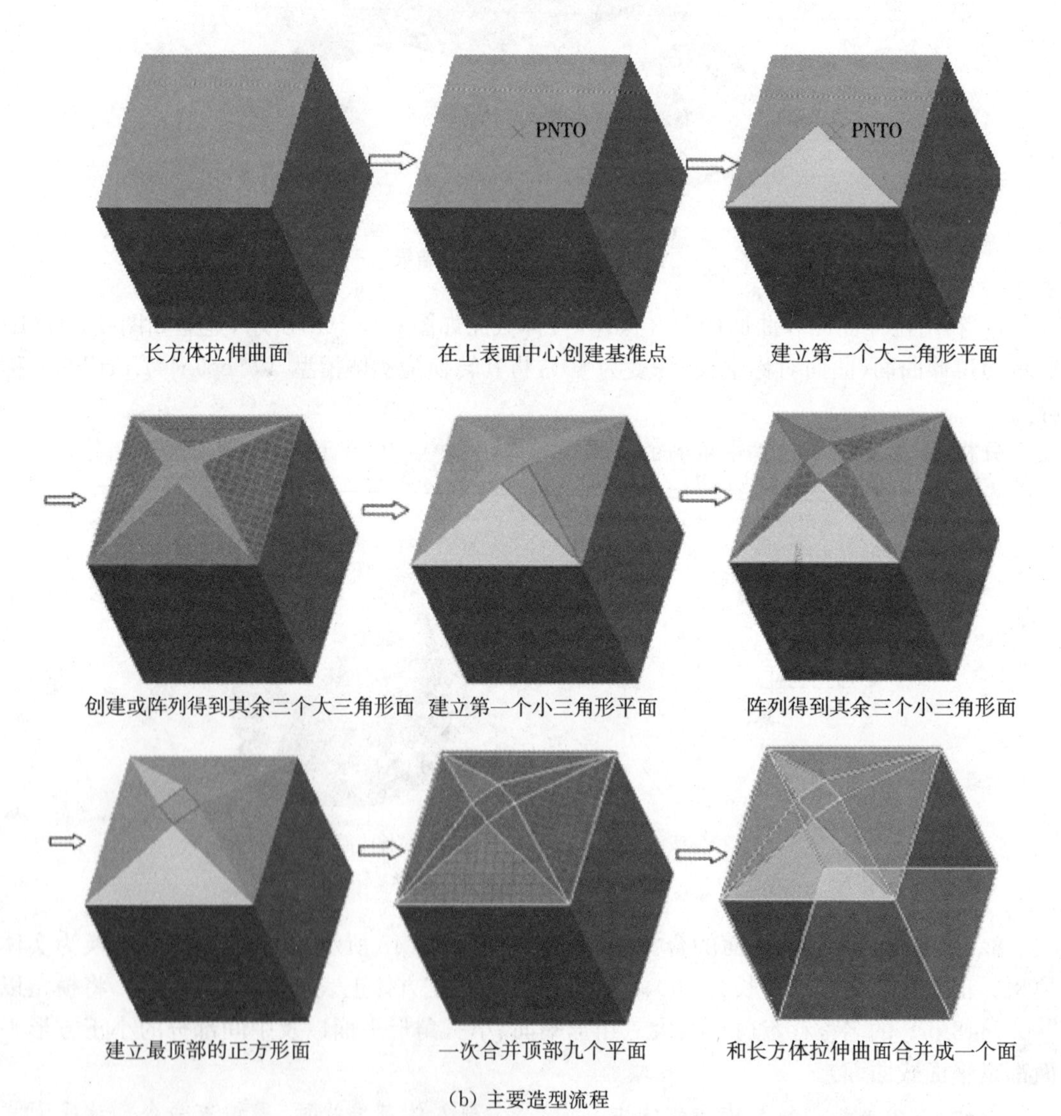

(b) 主要造型流程

图 6 - 48 利用曲面建立复杂的实体造型(1)

9. 建立如图 6－49(c)所示的恒定截面扫描曲面，并将之转化为厚度为 2 的薄板，然后将模型以“ep6－49(d).prt”的名称存盘。

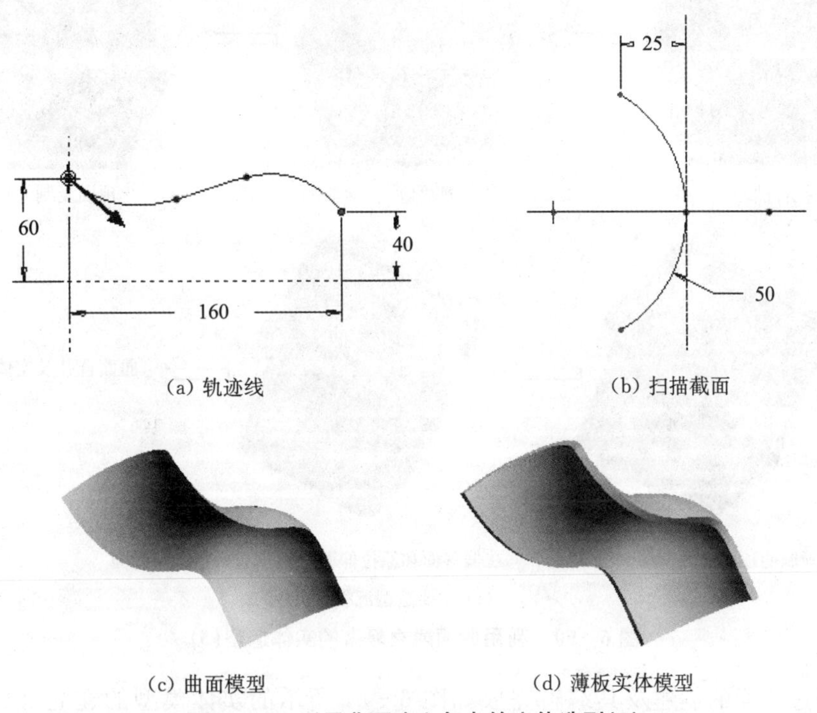

(a) 轨迹线　　(b) 扫描截面

(c) 曲面模型　　(d) 薄板实体模型

图 6－49　利用曲面建立复杂的实体造型(2)

10. 通过曲面的创建及其编辑完成如图 6－50 所示的实体模型的建立，以“ep6－50.prt”的名称存盘。读者也可以先行打开光盘上的文件，自行观看并分析其造型过程。

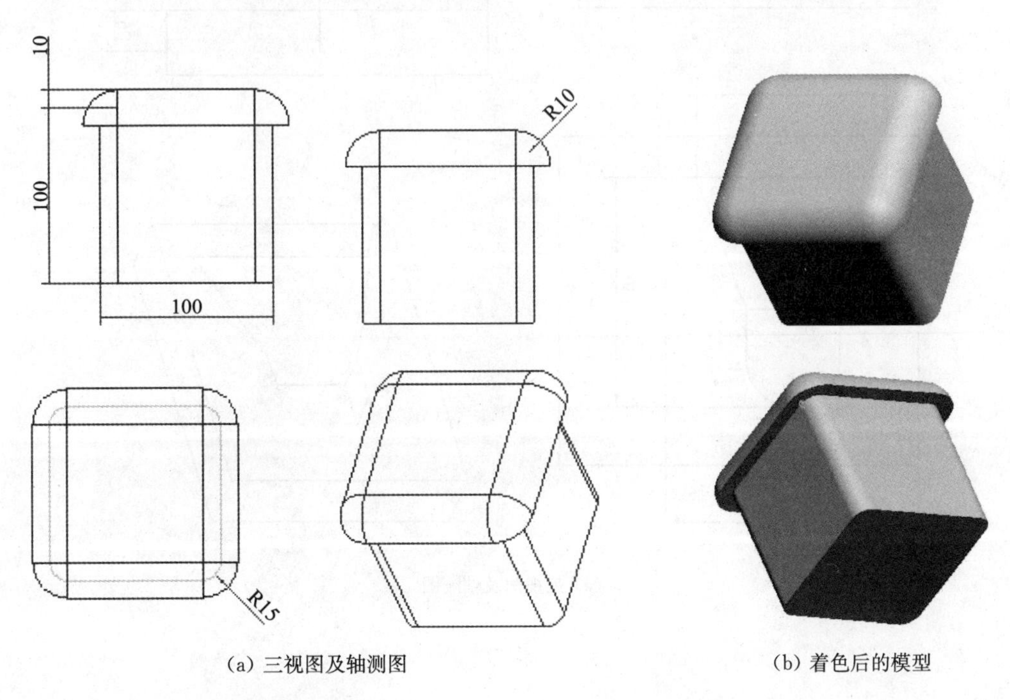

(a) 三视图及轴测图　　(b) 着色后的模型

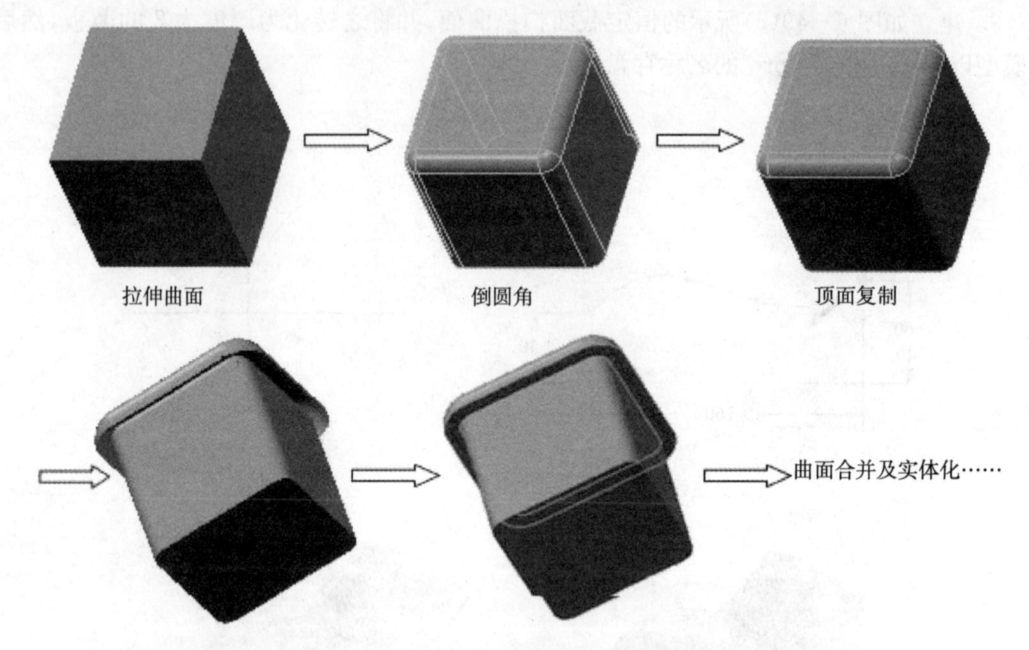

(c) 主要造型流程

图 6－50　利用曲面建立复杂的实体造型(3)

11. 通过曲面的创建及其编辑完成如图 6－51 所示的实体模型的建立，以"ep6－51.prt"的名称存盘。读者也可以先行打开光盘上的文件，自行观看并分析其造型过程。

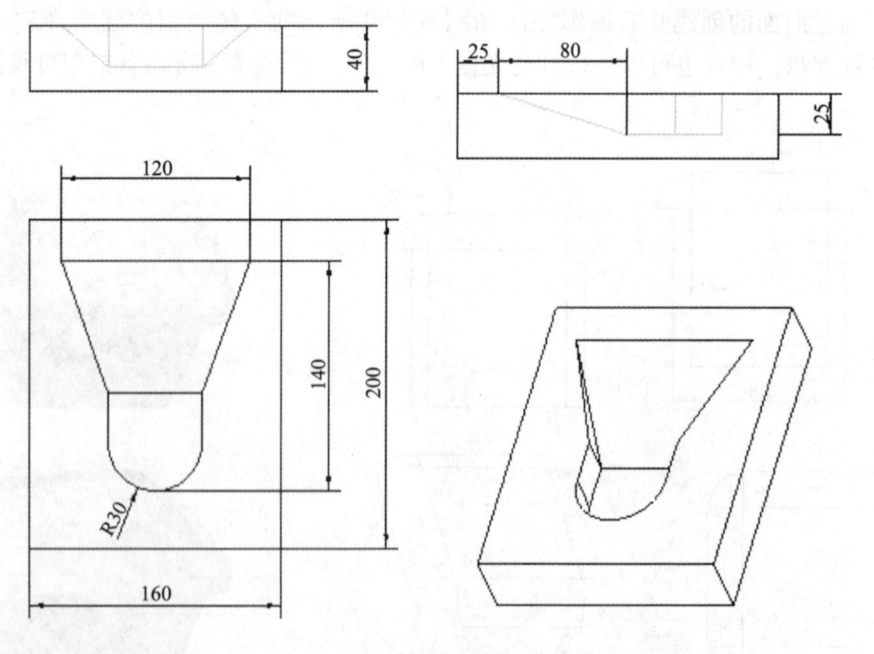

(a) 三视图及轴测图

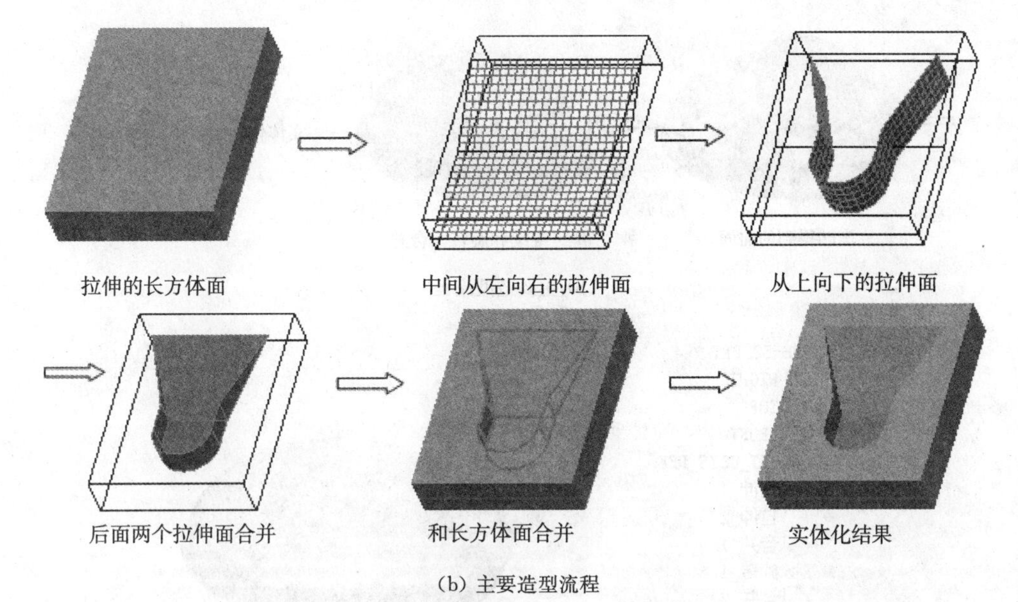

(b) 主要造型流程

图 6-51　利用曲面建立复杂的实体造型(4)

12. 通过曲面的创建及其编辑完成如图 6-52 所示的实体模型的建立，以“ep6-52.prt”的名称存盘。读者也可以先行打开光盘上的文件，自行观看并分析其造型过程。

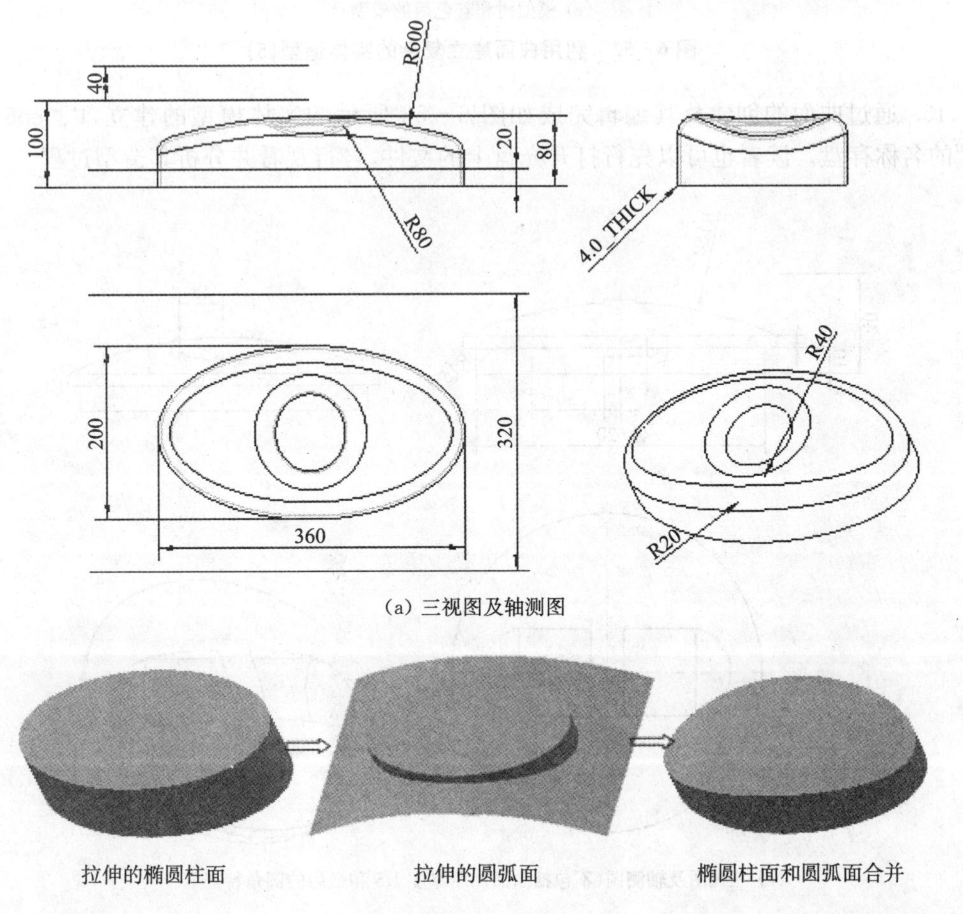

(a) 三视图及轴测图

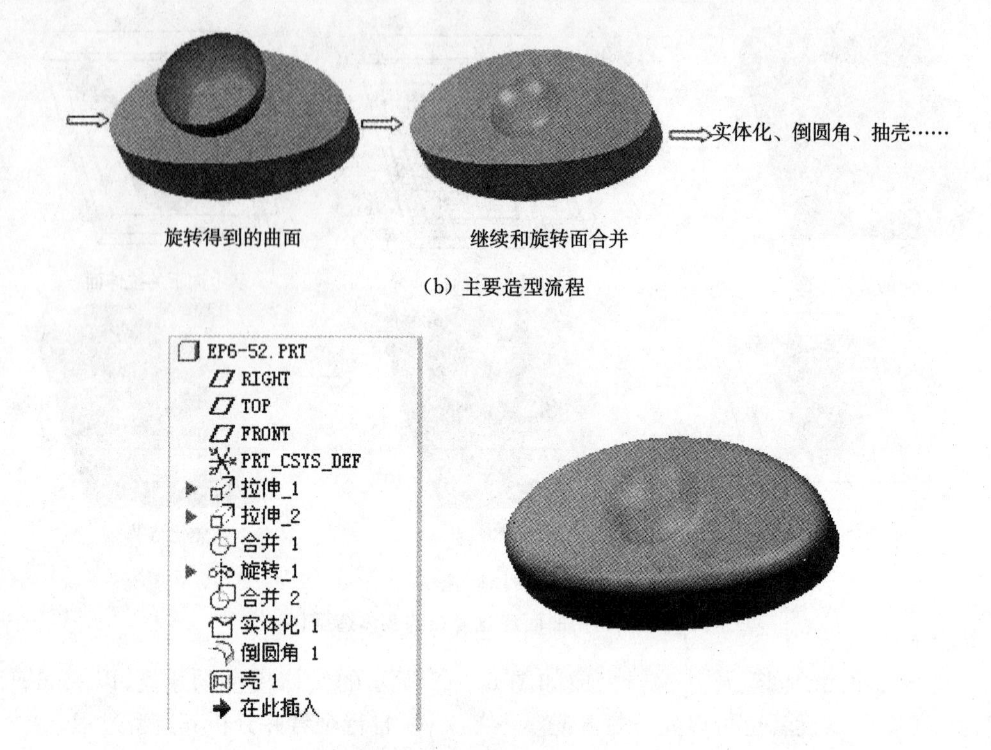

(b) 主要造型流程

(c) 模型树和着色后的模型

图 6－52　利用曲面建立复杂的实体造型(5)

13. 通过曲面的创建及其编辑完成如图 6－53 所示的实体模型的建立，以“ep6－53.prt”的名称存盘。读者也可以先行打开光盘上的文件，自行观看并分析其造型过程。

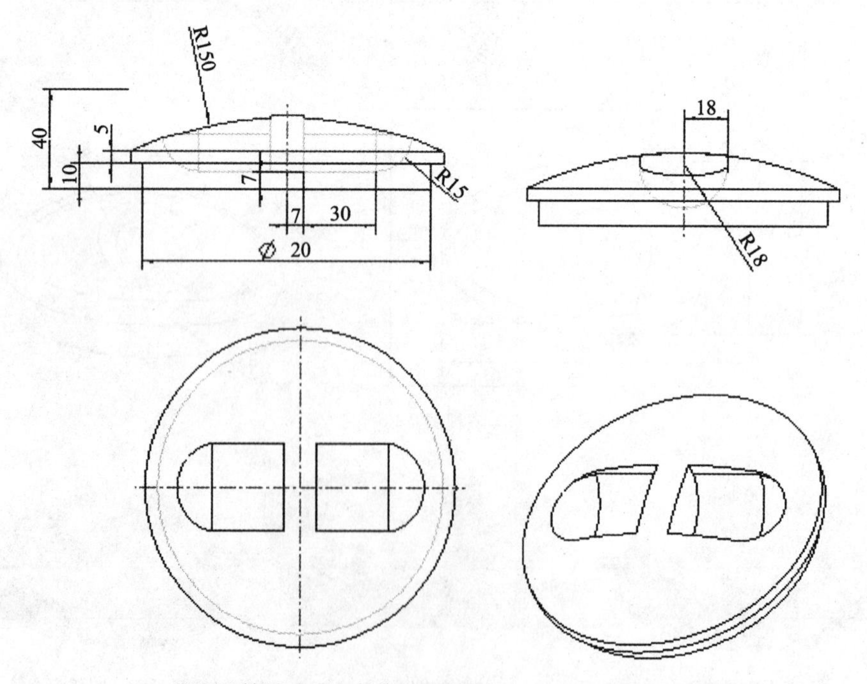

(a) 三视图及轴测图(不包括曲面加厚厚度 1.5 和最后的圆角特征 R1)

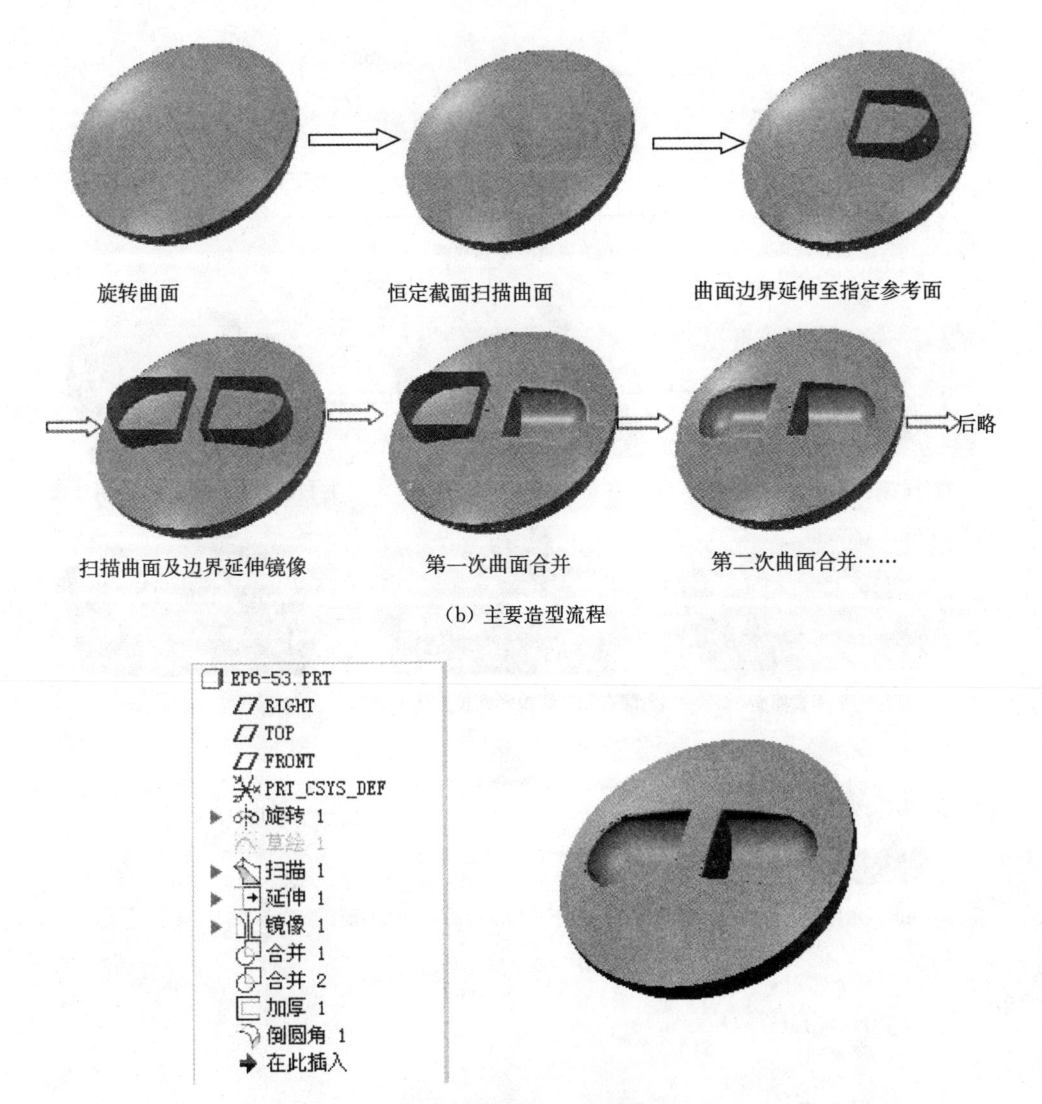

(c) 模型树和着色后的模型

图 6－53　利用曲面建立复杂的实体造型(6)

14. 通过曲面的创建及其编辑完成如图 6－54 所示的实体模型的建立，以“ep6－54.prt”的名称存盘。读者也可以先行打开光盘上的文件，自行观看并分析其造型过程。

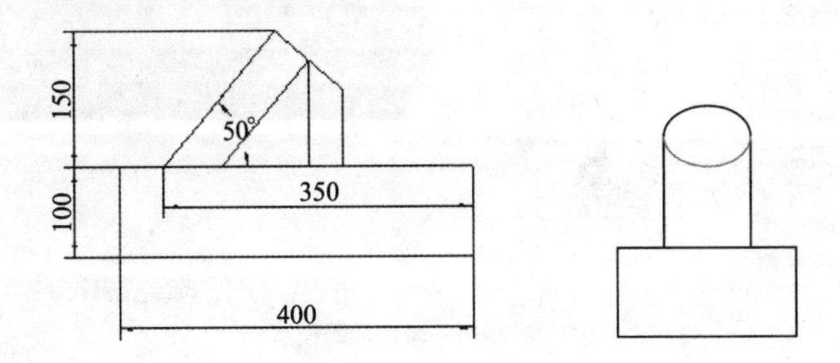

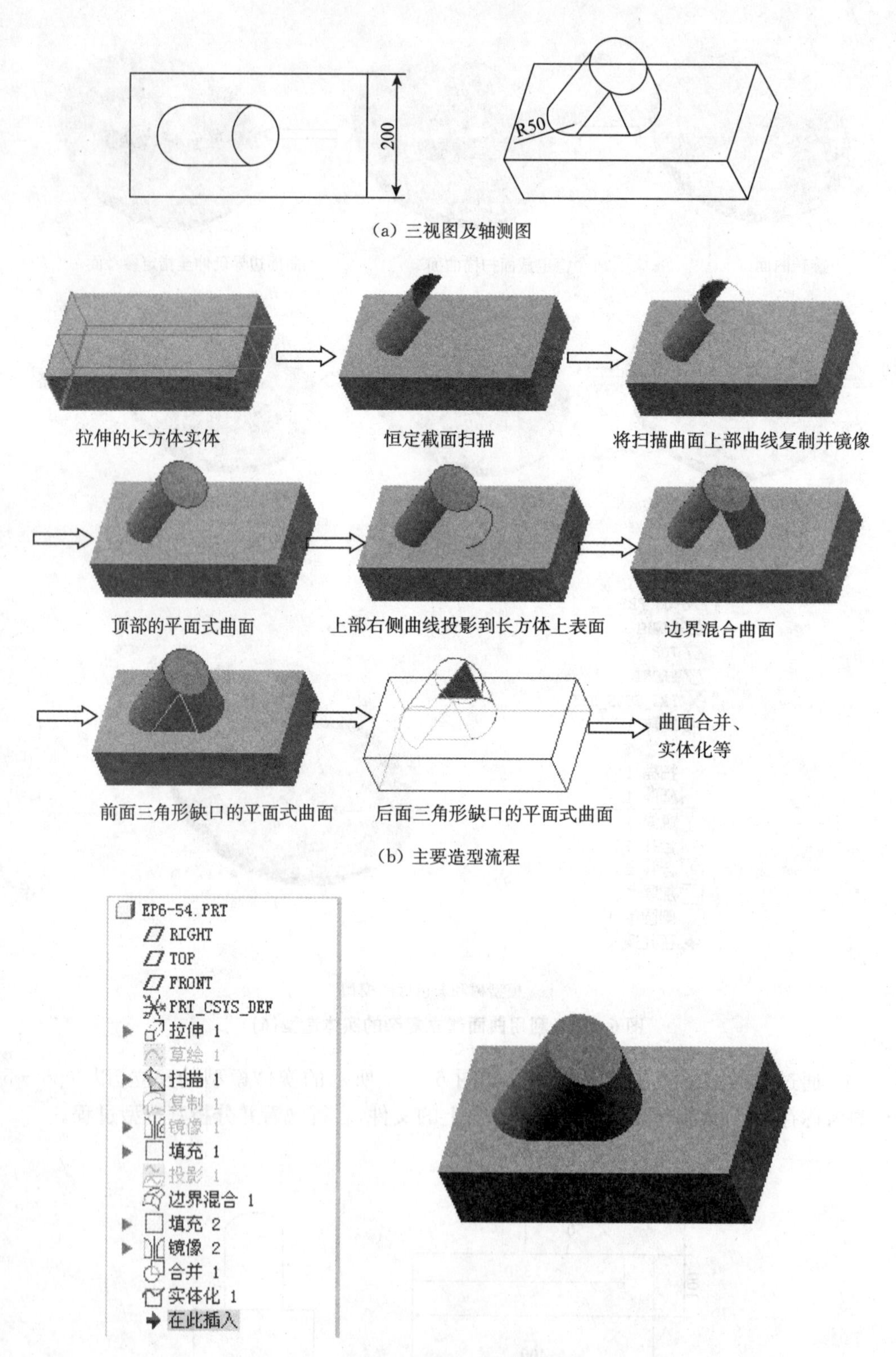

(a) 三视图及轴测图

(b) 主要造型流程

(c) 模型树和着色后的模型

图 6－54　利用曲面建立复杂的实体造型(7)

15. 通过曲面实体化操作完成如图 6－55 所示的模型，并以“ep6－55.prt”命名保存。各视图中圆的直径均为∅100。

16. 通过曲面实体化操作完成如图 6－56 所示的模型，并以“ep6－56.prt”命名保存。

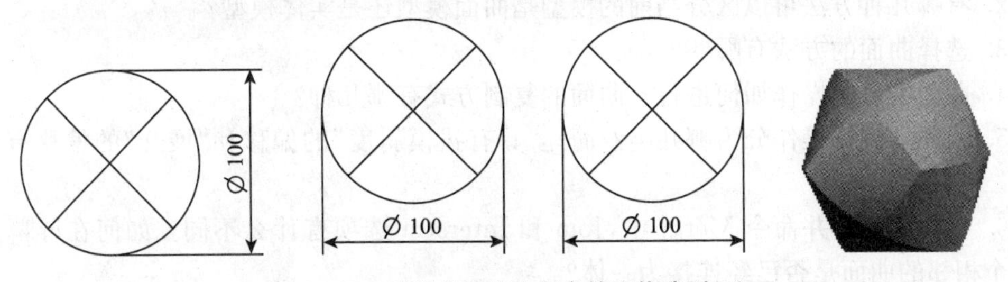

图 6－55　利用曲面建立复杂的实体造型(8)

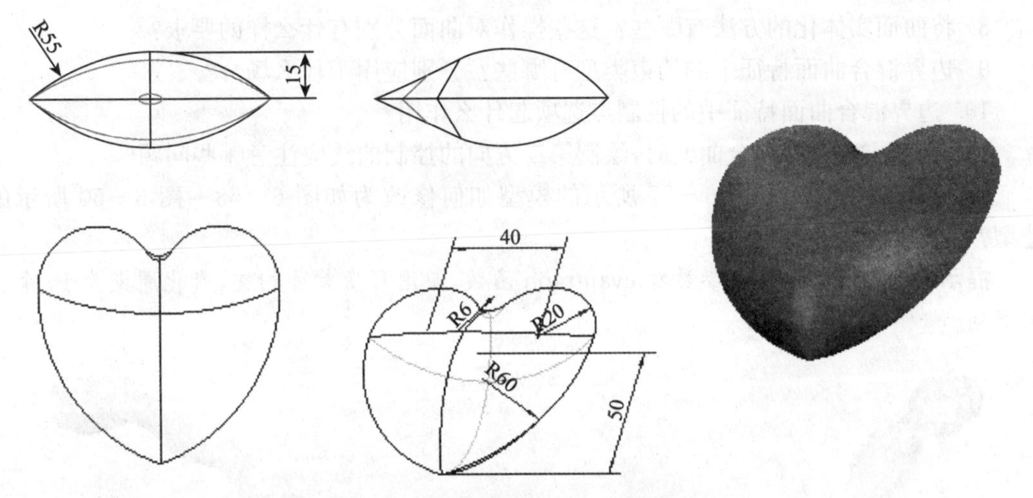

图 6－56　利用曲面建立复杂的实体造型(9)

17. 完成如图 6－57 所示的模型，并以“ep6－57.prt”命名保存。

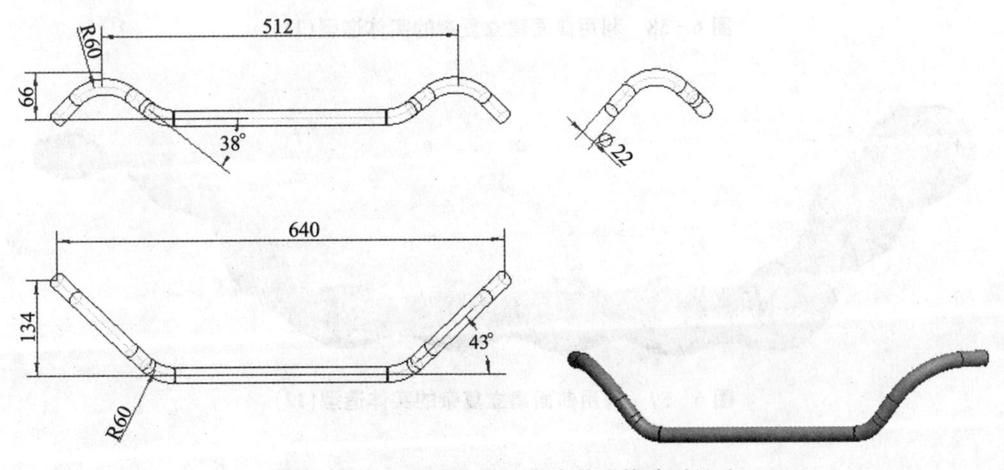

图 6－57　利用曲面建立复杂的实体造型(10)

三、实验报告作业及思考题

1. 如何判别曲面的边界线和棱线？这对于复杂的实体造型有何意义？

2. 有哪几种方法可以区分当前的模型是曲面模型还是实体模型？

3. 选择曲面的方法有哪些？

4. 曲面的复制操作如何进行？曲面的复制方式有哪几种？

5. 曲面的偏移操作分为哪几类？简述“具有拔模斜度”的偏移和“展开”的偏移有什么区别。

6. 在曲面的合并命令 Merge 中，Join 和 Intersect 选项有什么不同？如何在屏幕上判断两个相邻的曲面是否已经连接为一体？

7. 曲面的延伸操作有哪几种不同的方式？

8. 将曲面实体化的方法有哪些？这些操作对曲面分别有什么样的要求？

9. 边界混合曲面特征中的约束类型有哪些？分别应用于什么场合？

10. 边界混合曲面特征中的控制点选项起什么作用？

11. 做双方向边界混合曲面时，绘制第二方向的控制曲线应注意哪些问题？

12. *(本题选做)如图 6－57 所示的模型如何修改为如图 6－58～图 6－60 所示的造型？

提示：借助 trajpar 轨迹参数和 evalgraph 函数，使用可变截面扫描，变化周期为 10 个正弦周期。

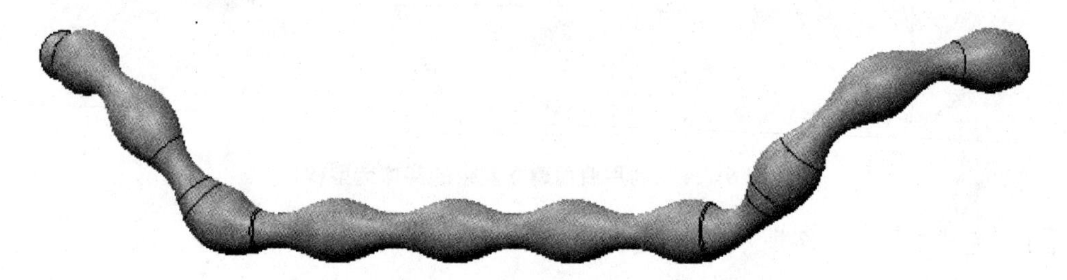

图 6－58　利用曲面建立复杂的实体造型(11)

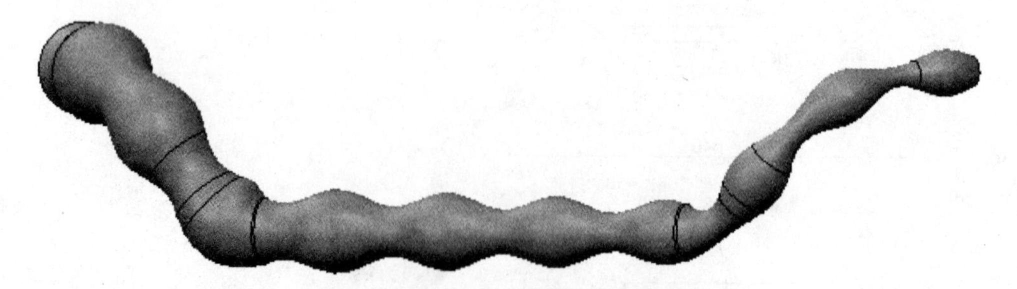

图 6－59　利用曲面建立复杂的实体造型(12)

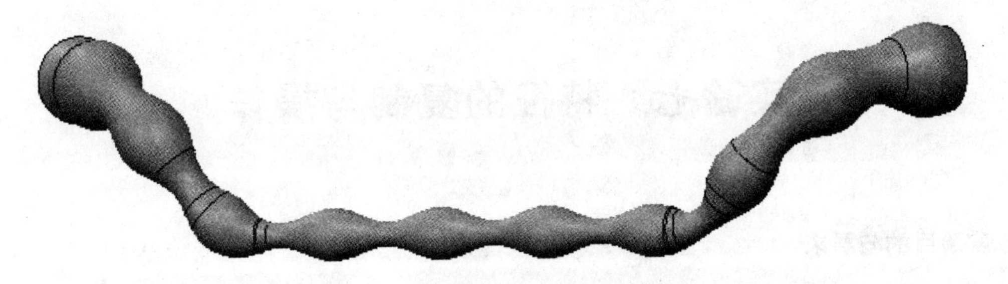

图 6 - 60　利用曲面建立复杂的实体造型(13)

13. *(本题选做)自定尺寸,完成如图 6 - 61 所示的苹果造型,并以"ep6 - 61.prt"命名保存。

图 6 - 61　苹果造型

实验七　特征的复制与操作

一、实验目的与要求

1. 掌握对特征进行阵列操作的步骤与方法。

2. 掌握对特征进行复制、镜像操作的步骤与方法。

3. 了解创建用户自定义特征(UDF)的过程及步骤。

4. 熟悉参数、关系在零件建模中的应用。

5. 掌握阵列在曲面上的投影。

6. 熟悉图元替换的概念机方法。

7. 了解改变特征的父子关系、插入特征、特征排序等有关特征操作的内容并掌握相应的操作步骤。

二、实验内容与步骤

1. 熟悉建立特征阵列的菜单结构和操控面板，掌握在 Creo Parametric 2.0 中建立各种特征阵列的方法。

2. 熟悉进行特征复制操作的菜单结构和子菜单，熟练掌握在 Creo Parametric 2.0 中复制各种特征的方法。

3. 自己设计特征造型实例，练习删除特征、改变特征的父子关系、插入特征、对特征进行重新排序等操作，并熟悉其菜单结构和操控面板。

4. 建立如图 7-1 所示的零件造型，以“ep7-1.prt”的名称存盘。

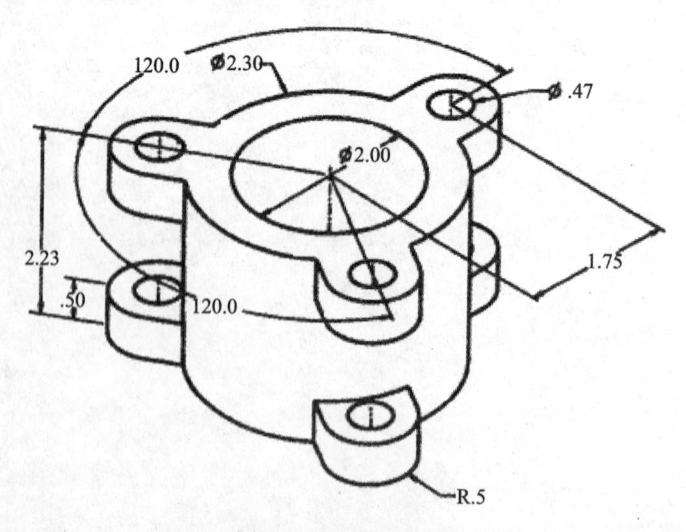

图 7-1　零件造型(1)

分析:本题中圆柱体外壁的六只“耳”,可以先制作上面或下面的一个,然后将其向下或向上平移复制,将复制出的“耳”和已制作的“耳”成组,最后再对“耳”组进行环形阵列即可。在 Creo Parametric 2.0 中还可以对阵列特征再做阵列,即阵列化阵列,因此,本题也可以先环形阵列出上面或下面的一组“耳”,然后再用“方向”阵列,向下或向上阵列这组“耳”即可。

5. 建立如图 7-2 所示的零件造型,模型建立完成后,对零件进行放大 40 倍处理,以“ep7-2.prt”的名称存盘。

分析:本题制作沿圆周均匀分布的圆孔和方孔时,可以先制作出同一位置处的一个圆孔和一个方孔,将这两个孔成组后,再对组做环形阵列即可。选择【模型】选项卡→【操作】组菜单→【缩放模型】,在弹出的【输入比例】输入框中输入模型的缩放比例并确认,即可完成对模型整体的成比例缩放。

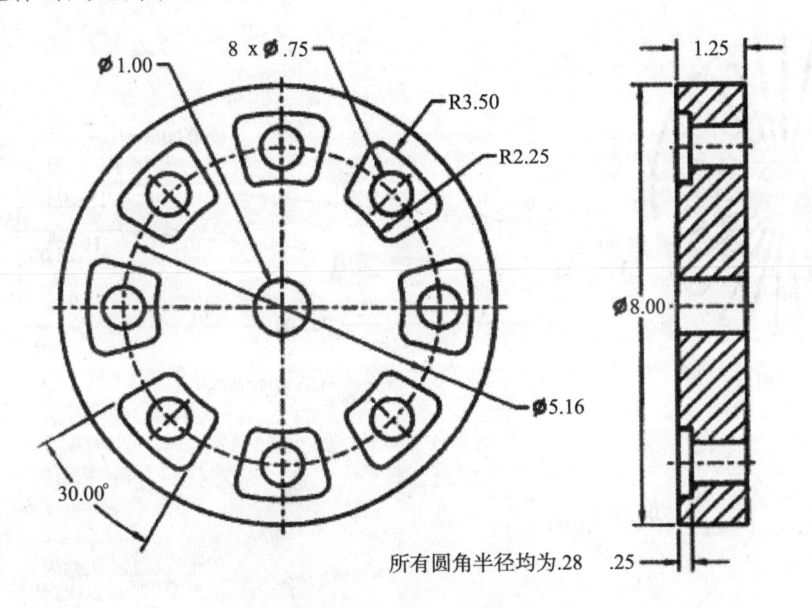

图 7-2　零件造型(2)

6. 建立如图 7-3 所示的模型,其外形尺寸为 250×300×30,最后需对所有方孔侧面进行拔模,以“ep7-3.prt”的名称存盘。

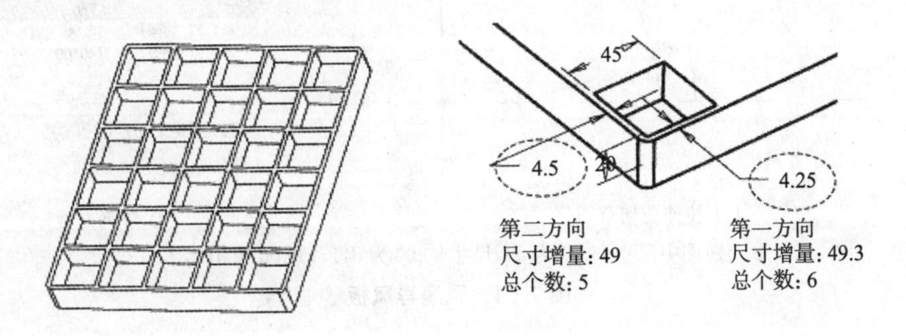

图 7-3

分析:本题可以对方孔特征进行双方向阵列,然后在父孔特征上将孔的四个侧面用拔模特征进行拔模，拔模枢轴为零件的上表面，拔模角度为 8°，最后对拔模特征进行参考阵列。

7. 造型风扇导风板，以“ep7－4.prt”的名称存盘，主体旋转特征草图、孔格草图、阵列参数如图 7－4 所示。相关圆角半径为 1，注意利用父孔格倒圆角，然后将圆角直接阵列至其他孔格。

分析：本题先通过旋转特征做出风扇的基体。然后通过移除材料的拉伸特征，做出导板内圈上的一个孔（草绘时尺寸标注要合理，保证角度定位尺寸任意修改时，孔能准确旋转到所修改位置）。对孔进行环形双方向阵列，第一方向为角度驱动尺寸，而第二方向需要孔的两个径向尺寸同时参与，将其同时扩大。对父孔格进行倒圆角。最后对倒圆角特征进行参考阵列即可。

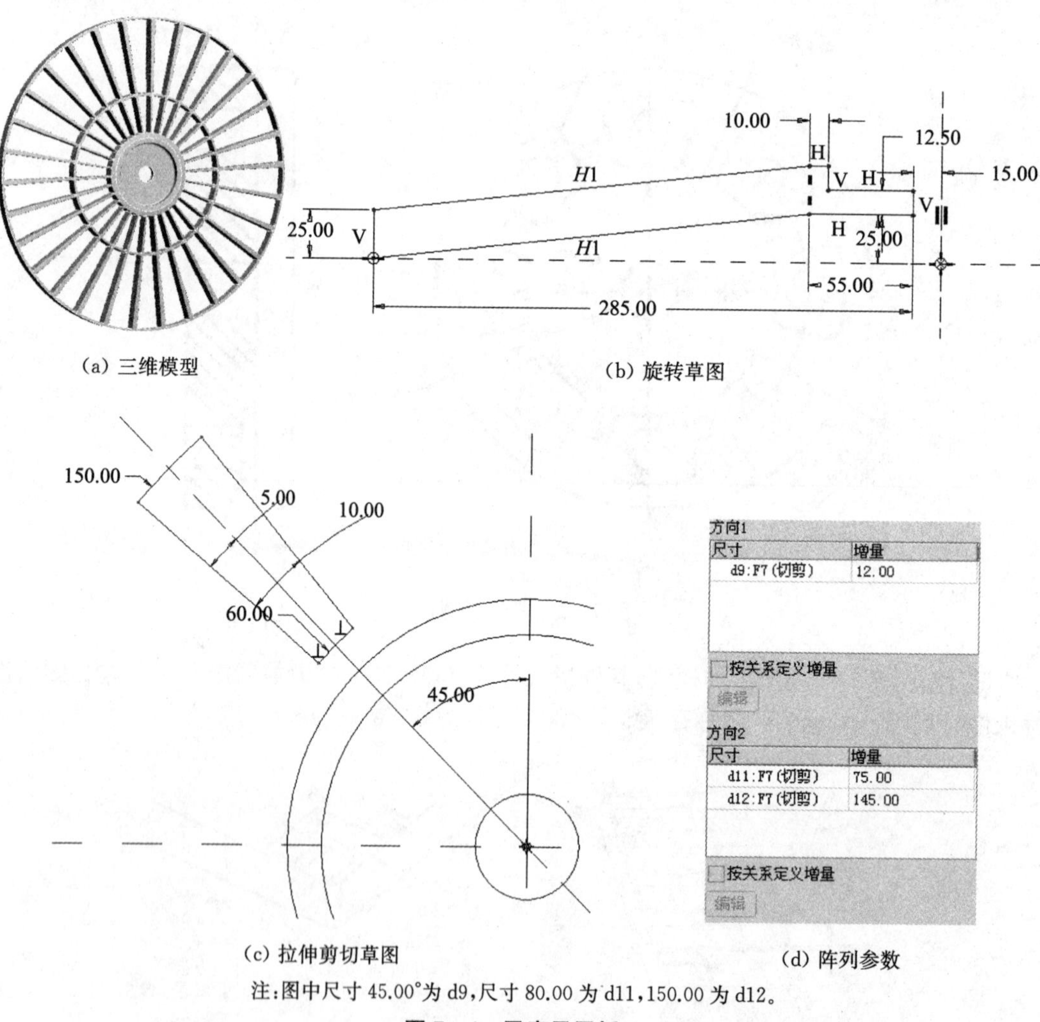

(a) 三维模型　　(b) 旋转草图

(c) 拉伸剪切草图　　(d) 阵列参数

注：图中尺寸 45.00°为 d9，尺寸 80.00 为 d11，150.00 为 d12。

图 7－4　风扇导风板

8. 利用参数、关系、基准曲线（使用参数方程的方法建立）、特征阵列等方法建立全参数化标准直齿圆柱齿轮模型，以“ep7－5.prt”保存，其中主要参数见图 7－6。

分析：本题是工程参数、几何参数、阵列参数综合运用的一个典型实例，建立了标准直齿圆柱齿轮的一系列参数，并将其通过关系的定义，与四个圆的直径、渐开线、阵列参数等建立起有机联系。通过建立“来自方程的曲线”，绘制基圆到齿顶圆之间的渐开线。当齿轮齿数小于等于41时，齿根圆直径比基圆直径小，需要延伸渐开线；而当齿数大于等于42时，齿根圆直径比基圆直径大，需要修剪渐开线。为了保证渐开线能够延伸或修剪至齿根圆，本题通过草绘中的“投影”，复制渐开线，在复制的渐开线与齿根圆之间做“拐角”操作，即可达到灵活修剪或延伸渐开线的目的。

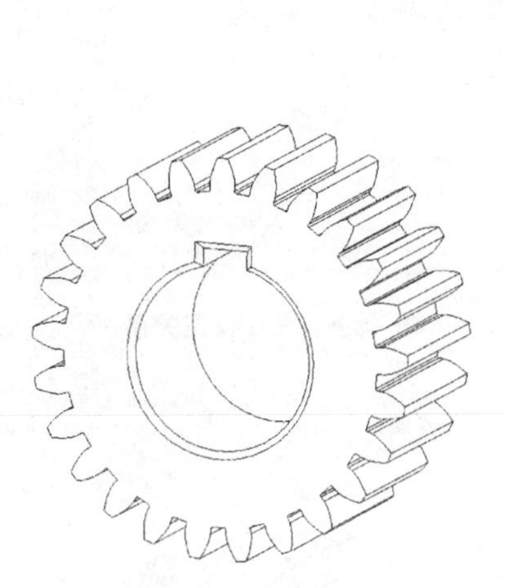

图 7-5　齿轮模型

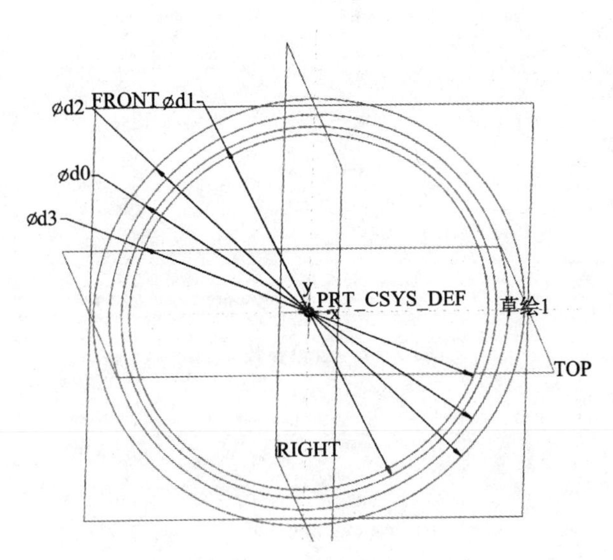

图 7-6　草绘曲线

主要步骤如下：

(1) 在 Front 基准面内绘制四个圆(草绘曲线 1)，圆心通过坐标系的中心，四个圆直径符号分别为 d0，d1，d2，d3(对特征进行编辑操作后，即显示出特征尺寸参数值)，通过点击【工具】选项卡→【模型意图】组→【切换符号】按钮，可将尺寸由参数值显示方式切换为参数名称显示方式。(如果直径参数名称发生变化之后，建立关系时，需要做相应调整)，四个圆的直径大小可以任意设定，后面将由关系驱动这几个圆的直径。

(2) 建立如图 7-7 所示参数(后五个参数由第(3)步建立的关系控制，建立这些参数时，不要将它们锁定。如果需要删除由关系控制的参数，必须首先解除其关系。)

(3) 建立如图 7-8 所示关系，重新生成模型，可以看到步骤(1)绘制的四个圆的直径以及步骤(2)中建立的后五个参数已经被关系驱动。

(4) 通过柱坐标系方程曲线，建立从基圆到齿顶圆的齿轮轮廓渐开线，如图 7-9 所示。

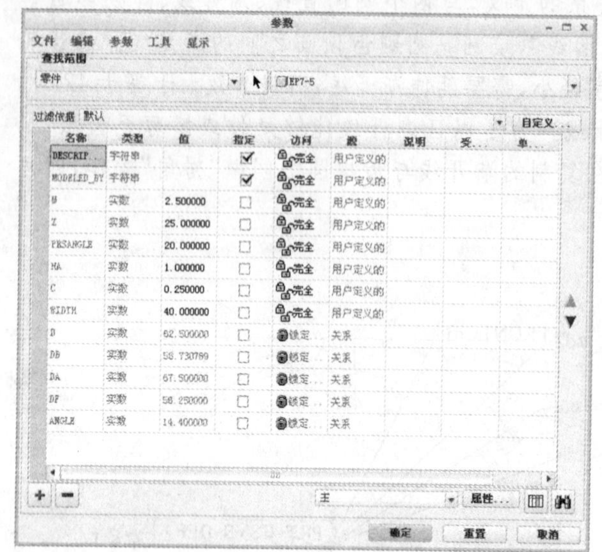

图 7-7　齿轮参数

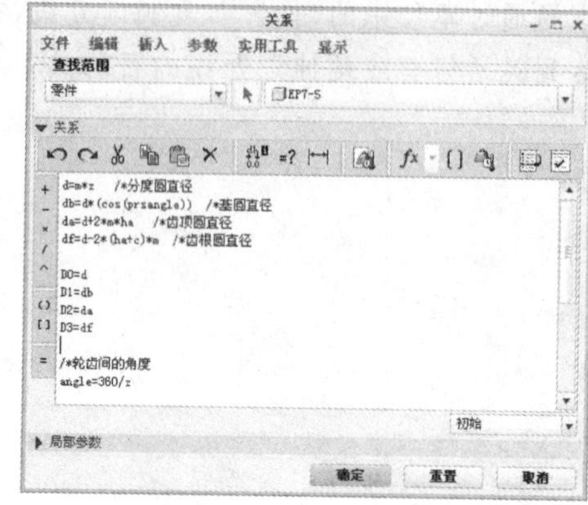

图 7-8　建立模型关系

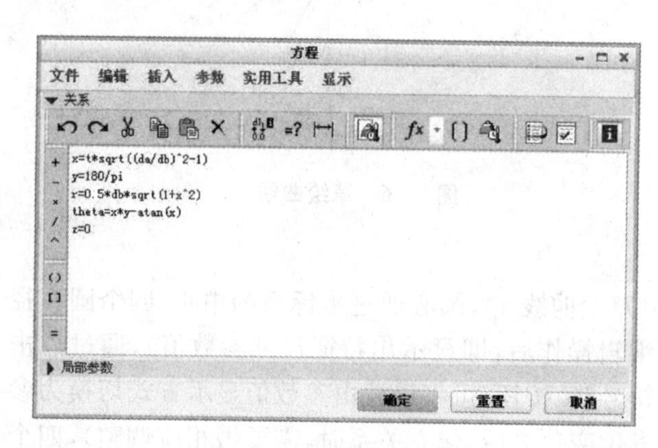

(a) 渐开线方程

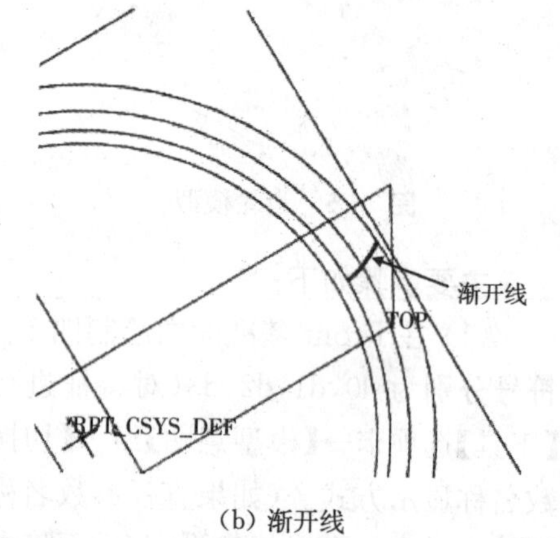

(b) 渐开线

图 7-9　建立尺寸轮廓的渐开线

(5) 利用拉伸特征建立齿轮齿胚，点击【草绘】选项卡→【草绘】组→【投影】□按钮，选取齿轮的齿顶圆，建立拉伸截面，拉伸深度尺寸参数名称为 d4，如图 7-10 所示。

(6) 通过参数驱动尺寸的齿宽，建立如下关系：

/ * 驱动齿轮的宽度

d4＝width

(7) 建立齿轮齿胚的轴线——基准轴 A_1。

(8)由机械设计原理我们知道，当标准直齿圆柱齿轮齿数小于等于 41 时，基圆直径比齿根圆直径大，需要将渐开线延伸至齿根圆，而齿数大于等于 42 时，需要将渐开线用齿根圆修剪掉一部分。由于【草绘】选项卡→【编辑】组→【拐角】┾按钮命令既可以对曲线进行修剪也可以进行延伸操作，因而符合本全参数化齿轮模型的建立需求。

建立草绘曲线 2，通过【草绘】选项卡中的【投影】□按钮和【拐角】┾按钮等，以齿根圆为延伸或修剪的边界对象，对步骤(4)中建立的渐开线进行延伸或修剪操作，完成齿轮轮廓线的绘制，如图 7－11 所示。

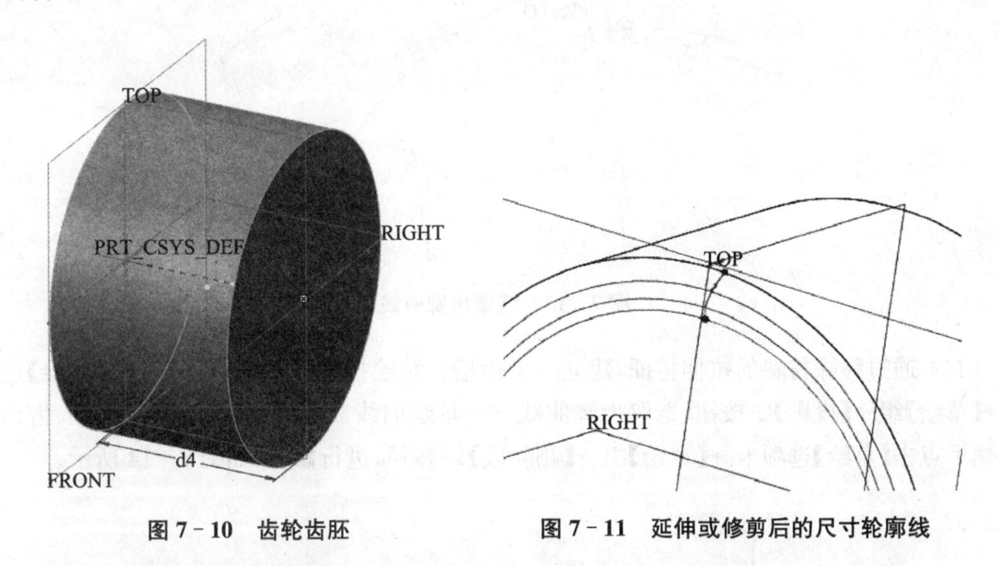

图 7－10　齿轮齿胚　　　　图 7－11　延伸或修剪后的尺寸轮廓线

(9) 建立草绘曲线 2 与分度圆交点的基准点 PNT0。

(10) 建立通过 A_1 和 PNT0 的基准平面 DTM1。

(11) 建立通过 A_1 且和 DTM1 夹角为 3.6°的基准面 DTM2(注意方向)，角度参数名称为 d35(当齿数为 25 时，3.6°为四分之一相邻轮齿之间的角度)，DTM2 基准面即为齿轮轮廓曲线的对称面，如图 7－12 所示。

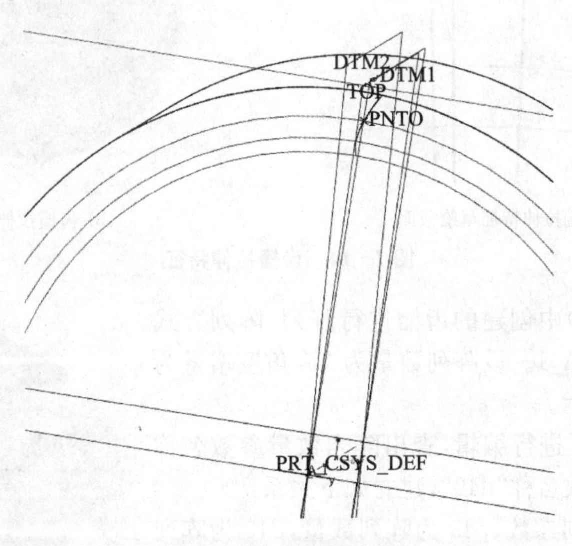

图 7－12　建立相关基准

(12) 建立如下关系：

/＊齿槽渐开线镜像平面的角度

d35＝angle/4

(13) 将步骤(8)中建立的草绘曲线 2 基于 DTM2 基准面进行镜像，如图 7－13 所示。

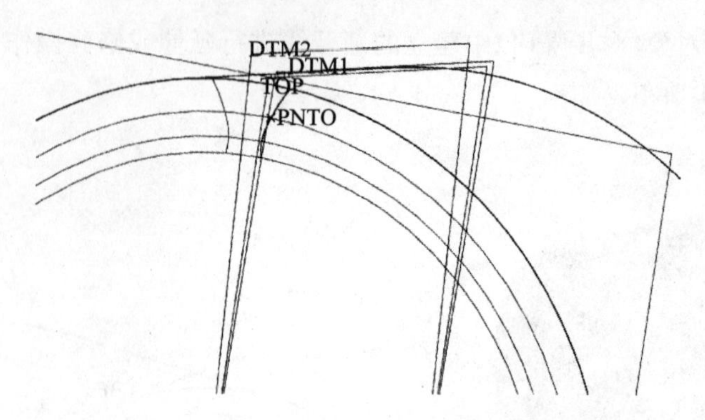

图 7 - 13　镜像齿廓曲线

(14) 通过移除材料的拉伸特征,建立一个齿槽。草绘拉伸截面时,首先点击【草绘】选项卡→【草绘】组→【投影】按钮,选取齿廓曲线——草绘曲线 2 及其镜像曲线、齿根圆、齿顶圆等,然后点击【草绘】选项卡→【草绘】组→【删除段】按钮,进行修剪,如图 7 - 14 所示。

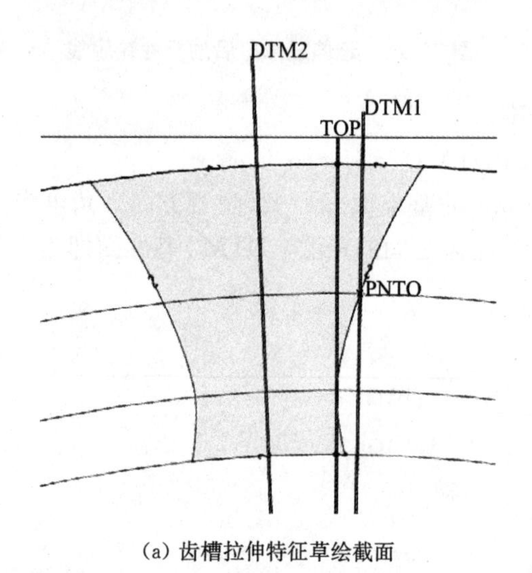

(a) 齿槽拉伸特征草绘截面

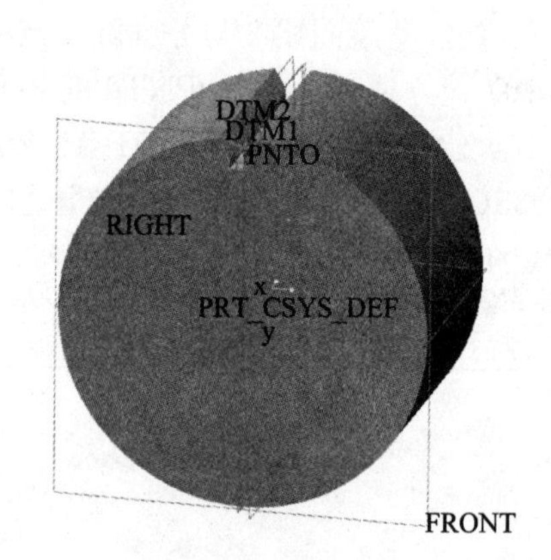

(b) 齿槽拉伸特征结果

图 7 - 14　齿槽拉伸特征

(15) 对步骤(14)中创建的齿槽进行阵列,阵列方式为"轴",参考轴线为 A_1。设阵列数量为 25,角度增量为 14.4°,如图 7 - 15 所示。

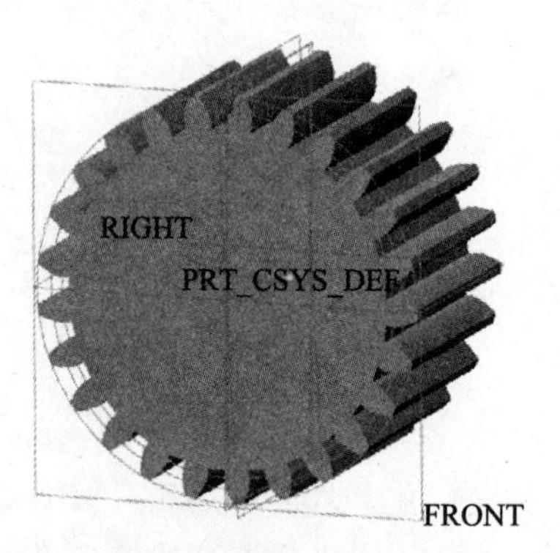

图 7 - 15　齿槽特征阵列

(16) 对阵列特征进行编辑,查出阵列数量参数名称"p43"和角度增量参数名称"d40",建立如下关系:

/ * 齿槽阵列参数,p43 为阵列数量,d40 为阵列角度增量

p43=z

d40=angle

(17) 通过拉伸特征,建立齿轮孔及键槽特征,如图 7 - 16所示。

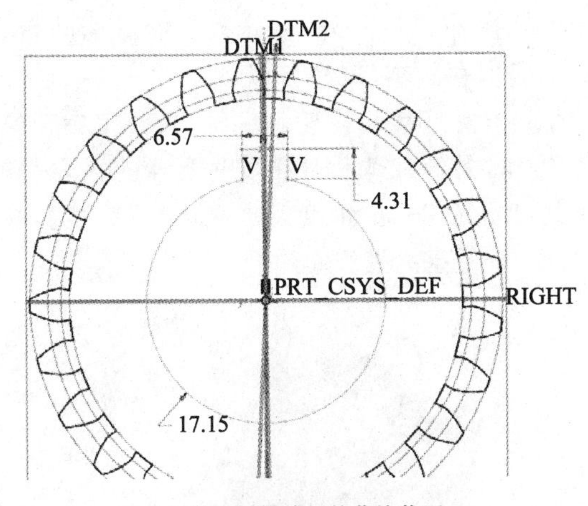

(a) 孔及键槽特征的草绘截面

(b) 孔及键槽特征结果

图 7－16　孔及键槽特征

(18) 修改齿轮的齿数、模数等参数，并重新生成模型，即可得到不同参数的齿轮(齿数小于 17 时将会产生“根切”现象)，如图 7－18 所示。

(a) z=25，m=2.5

(b) z=25，m=5

(c) z=80，m=2.5

图 7－17　不同参数的齿轮

9. 运用阵列在曲面上投影的方法、圆角特征、参考阵列等，完成如图 7－19 所示的模型制作，以“ep7－6.prt”命名保存(尺寸自拟)。

分析：对于点、曲线和填充阵列，可以将阵列投影到曲面上，注意阵列工具操控板【选项】选项卡中【跟随曲面形状】复选框、【跟随曲面方向】复选框、【间距】选项等的设置。

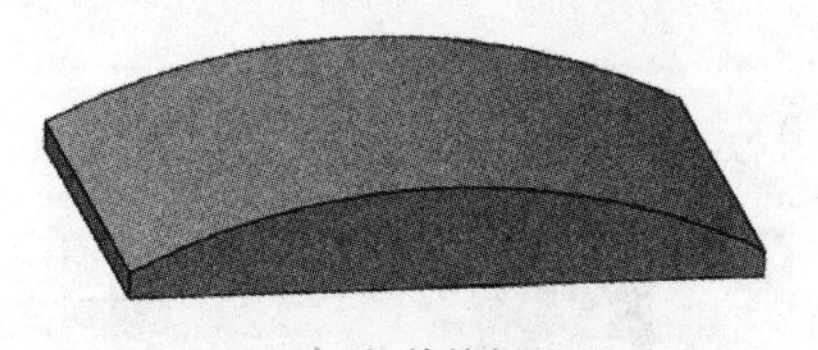

(a) 拉伸特征

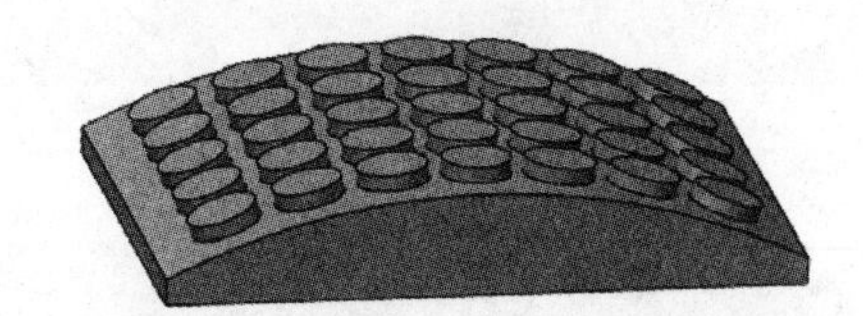

(b) 拉伸特征做圆柱按钮、填充阵列并投影到曲面

(c) 对父特征倒圆角并完成参考阵列

(d) 没有选中【跟随曲面方向】的模型

图 7－18　阵列投影模型

10. 对模型“tuyuantihuan.prt”进行图元替换操作，将圆形凸台修改为椭圆形凸台(椭圆长、短轴分别为 160 和 80)，以“ep7 - 7.prt”命名保存副本(尺寸自拟)。

分析：将图中圆柱凸台替换成圆锥形凸台，为了使后续的拔模斜度特征、圆角特征等自动重新生成不受影响，需要执行截面图元替换操作，对圆柱体拉伸特征进行重定义，编辑其草绘截面：先绘制椭圆，然后选择原始截面中的圆并右击，在弹出菜单中选择【替换】，接着选择绘制的椭圆，退出草绘工具和拉伸特征工具，重新生成模型。

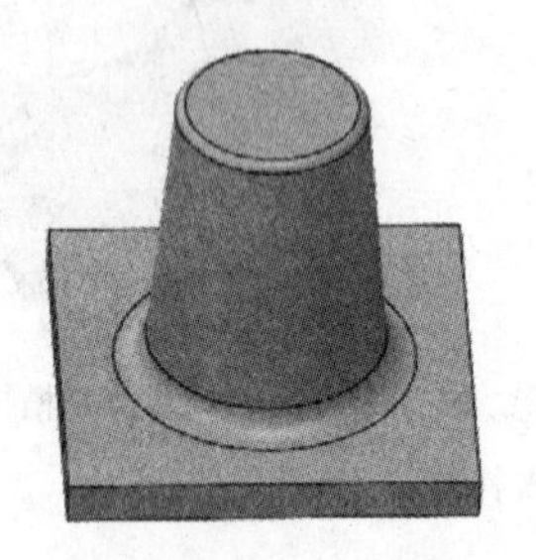

(a) 截面图元替换前

(b) 截面图元替换后

图 7 - 19　图元替换模型

11. 零件造型综合练习

在当前章节的文件夹中打开下列零件的造型源文件，通过“工具”菜单下的“模型播放器”观看其造型的过程。然后自行设计尺寸，完成其中的六个造型，并自行命名保存。

图 7 - 20　叉架

图 7 - 21　斜面阀体

图 7 - 22　三通阀体

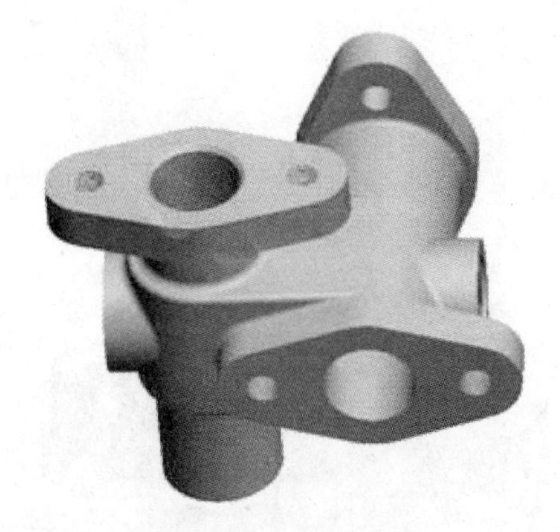

图 7－23　流通泵体

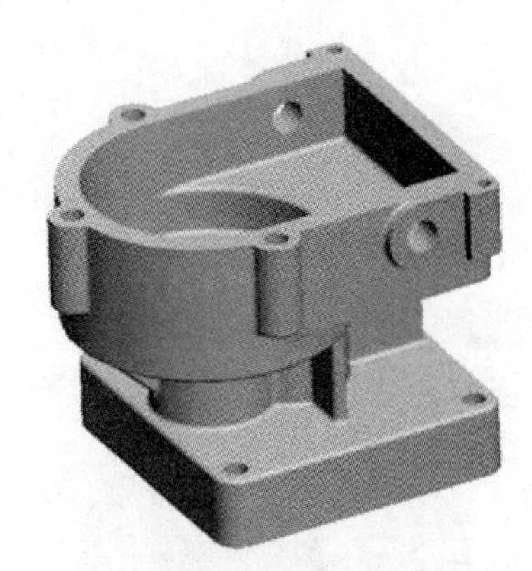

图 7－24　泵体一

图 7－25　泵体二

图 7－26　箱体一

图 7－27　箱体二

图 7－28　机座

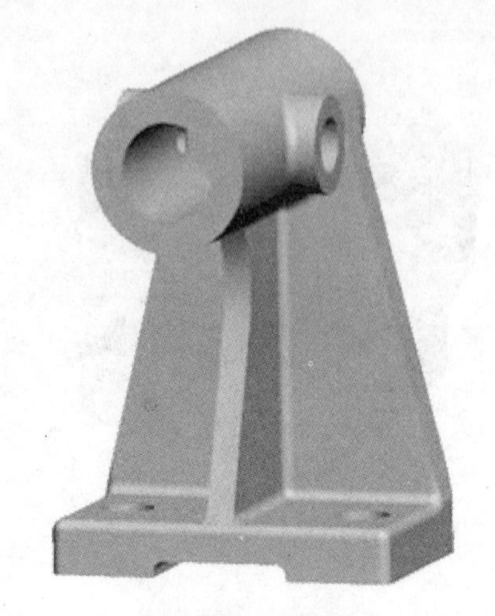

图 7－29　支架

图 7－30　架体

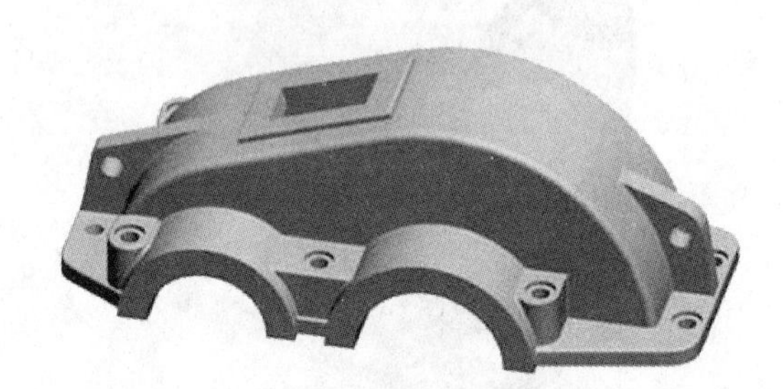

图 7－31　减速器上箱体

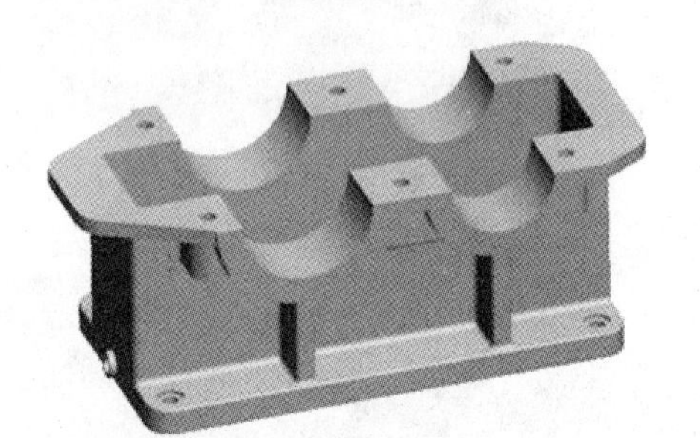

图 7－32　减速器下箱体

12. 完成如图 7－33 所示的模型，并以“ep7－33.prt”命令保存。

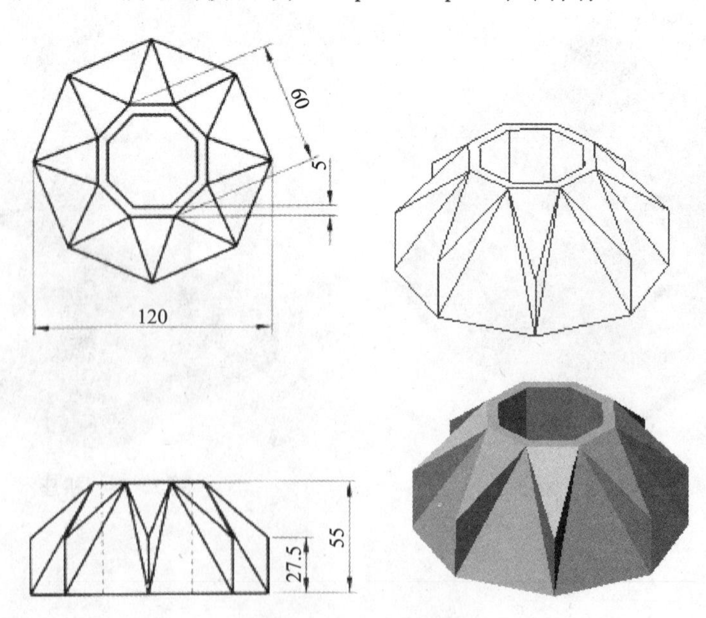

图 7－33　零件模型

三、实验报告作业及思考题

1. 特征的阵列和复制操作有何区别?

2. 特征的阵列类型可以分为哪几类?请说明特征的阵列操作中阵列的三种再生类型“相同”、“可变”和“常规”各有什么特点。

3. 在阵列的引导尺寸中,定位尺寸和定形尺寸对于阵列的结果影响有何不同?有哪几种建立尺寸增量关系的方式?

4. 无合适角度驱动尺寸时,如何创建旋转阵列?无合适方向线性驱动尺寸时,如何建立该方向的阵列?

5. 什么叫做参考阵列?参考阵列有何用途?

6. 在建立旋转阵列的父特征时,应考虑到什么问题?

7. 如何建立特征的镜像和整个模型的镜像?

8. 简要说明创建用户自定义特征(UDF)和将特征成组的操作步骤。

9. 有什么方法可以改变特征之间的父子关系?

10. 如何修改特征的尺寸数值?如何编辑修改特征的截面形状、尺寸标注方式、生长属性和方向?

11. 怎样插入特征?如何改变特征建立的顺序?在改变特征的建立顺序时,对于有父子关系的特征,操作是否可以进行?

12. 特征的删除(Delete)、隐含(Suppress)和隐藏(Hide)操作有什么不同?适用于什么样的情况?

13. 哪些阵列可以投影到曲面上?将阵列投影到曲面上的基本操作过程是什么?

14. 图元替换操作应用于什么场合?其基本操作步骤是什么?

15. 零件特征重新生成失败的主要原因有哪些?有哪些典型的解决方法?

16. 如何建立参数和关系?参数和关系在零件建模中的作用分别是什么?

实验八　各种高级特征及应用

一、实验目的

1. 综合应用本课程所学的各种高级特征，完成常用产品的造型。包括：

(1) 填充阵列

(2) 旋转混合

(3) 一般混合

(4) 环形折弯

(5) 骨架折弯

(6) 变截面扫描

(7) 扫描混合

(8) 螺旋扫描

(9) 唇特征

(10) 耳特征

2. 掌握常用产品的造型方法和技巧，能解决工程中的一些具体问题。

3. 进一步熟悉参数、关系在建模中的应用。

4. 进一步熟悉曲线、曲面、特征阵列等在典型产品建模中的综合应用。

二、实验内容

1. 完成如图 8－1 所示的六角头螺栓的绘制，包括：六角头、螺杆、螺栓头倒角、螺纹等特征，以“ep8－1.prt”命名保存。

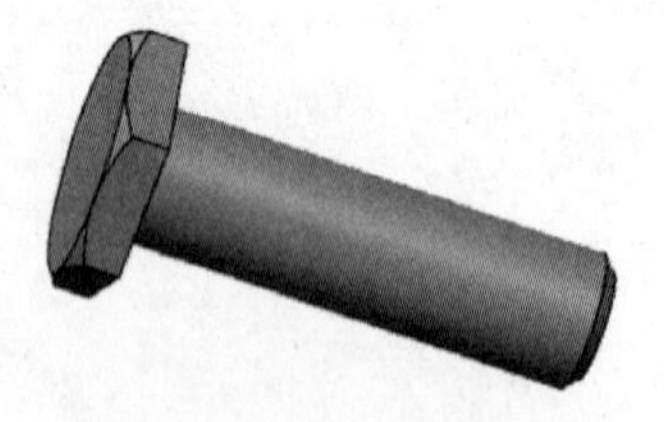

(a) 未添加螺纹特征时的效果

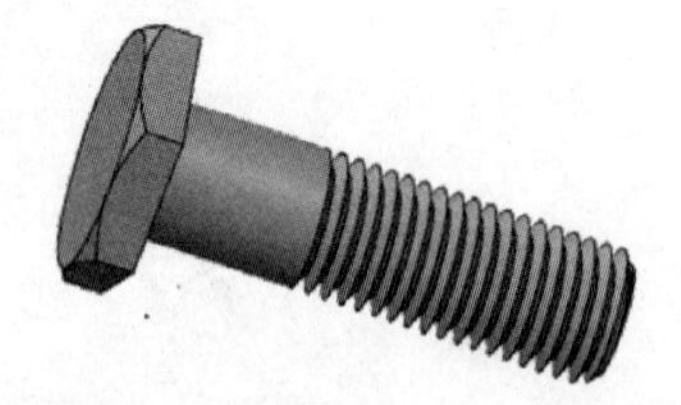

(b) 添加螺纹特征后的效果

图 8－1　六角头螺栓

其中：

(1) 六角头：截面正六边形的边长为 20 mm，厚度为 7.5 mm。

(2) 螺杆：直径为 20 mm，长度为：70 mm。

(3) 螺栓头倒角：尺寸为 2 mm×45°。

(4) 螺纹(螺旋扫描特征)：螺距为 2.5 mm，如图 8－2 所示。

分析：可以先通过旋转特征建立圆锥面(圆锥面素线通过正六棱柱顶面六条边的中点，

且与正六边形顶面成30°夹角)，再通过“移除面组内侧或外侧材料”使曲面实体化，完成六角头的圆锥倒角。螺纹可以通过移除材料的螺旋扫描特征来完成，如果要建立多头螺纹，可以通过单条螺纹的旋转阵列来实现。

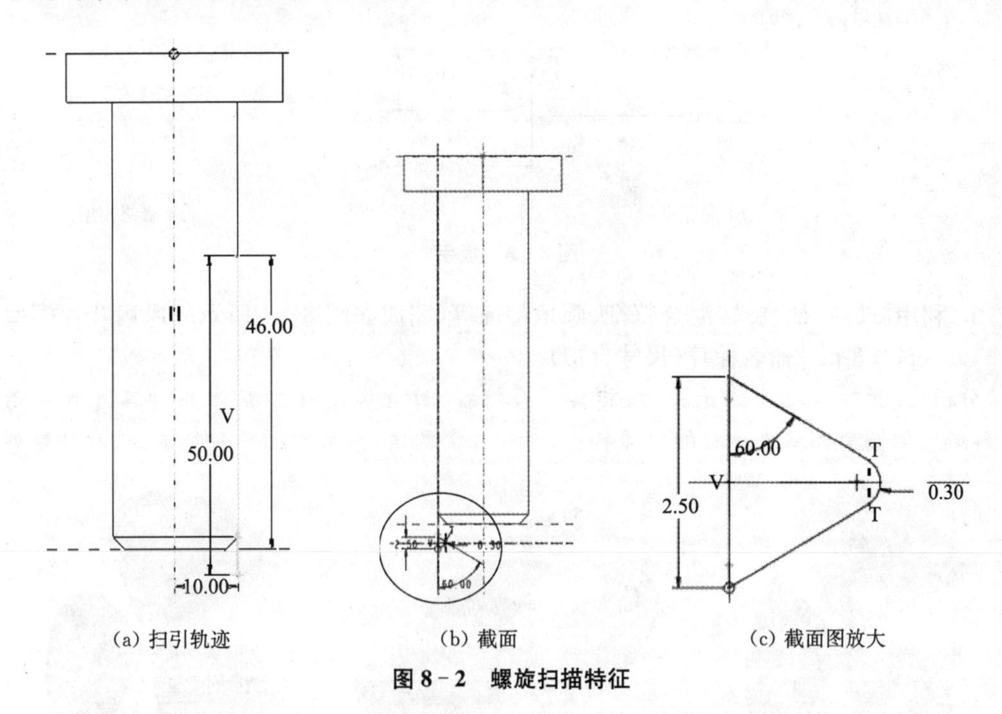

(a) 扫引轨迹　　(b) 截面　　(c) 截面图放大

图 8－2　螺旋扫描特征

2. 按图 8－3 所给的尺寸，利用拉伸特征和骨架折弯等特征，完成扳手模型的制作，以“ep8－2.prt”保存。

分析：骨架折弯特征可以将实体或面组沿着指定的折弯骨架曲线进行折弯，所有的压缩或变形都是沿轨迹纵向进行的。折弯骨架曲线必须光滑、连续，通常在骨架曲线折弯处倒圆角。折弯起始面为通过折弯骨架线的起点并与骨架线垂直的平面，需要用户自行选择折弯终止平面，而本题需要折弯的实体的左右两个端面均为圆柱面，因此不能直接选择折弯终止平面，需要通过骨架折弯菜单管理器中的【产生基准】选项来构造合适的折弯终止平面。

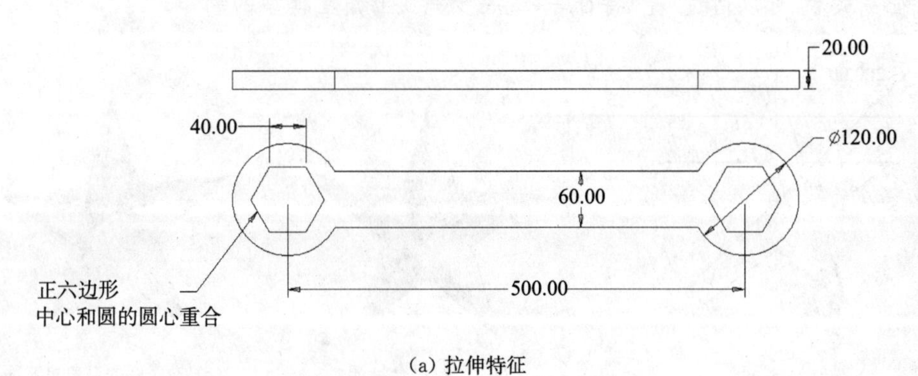

(a) 拉伸特征

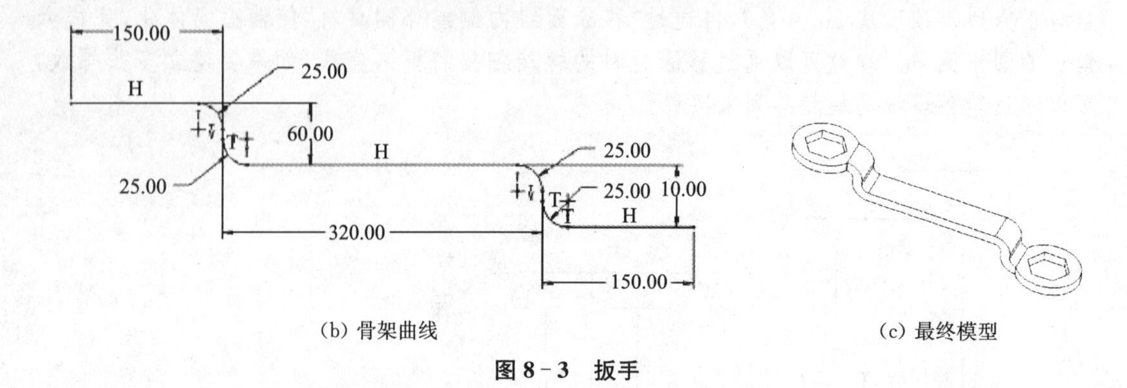

(b) 骨架曲线　　(c) 最终模型

图 8-3　扳手

3. 利用旋转特征、旋转混合特征、圆角特征等，完成如图 8-4 所示的风扇叶片模型的制作，以“ep8-3.prt”命名保存(尺寸自拟)。

分析：通过“平滑的”、“开放的”旋转混合特征，建立风扇叶片基体并对其进行旋转阵列，再通过倒圆角或移除材料的拉伸特征，对叶片倒圆角，最后对圆角特征成组、参考整列。

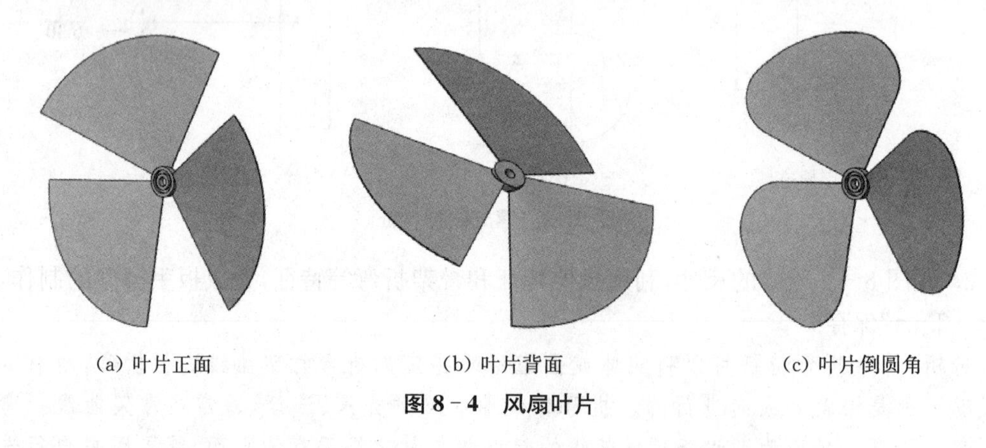

(a) 叶片正面　　(b) 叶片背面　　(c) 叶片倒圆角

图 8-4　风扇叶片

4. 按图 8-5 所给的尺寸，利用平行混合特征，完成五角星模型的制作，其中五角星的外接圆直径为 200，厚度为 30，壳特征厚度为 1，以“ep8-4.prt”命名保存。

分析：构造平行混合特征，第一个截面为十边形的五角星轮廓，第二个截面为一个点。混合特征完成后，可以通过“壳”特征等，进一步完成五角星模型的制作。

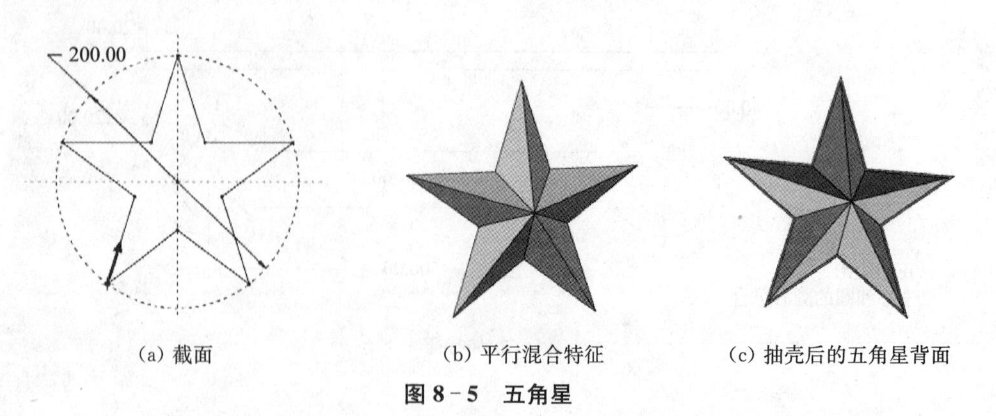

(a) 截面　　(b) 平行混合特征　　(c) 抽壳后的五角星背面

图 8-5　五角星

5. 按图 8－6 所给的尺寸，利用扫描特征，完成扳手模型的制作，以“ep8－5.prt”命名保存。

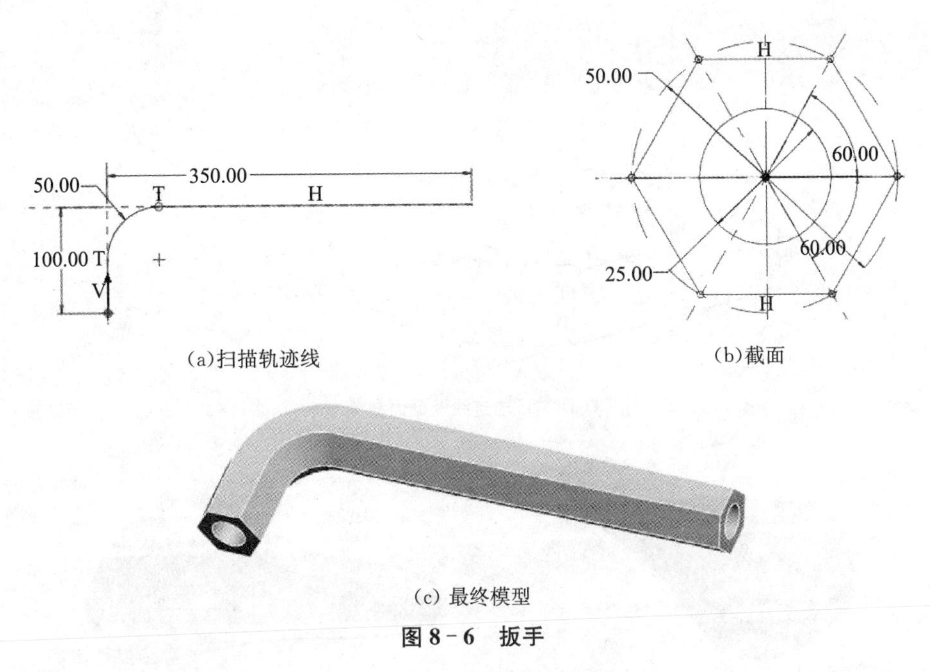

(a)扫描轨迹线

(b)截面

(c) 最终模型

图 8－6　扳手

6. 利用混合特征完成如图 8－7 所示的一字螺丝刀模型，以“ep8－6.prt”命名保存。

分析：该模型由两个混合特征组成：第一个混合特征包含五截面(截面 1～截面 5)，分别为直径 9、9、6、8、8 的圆，各个截面的间距分别为 23、11、2、2；第二个混合特征包含四个截面(截面 6～截面 9)，第 6、第 7 个截面为直径 3 的圆，第 8 个截面为 5×1.5 的矩形、第 9 个截面为 3×1.5 的矩形，各个截面的间距分别为 30、17、9。

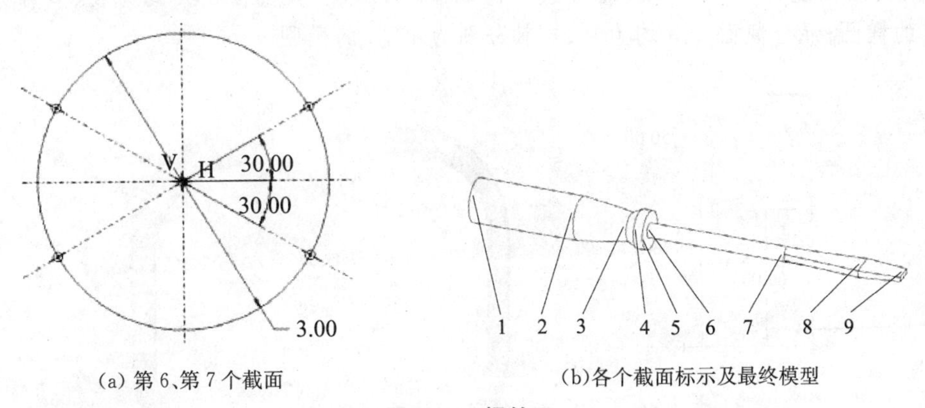

(a) 第 6、第 7 个截面

(b)各个截面标示及最终模型

图 8－7　螺丝刀

7. 利用变截面扫描特征，完成如图 8－8 所示的车座模型的制作，以“ep8－7.prt”命名保存(尺寸自拟)。

分析：本题通过变截面扫描特征完成车座主体的制作。主轨迹线为直线。绘制各个轨迹线时，长度应尽量保持一致。各个轨迹线左右端点分别位于车座左右两个端面上，以便于后续的截面绘制和轨迹对截面的有效控制。主体完成后，可以进一步通过“壳”特征等，完成车座模型的构建。

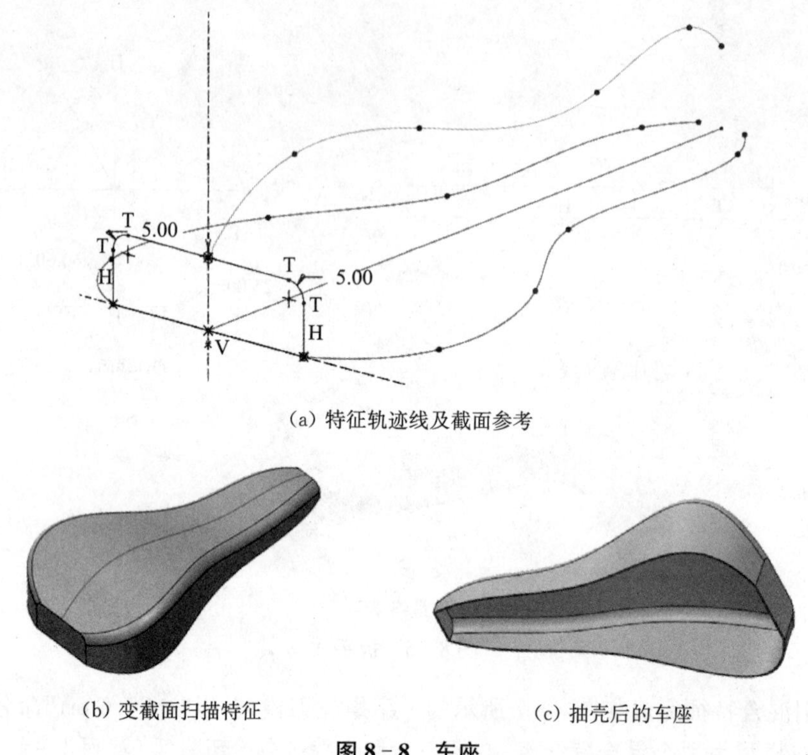

(a) 特征轨迹线及截面参考

(b) 变截面扫描特征　　(c) 抽壳后的车座

图 8-8　车座

8. 按图 8-9 所给的尺寸，利用扫描混合，完成拉手模型的制作，以“ep8-8.prt”命名保存。

分析：扫描混合特征的扫描轮廓线如图 8-9 所示，混合截面 1、4 均为长、短轴分别为 20、10 的椭圆；混合截面 2、3 均为长、短轴分别为 10、5 的椭圆。

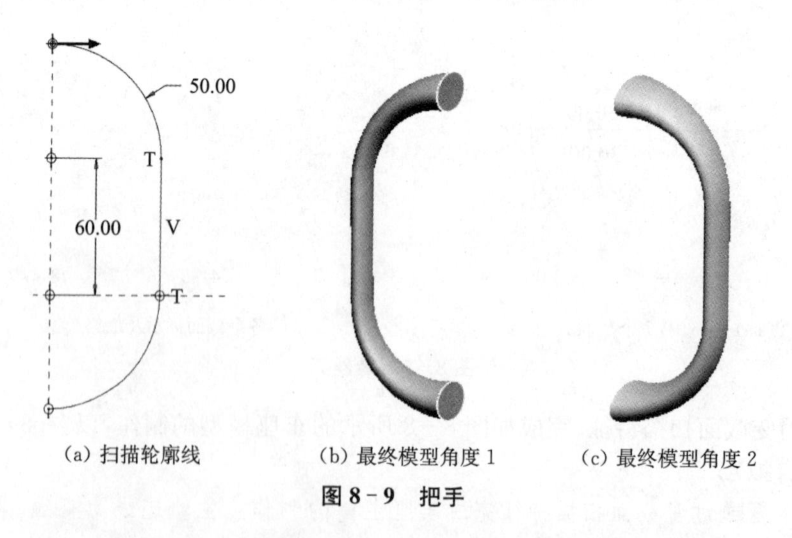

(a) 扫描轮廓线　　(b) 最终模型角度 1　　(c) 最终模型角度 2

图 8-9　把手

9. 利用拉伸特征、孔特征、填充阵列、环形弯折等，完成如图 8-10 所示的篮子模型的制作，以“ep8-9.prt”命名保存(尺寸自拟)。

分析：环形折弯特征可将实体、非实体曲面或基准曲线变换成环形(旋转)形状，可以使用此功能由平整几何创建汽车轮胎、绕旋转几何(如瓶子)、包络徽标等。

本例首先通过拉伸特征、填充阵列等完成打孔后的矩形板，然后进行环行折弯，环形折弯特征的草绘为自由曲线。环形阵列后侧面为回转面，用轴线特征构造其轴线，通过该轴线进一步制作旋转特征，可以方便地构造出篮子的底面。最后对底面进行同心圆阵列方式的填充阵列。为了加快阵列特征的生成速度，可以将阵列选项设置为“相同”。

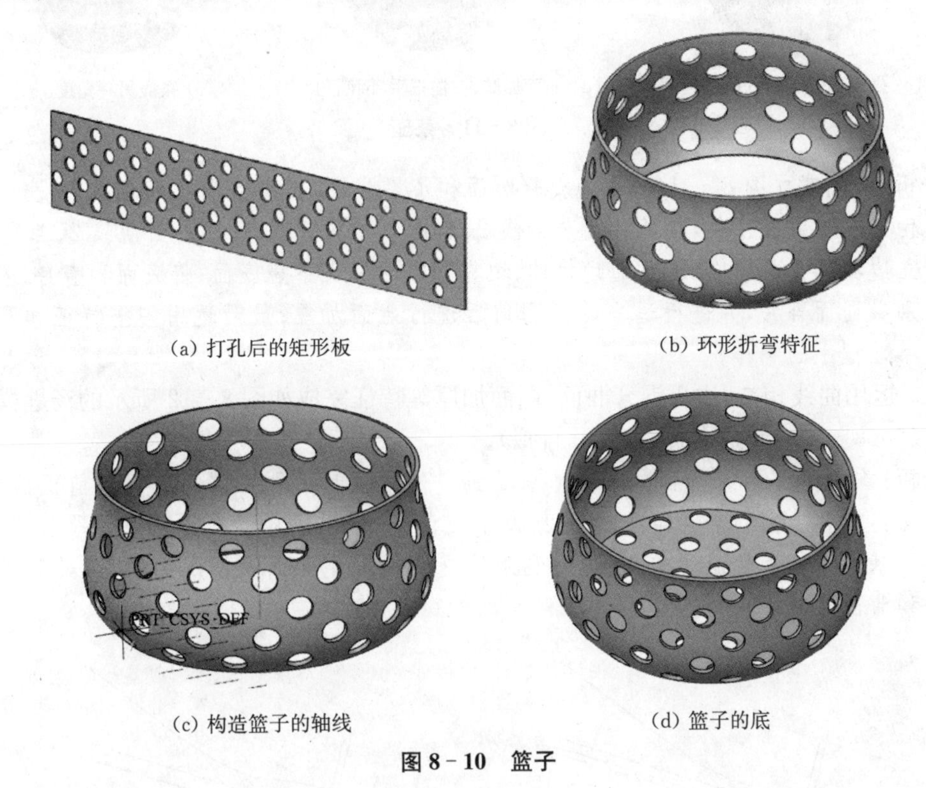

(a) 打孔后的矩形板　(b) 环形折弯特征

(c) 构造篮子的轴线　(d) 篮子的底

图 8－10　篮子

10. 运用边界混合、曲面合并、曲面加厚、扫描特征等完成如图 8－11 所示的茶壶模型的建立，以“ep8－10.prt”命名保存(尺寸自拟)。

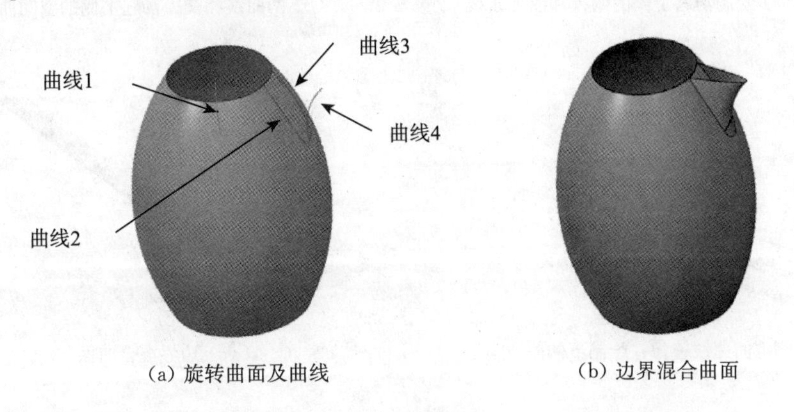

(a) 旋转曲面及曲线　(b) 边界混合曲面

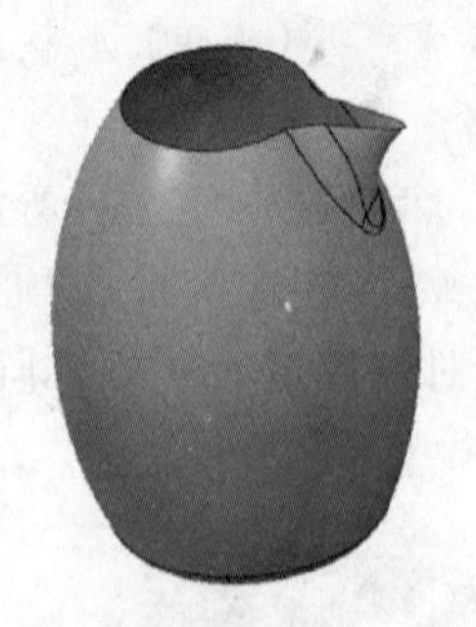

(c) 做底面、曲面合并、倒圆角　　(d) 曲面加厚、扫描把手、倒圆角　　(e) 茶壶另一角度

图 8 - 11　茶壶

分析:首先建立图 8 - 11(a)中的旋转曲面和 4 条曲线,其中曲线 2 由曲线 1 投影所得,曲线 3 由曲线 2 镜像所得,曲线 4 要与曲线 2、曲线 3 共一个端点;然后由曲线 2、曲线 3、曲线 4 建立边界混合曲面;接着可通过拉伸、填充等方法做成茶壶底面;将底面和壶身、壶嘴和壶身分别做曲面合并,并进行适当的倒圆角后进行曲面加厚;最后运用扫描特征和圆角特征完成茶壶把手的制作。

11. 运用曲线相交、边界混合曲面、曲面加厚等特征完成如图 8 - 12 所示的汤匙模型的建立,以“ep8 - 11.prt”命名保存(尺寸自拟)。

分析:首先在 Top 基准面和 Front 基准面中分别绘制汤匙上侧的俯视和前视曲线,两曲线相交得汤匙上侧的空间曲线,然后绘制下侧曲线,运用边界混合特征做汤匙曲面,接着通过水平基准面与汤匙曲面求交线,并利用该交线做填充曲面及汤匙的底面,最后进行曲面合并和曲面加厚。

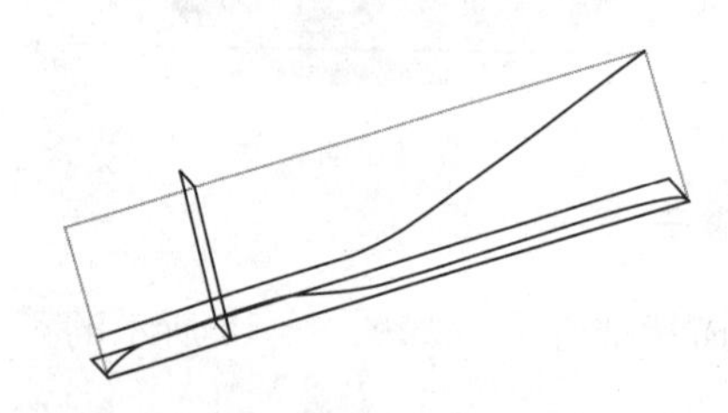

(a) 绘制汤匙上侧的俯视和前视曲线

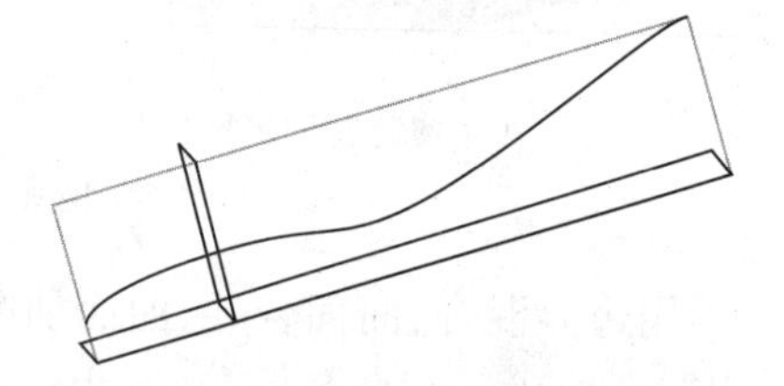

(b) 两曲线相交得汤匙上侧的空间曲线

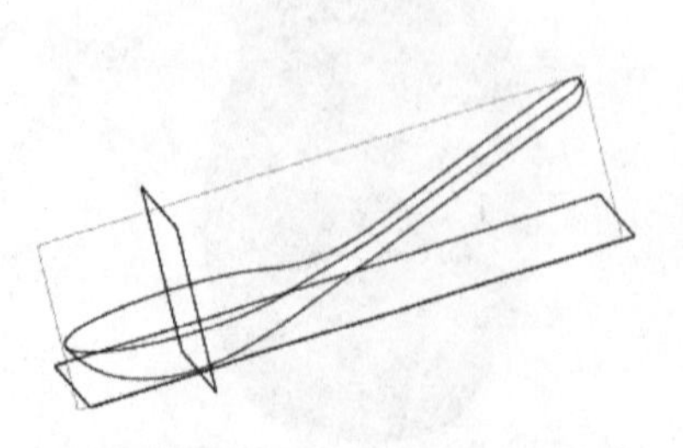

(c) 上侧空间曲线镜像并绘制下侧曲线

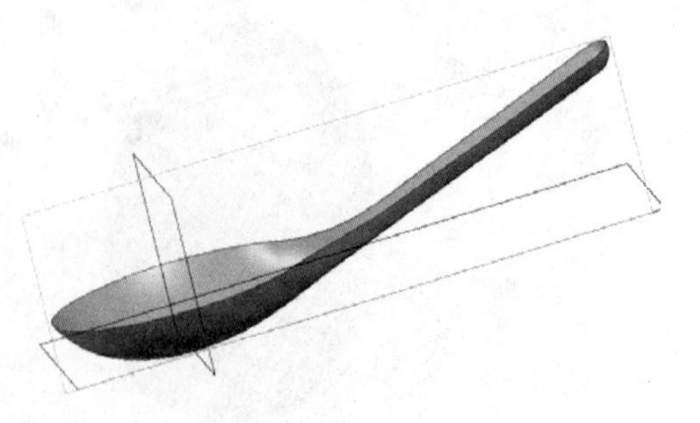

(d) 边界混合曲面

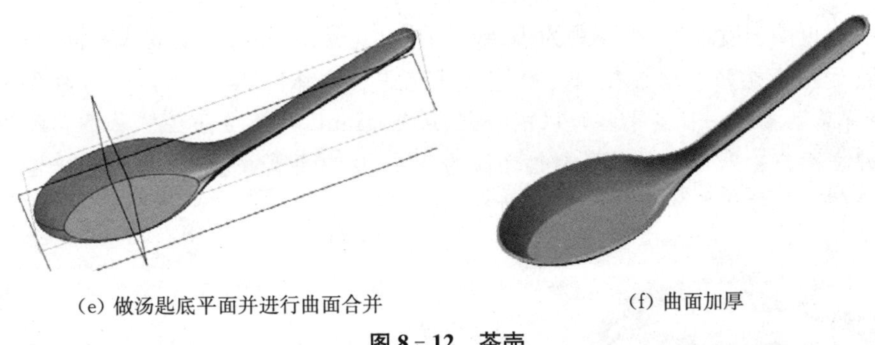

(e) 做汤匙底平面并进行曲面合并　　(f) 曲面加厚

图 8－12　茶壶

12. 运用变截面扫描、旋转特征等完成如图 8－13 所示的花边盘子的建立，以“ep8－12.prt”命名保存。

分析：首先绘制变截面扫描特征的主轨迹线（盘子底面的圆），然后建立变截面扫描特征，截面中的尺寸 120 由关系控制，如 sd6＝120＋5＊sin(trajpar＊360＊20)，最后利用旋转特征做盘子的底。

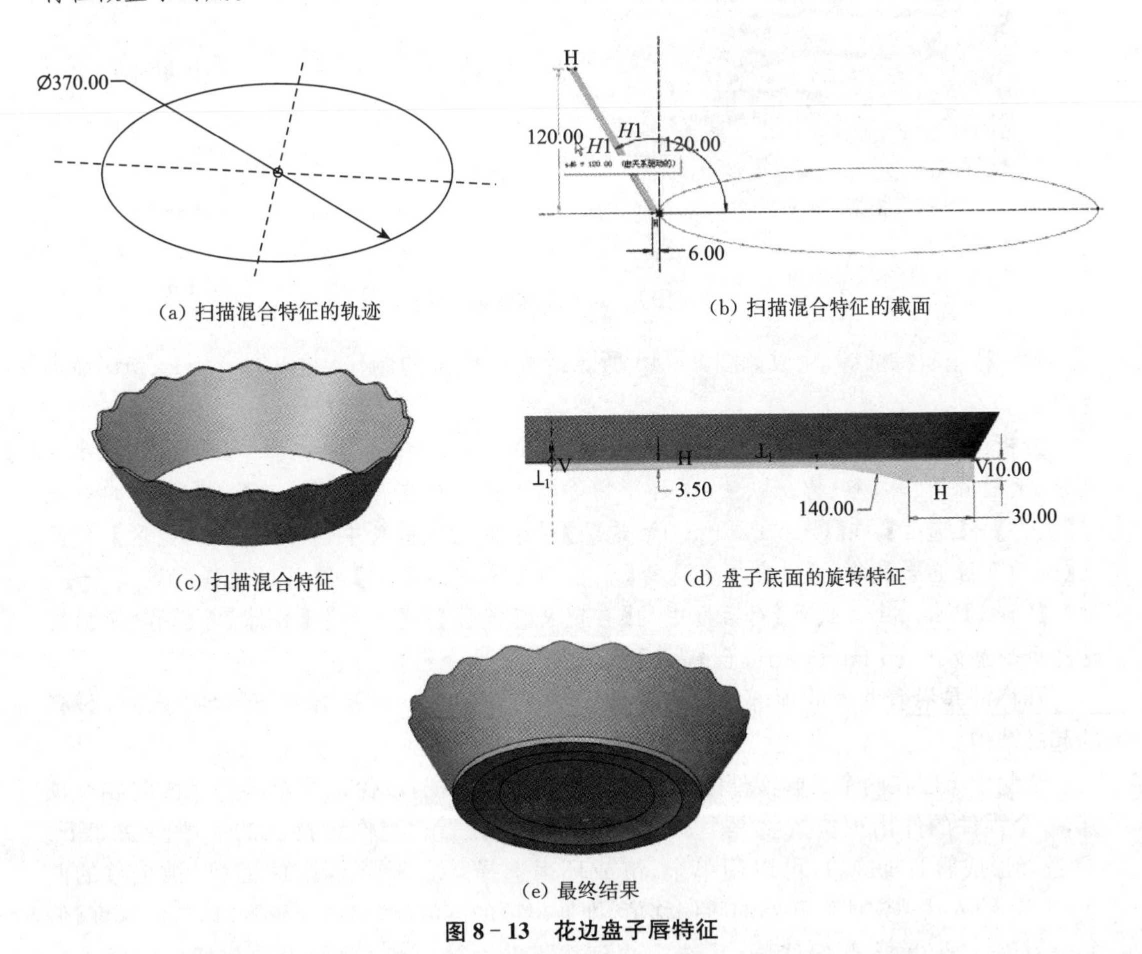

(a) 扫描混合特征的轨迹　　(b) 扫描混合特征的截面

(c) 扫描混合特征　　(d) 盘子底面的旋转特征

(e) 最终结果

图 8－13　花边盘子唇特征

13. 利用螺旋扫描、移除材料的拉伸特征等，完成如图 8－14 所示的压缩弹簧模型的制作，以“ep8－13.prt”命名保存。主要尺寸：弹簧半径 100，长度 300；两头死圈长度各为 20，螺距为10;两头过度圈长度各为20,螺距为10到30;中间正常圈螺距为30;簧丝截面直径为10。

分析:运用变螺距的螺旋扫描特征完成压缩弹簧主体的制作,然后通过移除材料的拉伸特征将弹簧两端进一步削平。可以配合Pro/Program等,建立压缩弹簧的典型用户输入参数,并建立用户输入参数与模型参数之间的关系,用户更新模型时,并可直接输入这些关键参数,系统会根据用户输入的参数自动更新模型。

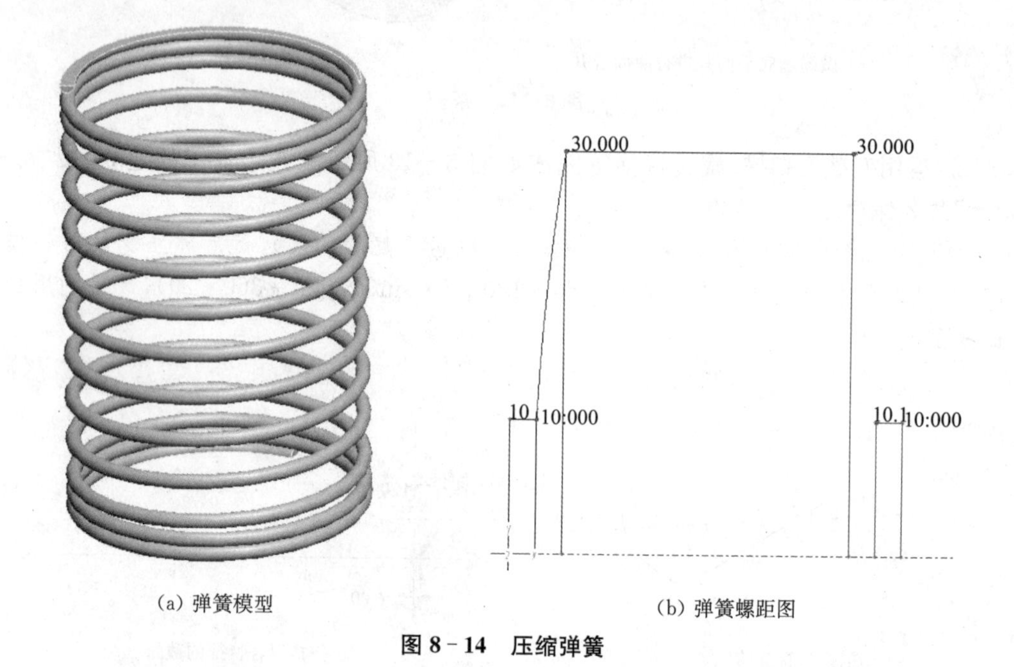

(a) 弹簧模型　　(b) 弹簧螺距图

图8-14　压缩弹簧

14. 利用唇特征等,完成如图8-15所示的壳体模型的制作,并以"ep8-14.prt"命名保存。

分析:将Creo Parametric选项"allow_anatomic_features"设置为"yes",局部推拉、半径圆顶、剖面圆顶、耳、唇、槽、轴、法兰、环形槽等特征便可以在命令列表中获得,通过单击菜单【文件】→【选项】,在【Creo Parametric选项】对话框左侧列表中选择【定义功能区】,然后在【从下列位置选取命令】列表框中选择【不在功能区中的命令】,便可以选择到这些命令。通过【Creo Parametric选项】对话框中的【自定义功能区】及【添加】、【移除】等操作,可以将这些命令加入Creo Parametric已有命令组或自定义命令组中。

耳特征是沿着曲面的顶部被拉伸的伸出项,并可以在底部被折弯,经常用于制作设备的起吊结构。

装配中可以在两个不同零件的匹配曲面上创建唇特征,以保证两个零件装配时相互锁合,一个零件的伸出项位置将是另一个零件的切口位置。制作唇特征的一般步骤如下:① 选择形成唇的轨迹边,可以用单个、链或环来选择。② 选择匹配曲面(要被偏移的曲面)。③ 输入从选定曲面开始的唇偏移值,即伸出项的高度(偏移值为正)或切口的深度(偏移值为负)。④ 输入侧偏移值(从选定边到拔模曲面的距离,即伸出项或切口的宽度)。⑤ 选择拔模参考平面,一般情况下可以选择匹配曲面作为拔模参考面;如果匹配曲面不是平面,或要使唇的创建方向不垂直于匹配曲面时,则需要选择其他平面作为拔模参考面。本例中匹配曲面不是平面,可以选择模型底面作为拔模参考面。⑥ 输入拔模角。

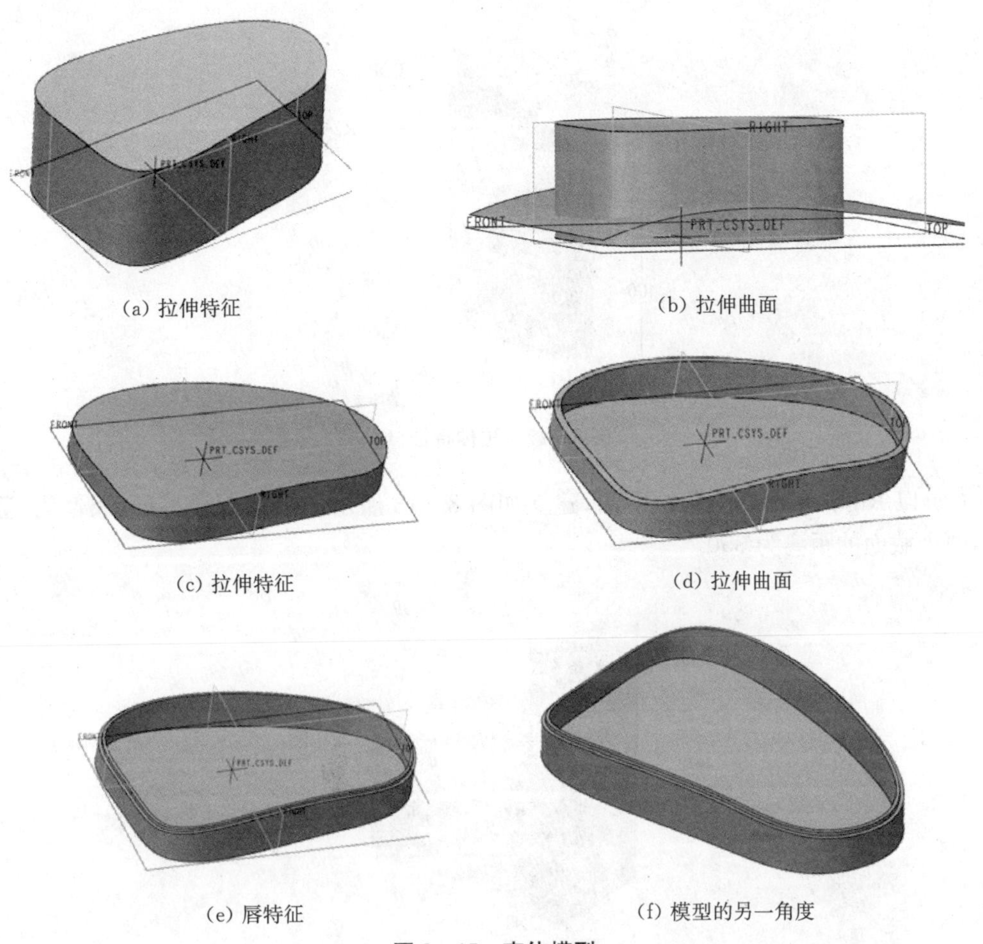

(a) 拉伸特征　　(b) 拉伸曲面

(c) 拉伸特征　　(d) 拉伸曲面

(e) 唇特征　　(f) 模型的另一角度

图 8－15　壳体模型

15. 完成如图 8－16 所示的显示器外壳模型的制作,并以"ep8－15.prt"命名保存。

分析:综合运用拉伸特征、孔特征、填充阵列、环形弯折、特征阵列、曲线曲面特征等完成。

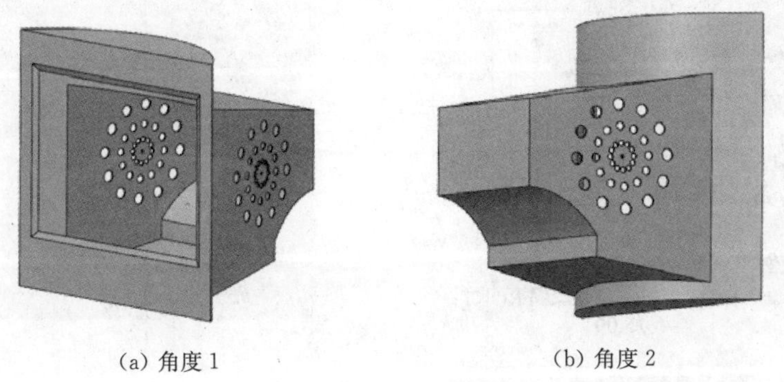

(a) 角度 1　　(b) 角度 2

图 8－16　显示器外壳

主要步骤如下:

(1) 以 Top 基准面为草绘平面,建立如图 8－17 所示的拉伸特征。

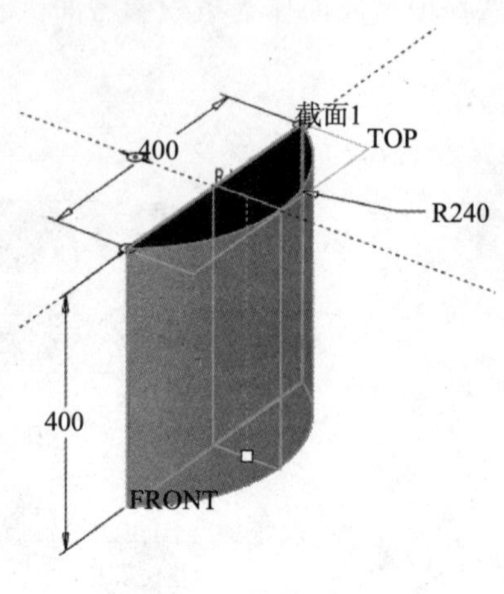

图 8-17　拉伸特征(1)

(2) 以 Right 基准面为草绘平面，建立如图 8-18 所示的平行混合特征，属性为“竖直的”，两个截面的距离为 350。

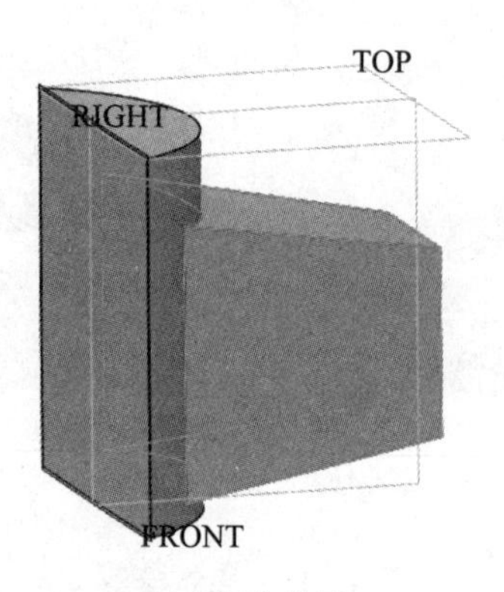

(a) 混合特征

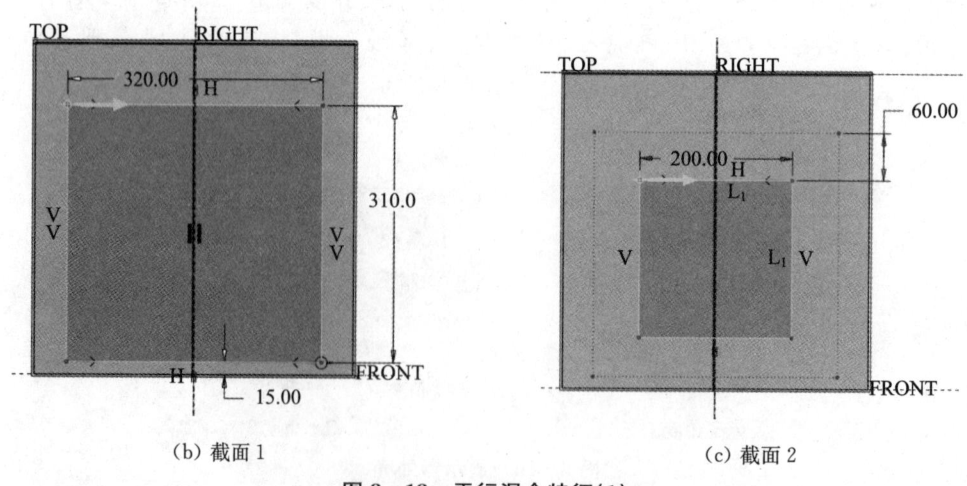

(b) 截面 1　　(c) 截面 2

图 8-18　平行混合特征(1)

(3) 以 Front 基准面为草绘平面，建立如图 8-19 所示的拉伸曲面，对称拉伸方式，深度为 320。

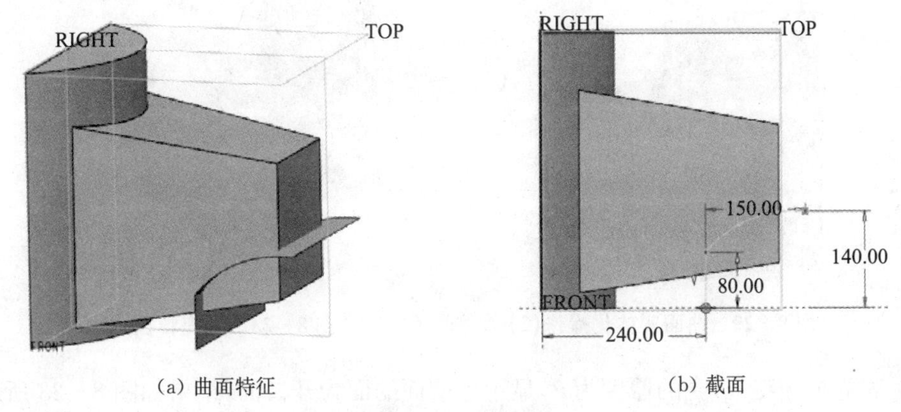

(a) 曲面特征　　(b) 截面

图 8-19　拉伸曲面

(4) 利用步骤(3)中建立的曲面进行移除材料的实体化操作,结果如图 8-20 所示。

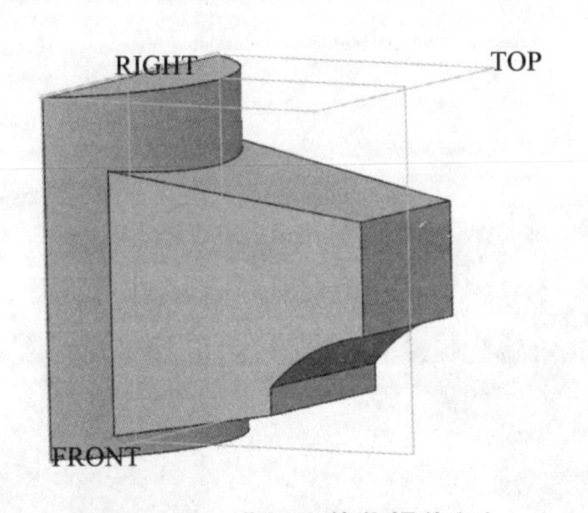

图 8-20　曲面实体化操作(1)

(5) 以 Right 基准面为草绘平面,建立平行混合曲面,属性为“光滑”、“封闭端”,两个截面的距离为 5,如图 8-21 所示。

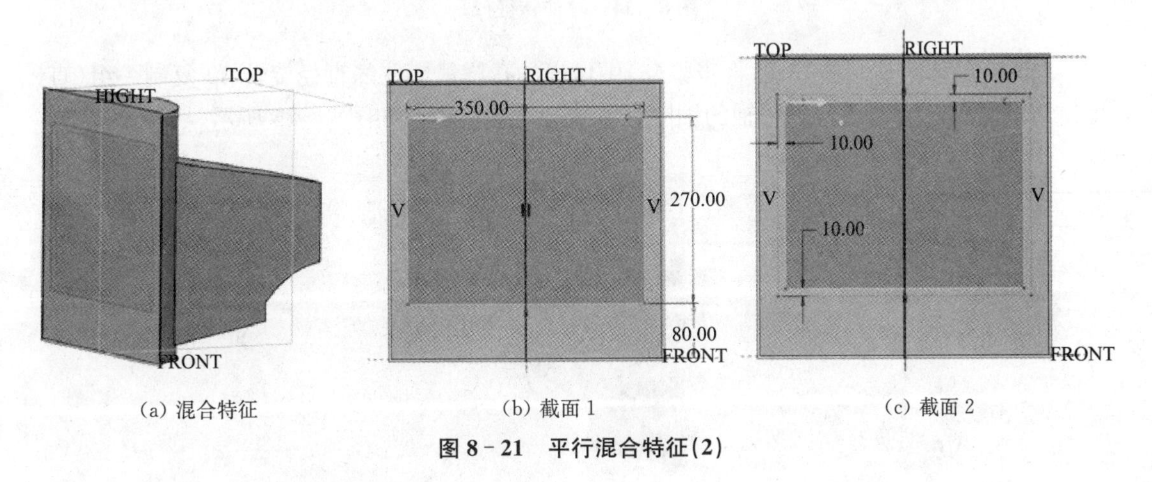

(a) 混合特征　　(b) 截面 1　　(c) 截面 2

图 8-21　平行混合特征(2)

(6) 利用步骤(5)中建立的曲面进行剪切的实体化操作,结果如图 8-22 所示。

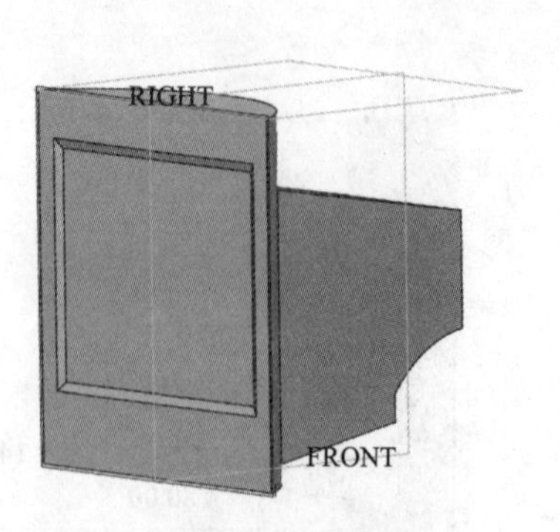

图 8 - 22　曲面实体化操作(2)

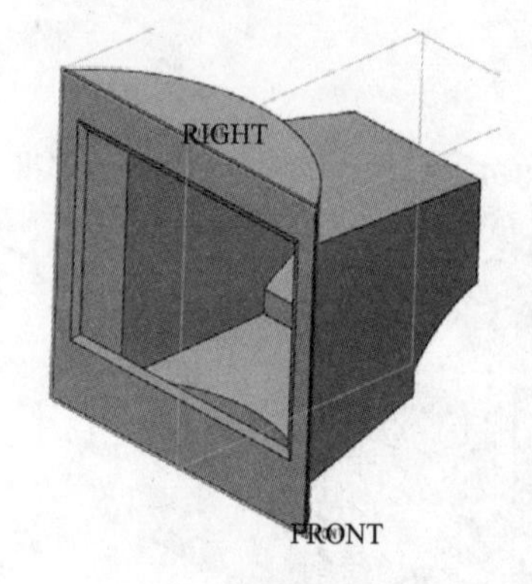

图 8 - 23　抽壳特征

(7) 建立抽壳特征，壳的厚度为 2，显示器前面的面为开口面，结果如图 8 - 23 所示。

(8) 以 Front 基准面为草绘平面，利用移除材料的方式建立拉伸特征(两侧深度均为“穿透”)，打出显示器上的散热孔，截面为 4 个圆，如图 8 - 24 所示。

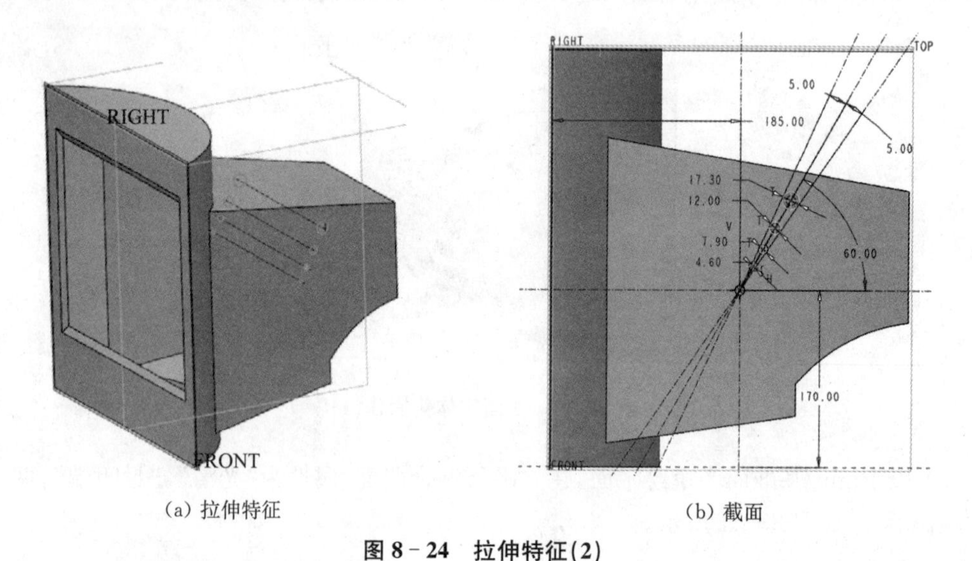

(a) 拉伸特征　　(b) 截面

图 8 - 24　拉伸特征(2)

(9) 使用移动复制的方式，将步骤(8)中做出的孔绕最小孔的直径旋转 30°复制一组(直接使用以最小孔的轴线为旋转轴的轴阵列方式会出现问题)，如图 8 - 25 所示。

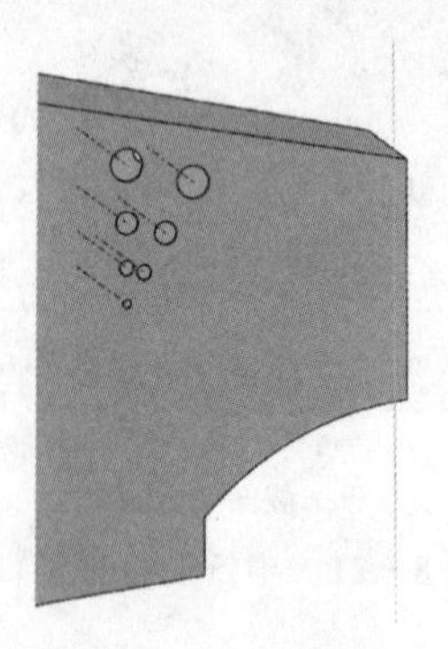

图 8 - 25　特征复制

(10) 对复制出的孔进行尺寸驱动方式的阵列操作，驱动尺寸为步骤(9)中的 30°，尺寸增量为 30，阵列个数为 11，完成最终模型的制作，如图 8－26 所示。

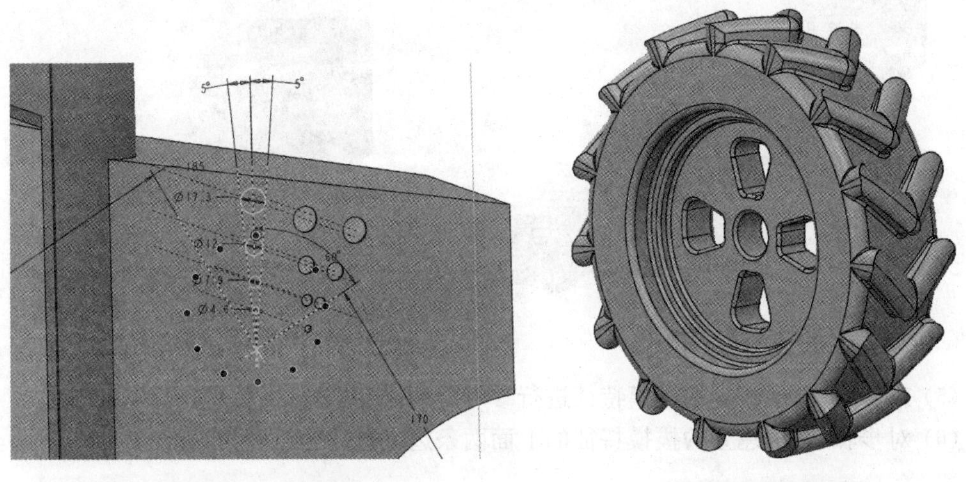

图 8－26　特征阵列　　　　图 8－27　轮胎模型

16. 完成如图 8－27 所示的轮胎模型的制作，以“ep8－16.prt”命名保存。

分析： 综合运用拉伸特征、特征阵列、拔模特征、完全倒圆角特征、特征镜像、环形折弯、旋转特征、倒圆角特征等完成模型的制作。

主要步骤如下：

(1) 建立如图 8－28 所示的拉伸特征。

(2) 建立如图 8－29 所示的拉伸特征。

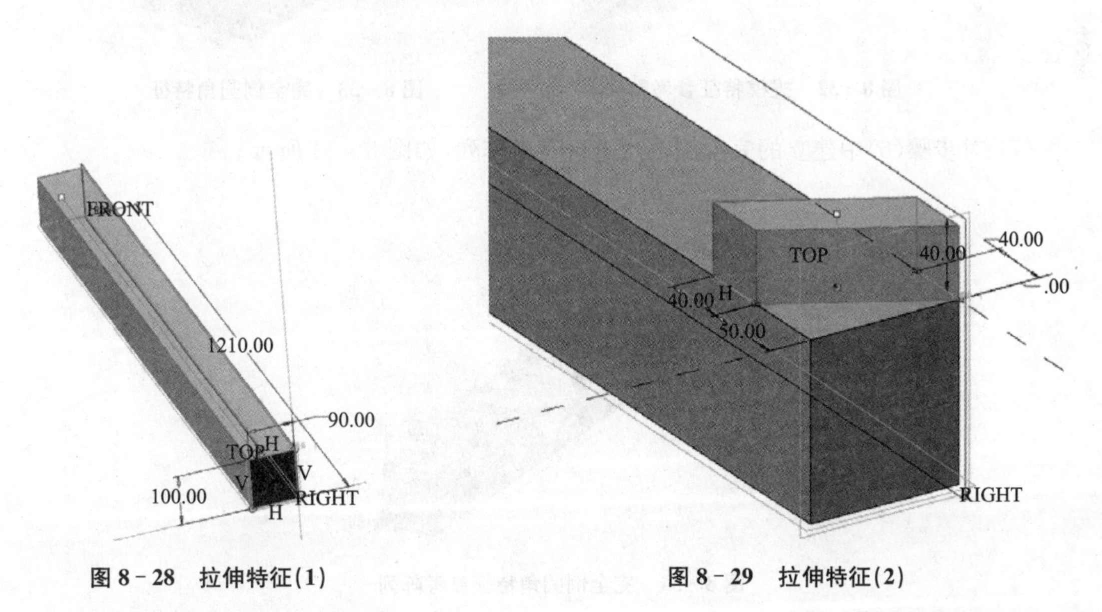

图 8－28　拉伸特征(1)　　　　图 8－29　拉伸特征(2)

(3) 利用方向阵列对步骤(2)中建立的特征进行阵列，阵列距离为 80，数量为 15 个，结果如图 8－30 所示。

(4) 对步骤(2)中建立的特征进行拔模，拔模曲面为轮齿顶面，拔模枢轴为 Right 基准面，拔模角度为 8°，如图 8－31 所示。

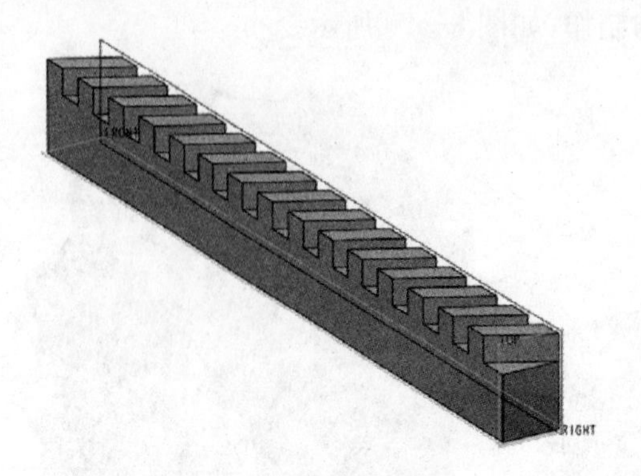

图 8－30　特征阵列

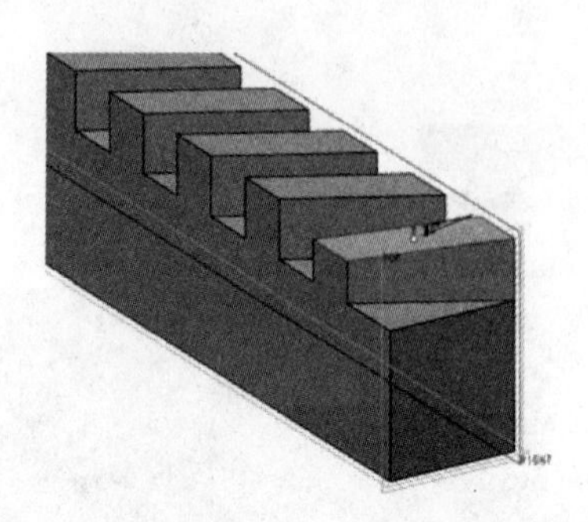

图 8－31　拔模特征

(5) 对步骤(4)中建立的拔模特征进行参考阵列，如图 8－32 所示。

(6) 对步骤(4)中建立的拔摸特征的上面两条边进行完全倒圆角，如图 8－33 所示。

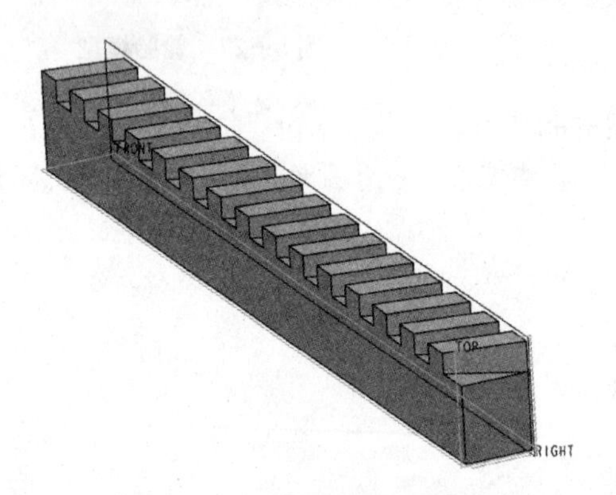

图 8－32　拔模特征参考整列

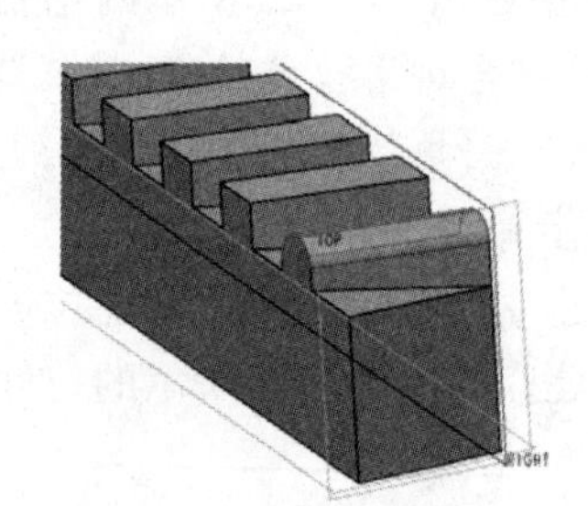

图 8－33　完全倒圆角特征

(7) 对步骤(6)中建立的完全倒圆角进行参考阵列，如图 8－34 所示。

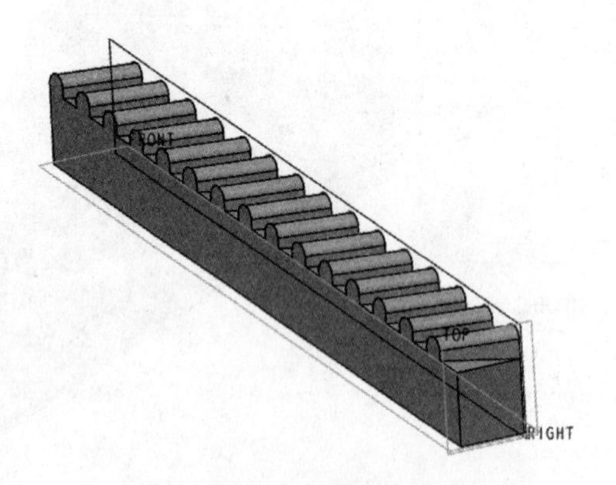

图 8－34　完全倒圆角特征参考阵列

(8) 通过特征操作菜单，对所有特征以 Right 基准面进行镜像复制，如图 8－35 所示。

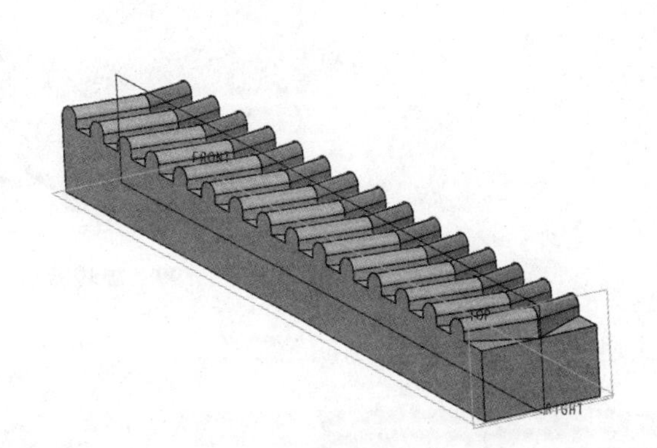

(a) 镜像复制的结果

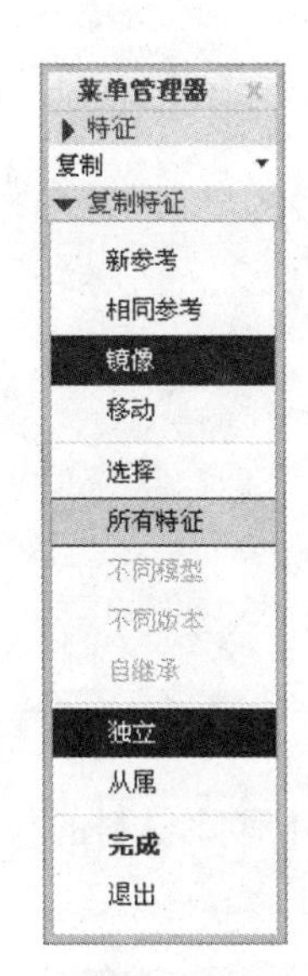

(b) 特征操作菜单

图 8-35 模型所有特征镜像

(9) 对上面的建立的实体进行环行折弯，并建立轮胎的轴线 A_1，结果如图 8-36 所示。

(10) 穿过轴线 A_1 建立如图 8-37 所示的基准面 DTM1。

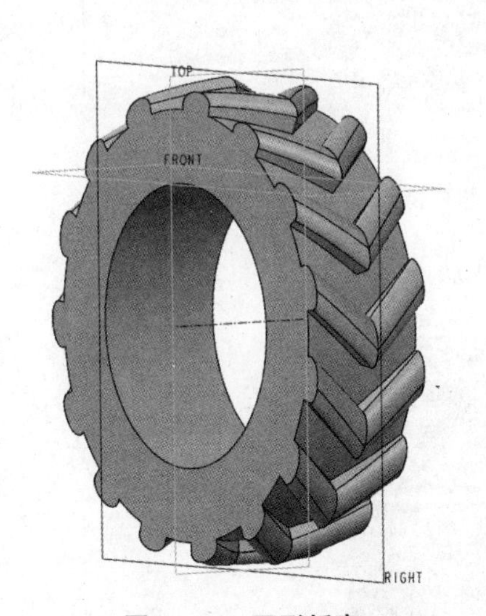

图 8-36 环形折弯

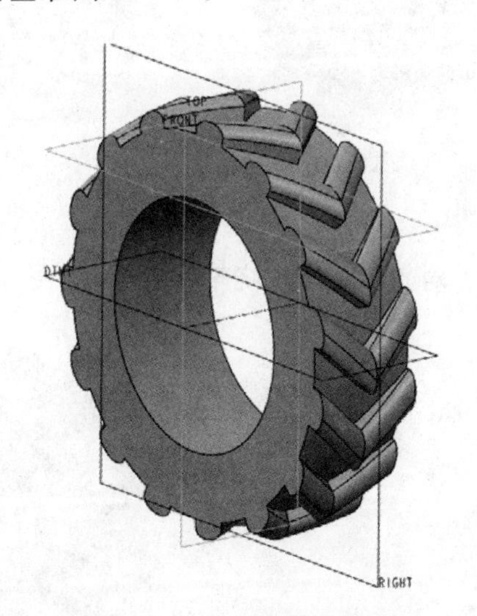

图 8-37 建立基准面 DTM1

(11) 以 DTM1 为草绘平面，利用旋转特征建立轮毂，旋转特征的截面如图 8-38 所示，结果如图 8-39 所示。

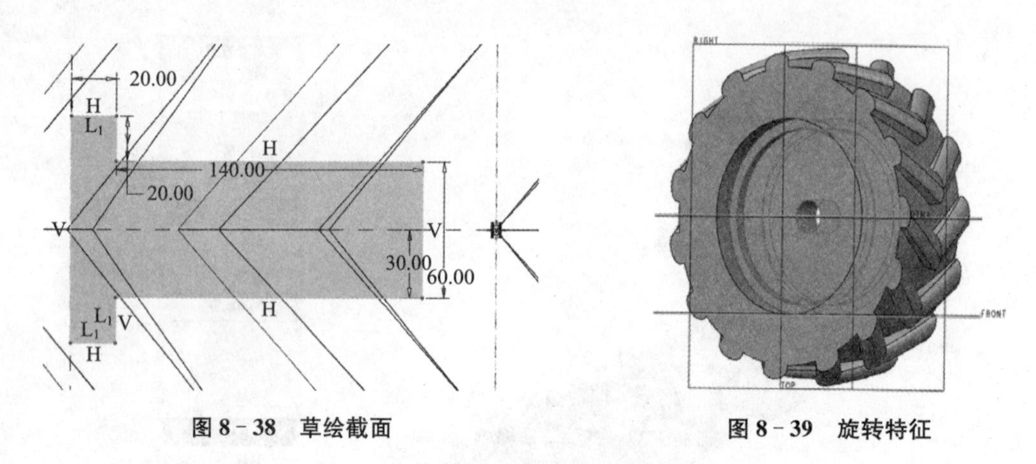

图 8-38　草绘截面　　　　图 8-39　旋转特征

(12) 利用移除材料的拉伸特征建立如图 8-40 所示的轮毂孔。

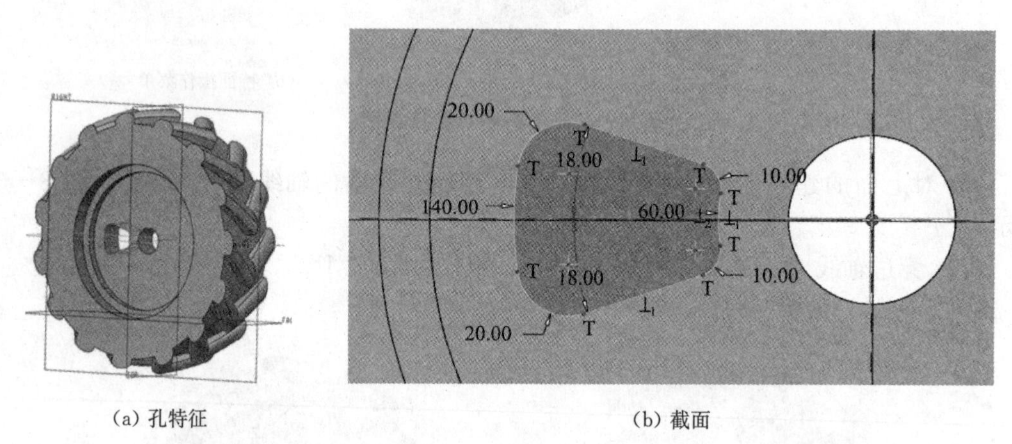

(a) 孔特征　　　　(b) 截面

图 8-40　拉伸孔特征

(13) 对轮毂孔建立绕轴线阵列,如图 8-41 所示。

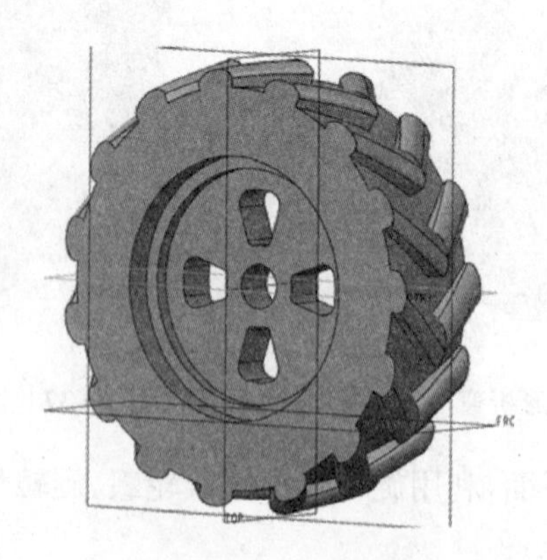

图 8-41　孔阵列

(14) 建立如图 8-42 所示的倒圆角、倒角特征(另一侧同样处理)。

(a) 倒圆角 1　　(b) 倒圆角 2

(c) 倒圆角 3　　(d) 倒角

图 8－42　倒圆角和倒角

(15) 建立如图 8－43 所示的倒圆角特征(按住 Shift 键选中环上的两条边可选中整个环上的边,必要时需要补充一条小边的倒圆角;另一侧同样处理)。

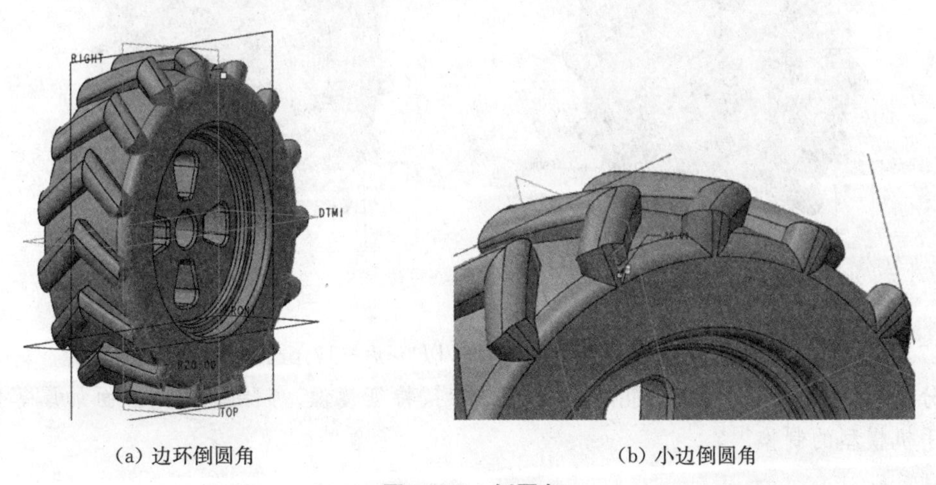

(a) 边环倒圆角　　(b) 小边倒圆角

图 8－43　倒圆角

(16) 对如图 8－44 所示的 15 条边倒圆角,半径为 5。

(17) 对如图 8－45 所示的 15 条边倒圆角，半径为 3。

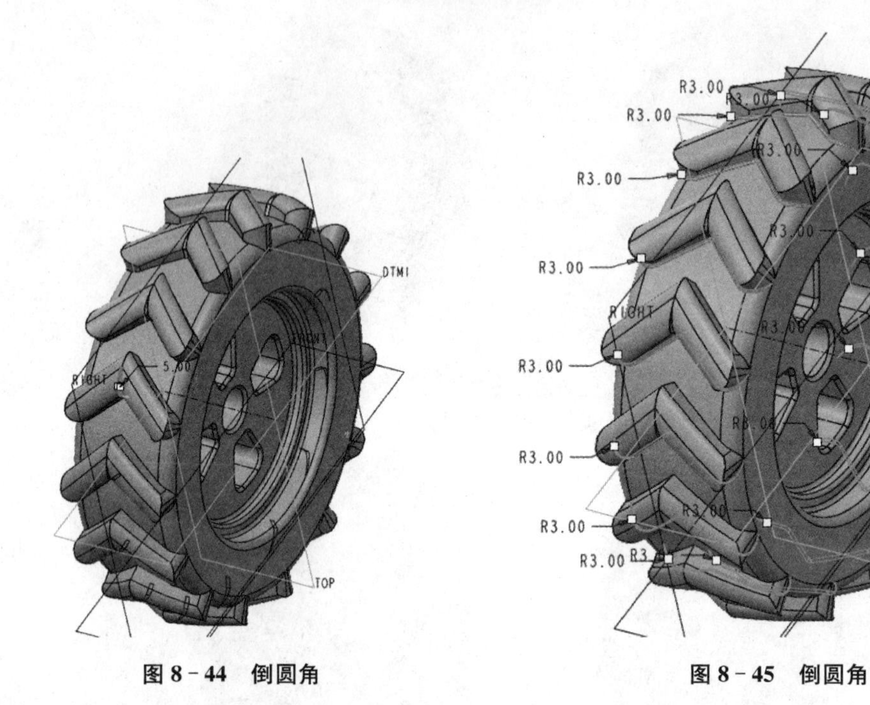

图 8－44　倒圆角　　　　图 8－45　倒圆角

(18) 对如图 8－46 所示的 15 条边倒圆角，半径为 15。

(19) 对如图 8－47 所示的 15 条边倒圆角，半径为 5。

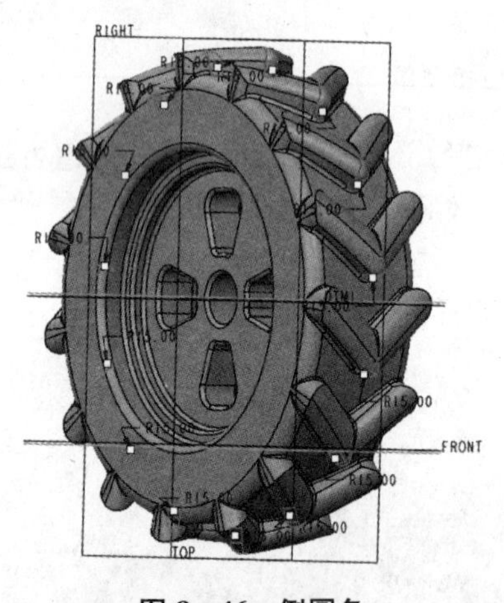

图 8－46　倒圆角

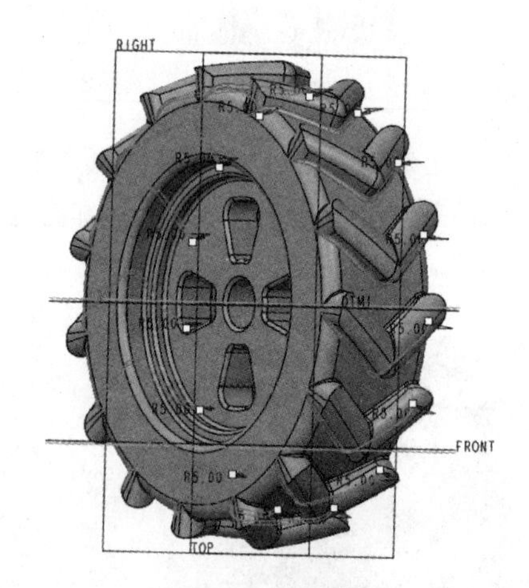

图 8－47　倒圆角

17. 完成如图 8－48 所示的手机模型制作，以“ep8－17.prt”命名保存。

分析：综合运用拉伸特征、孔特征、特征阵列、特征镜像、移除材料的曲面加厚等方法，完成手机模型的制作。

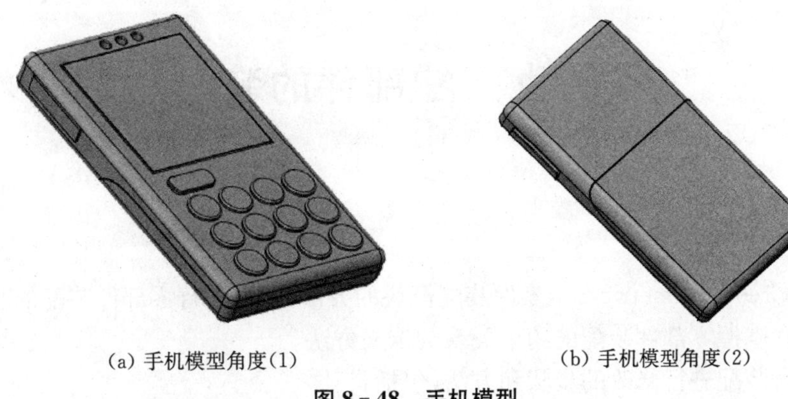

(a) 手机模型角度(1)　　(b) 手机模型角度(2)

图 8-48　手机模型

三、实验报告作业及思考题

1. 建立可变截面扫描特征时，为了能使截面在扫描的过程中受各条控制线的控制，草绘截面时需要注意哪些问题？

2. 扫描混合特征中，各个扫描截面的方向控制有哪些方法？各种方向控制方法分别应用于什么情况？

3. 扫描混合特征中，截面的旋转角度可以达到什么造型效果？如何在扫描轨迹上增加或删除扫描截面？

4. 螺旋扫描特征有哪些典型应用？

5. 建立可变螺距的螺旋扫描特征时，为了能得到更多的螺距值控制点，在绘制螺旋扫描特征的轮廓线时，应注意什么问题？如何添加、删除或修改各个控制点的螺距值？

6. 局部推拉、半径圆顶、剖面圆顶、唇特征、耳特征等高级特征在 Creo Parametric 2.0 的默认设置中是不可用的，使用这些特征前需要设置 Creo Parametric 2.0 的哪一个选项？

7. 绘制骨架折弯特征的骨架线应注意哪些问题？如何指定折弯量的平面？

8. 建立环形折弯特征时，草绘的作用是什么？草绘时应注意哪些问题？

9. 环形折弯特征和骨架折弯特征分别应用于什么场合？

实验九　零部件的装配

一、实验目的与要求

1. 熟悉 Creo Parametric 2.0 零件装配模块的界面，了解进行零部件装配的步骤。

2. 了解并掌握零部件装配的约束关系的定义方法。

3. 掌握对装配进行修改的步骤和方法，包括：

(1) 修改装配件(Modify)。

(2) 更改装配体的结构(Restructure)。

(3) 重新调整零件的排序与操作，以更改设计意图。

4. 了解元件替换的典型方法及步骤。

5. 熟悉装配的简化表示。

6. 了解装配的封装及挠性元件的装配。

7. 了解装配中零件之间的布尔运算及装配的干涉检查。

8. 进一步加强对 Creo Parametric 2.0 软件参数化设计的认识。

二、实验内容与步骤

1. 熟悉 Creo Parametric 2.0 装配模块的界面。

2. 定义零件的装配约束关系，进行零件的装配，建立起装配图和爆炸视图。

3. 学习如何修改零件的装配约束关系。

4. 对装配体中的零件尺寸进行修改，检查相应的零件模型和工程图纸是否自动地加以更新。

5. 根据所给的零件建立如图 9-1～图 9-4 所示的装配件，相关零件模型请从光盘实验指导相关目录中拷贝，分别以“ep9-1.asm”～“ep9-4.asm”的名称保存，注意装配过程中子组件的建立和使用。

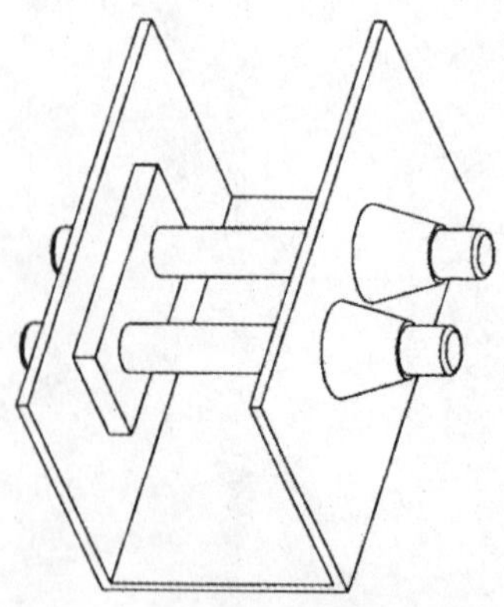

图 9-1　支架

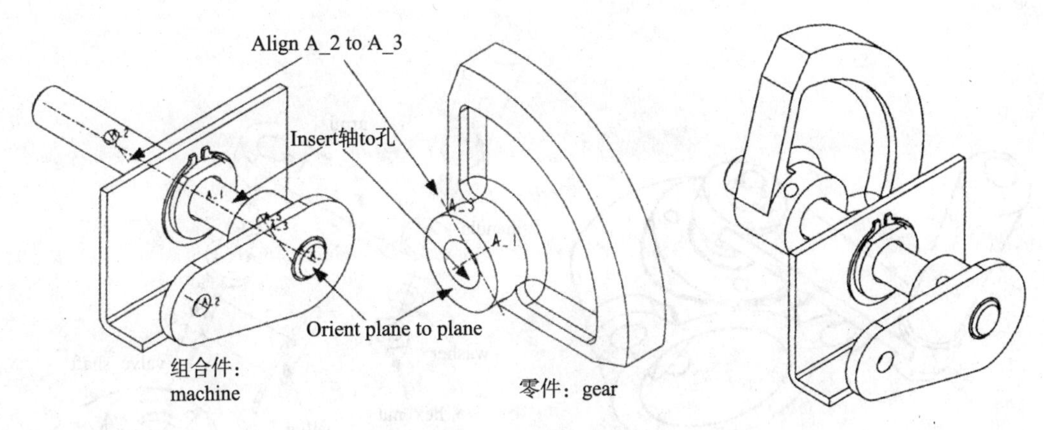

图 9－2　操控装置

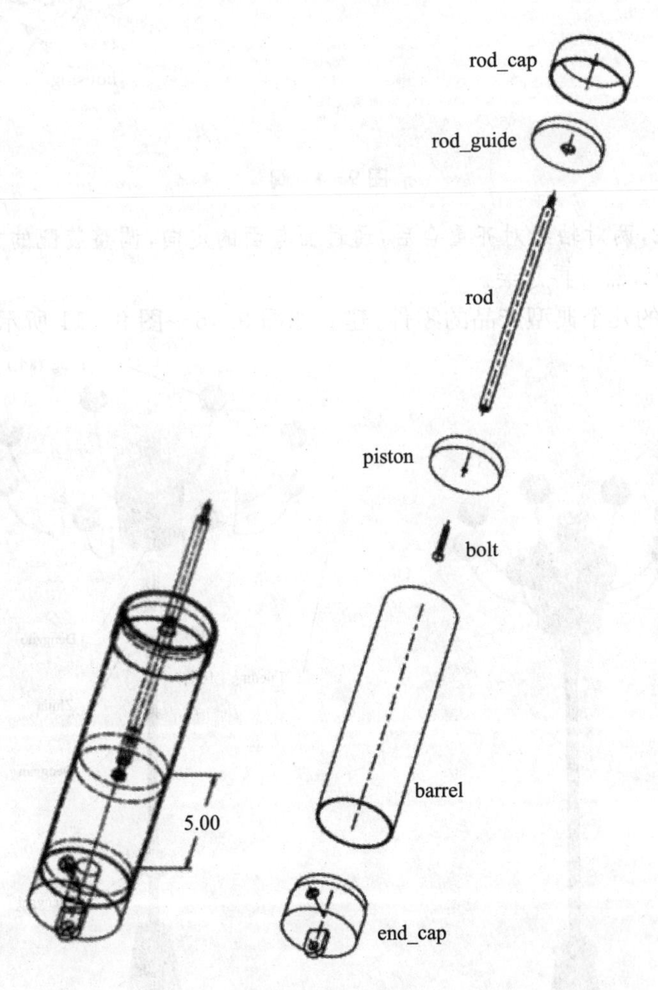

图 9－3　液压缸

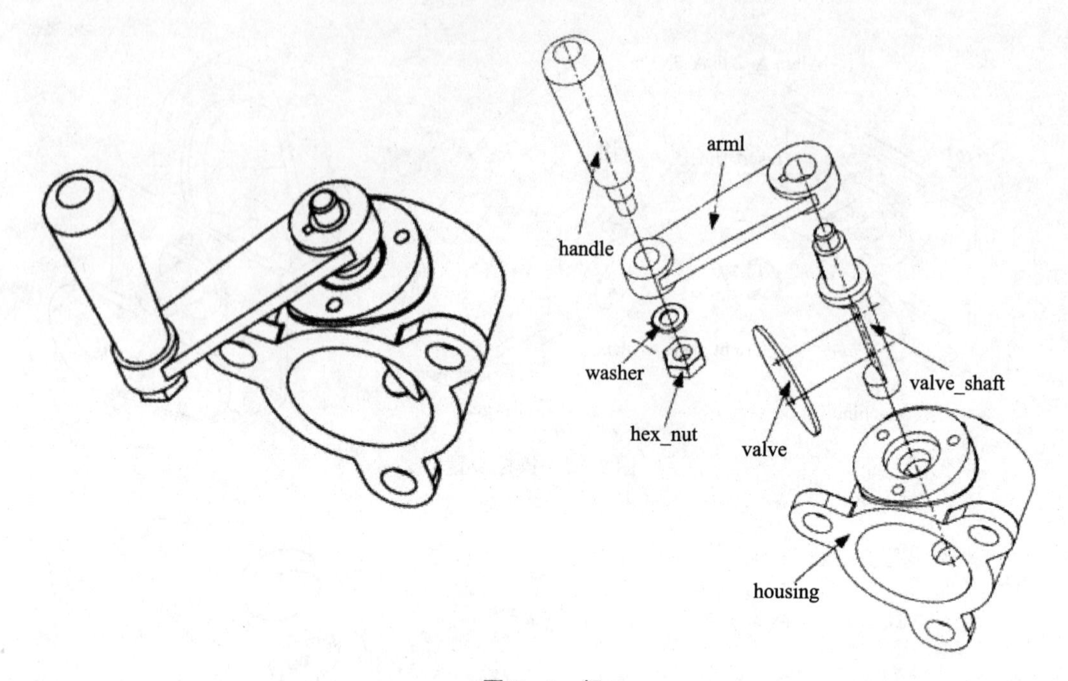

图 9-4　阀

分析：图 9-2，两对轴线对齐重合后，通过面与面的定向，调整装配的方向。图 9-3，首先建立两个子装配，然后再总装。

6. 根据所给的几个典型产品的零件，建立如图 9-5～图 9-11 所示的典型产品的装

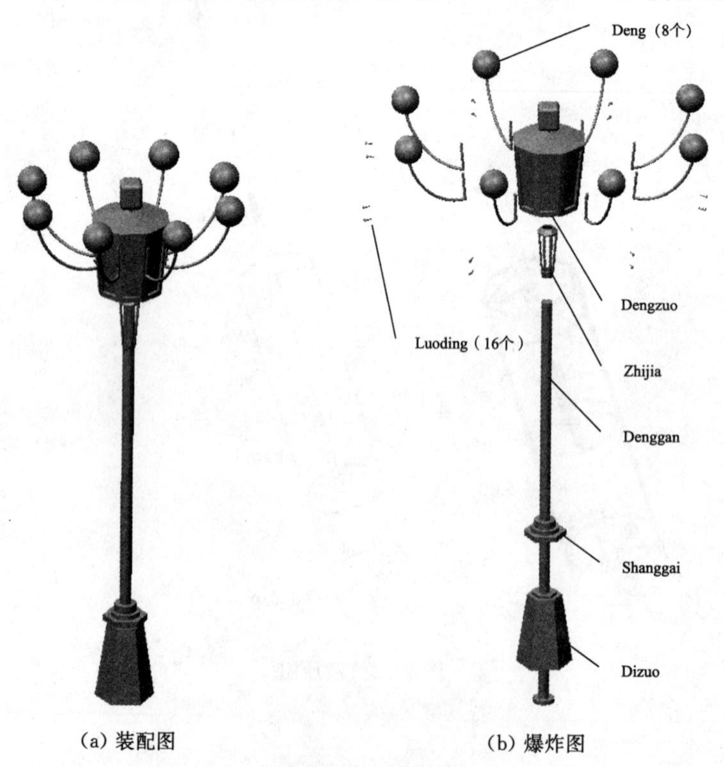

(a) 装配图　　(b) 爆炸图

图 9-5　路灯

配，相关零件模型请从光盘实验指导目录中拷贝，分别以“ep9－5.asm”～“ep9－11.asm”的名称保存，注意装配过程中子组件的建立和使用；同时适当调整各个零组件在爆炸图中的位置，完成产品爆炸图的建立。

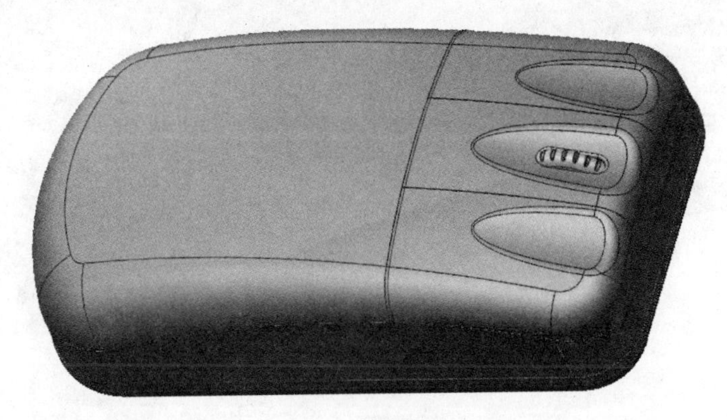

(a) 装配图

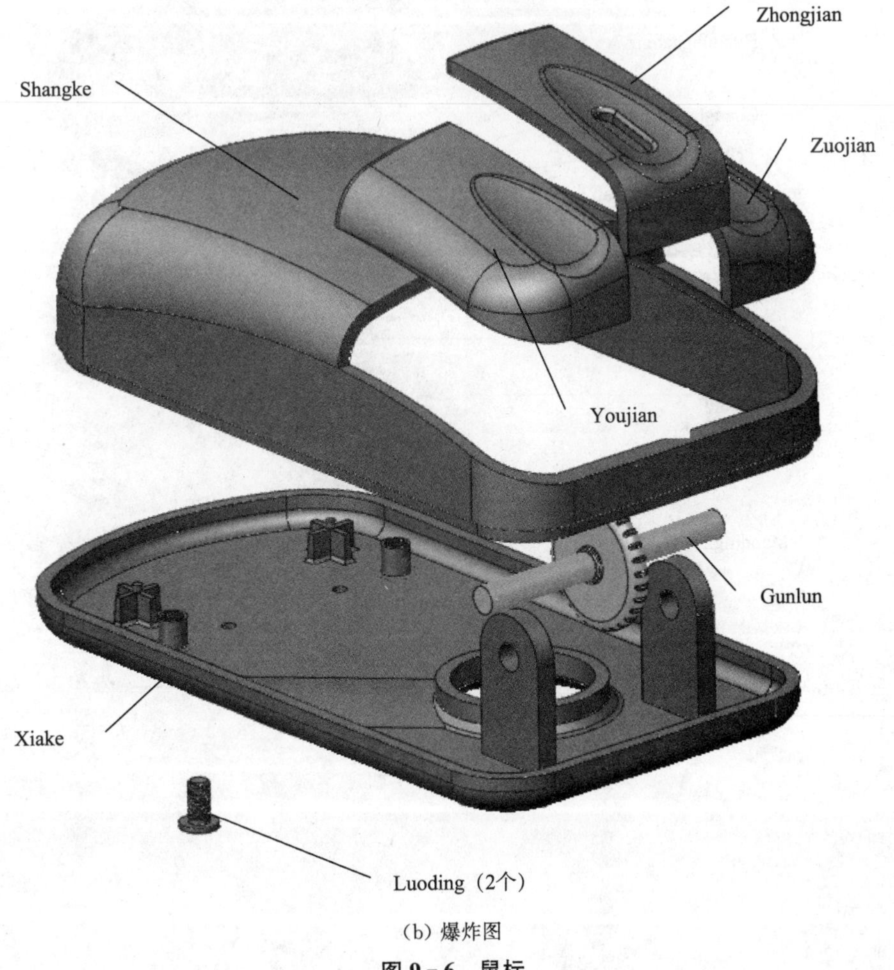

(b) 爆炸图

图 9－6　鼠标

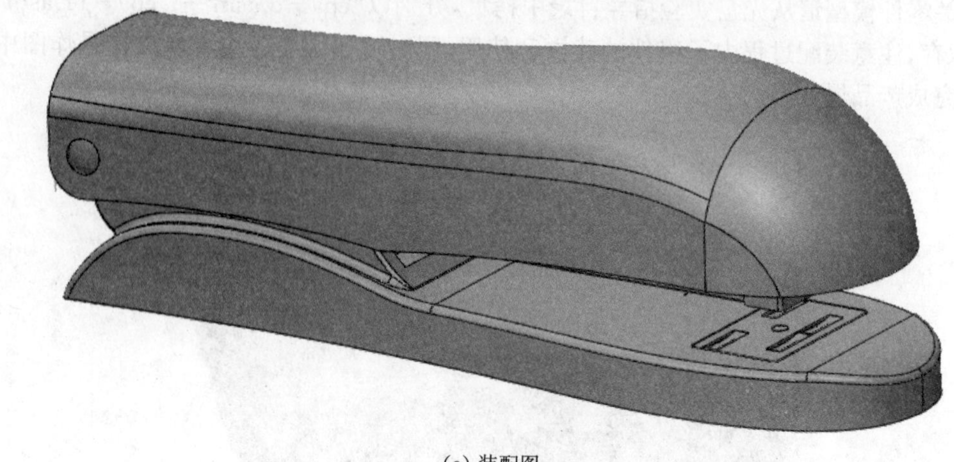

(a) 装配图

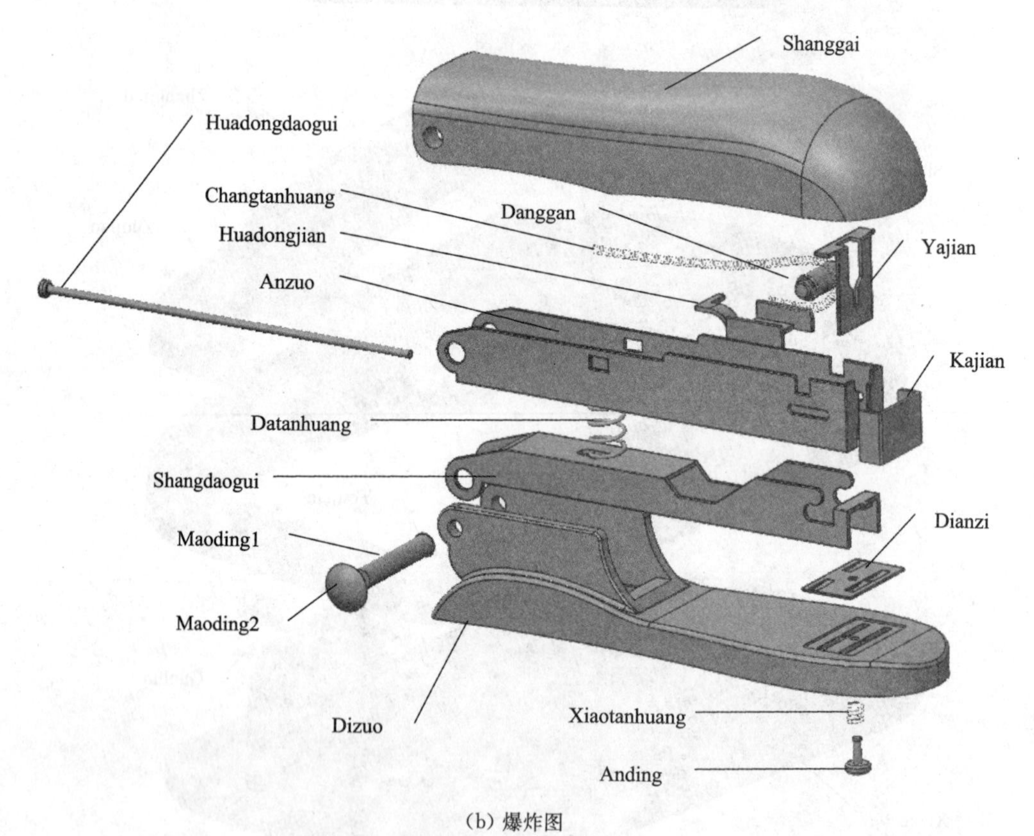

(b) 爆炸图

图 9-7 订书机

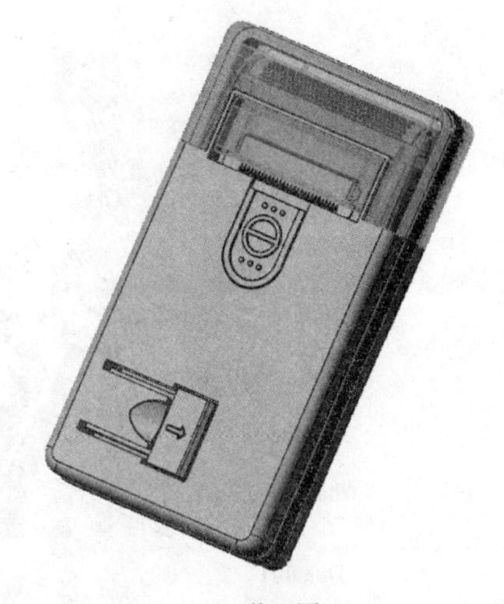

(a) 装配图

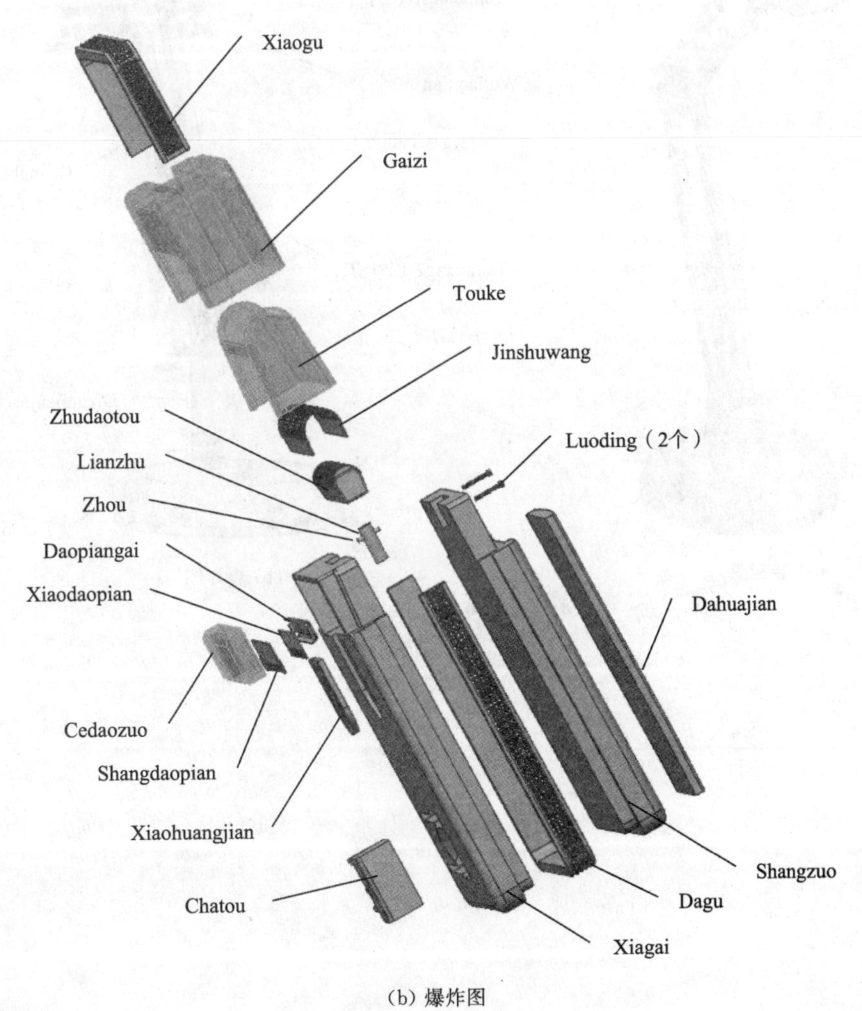

(b) 爆炸图

图 9-8　剃须刀

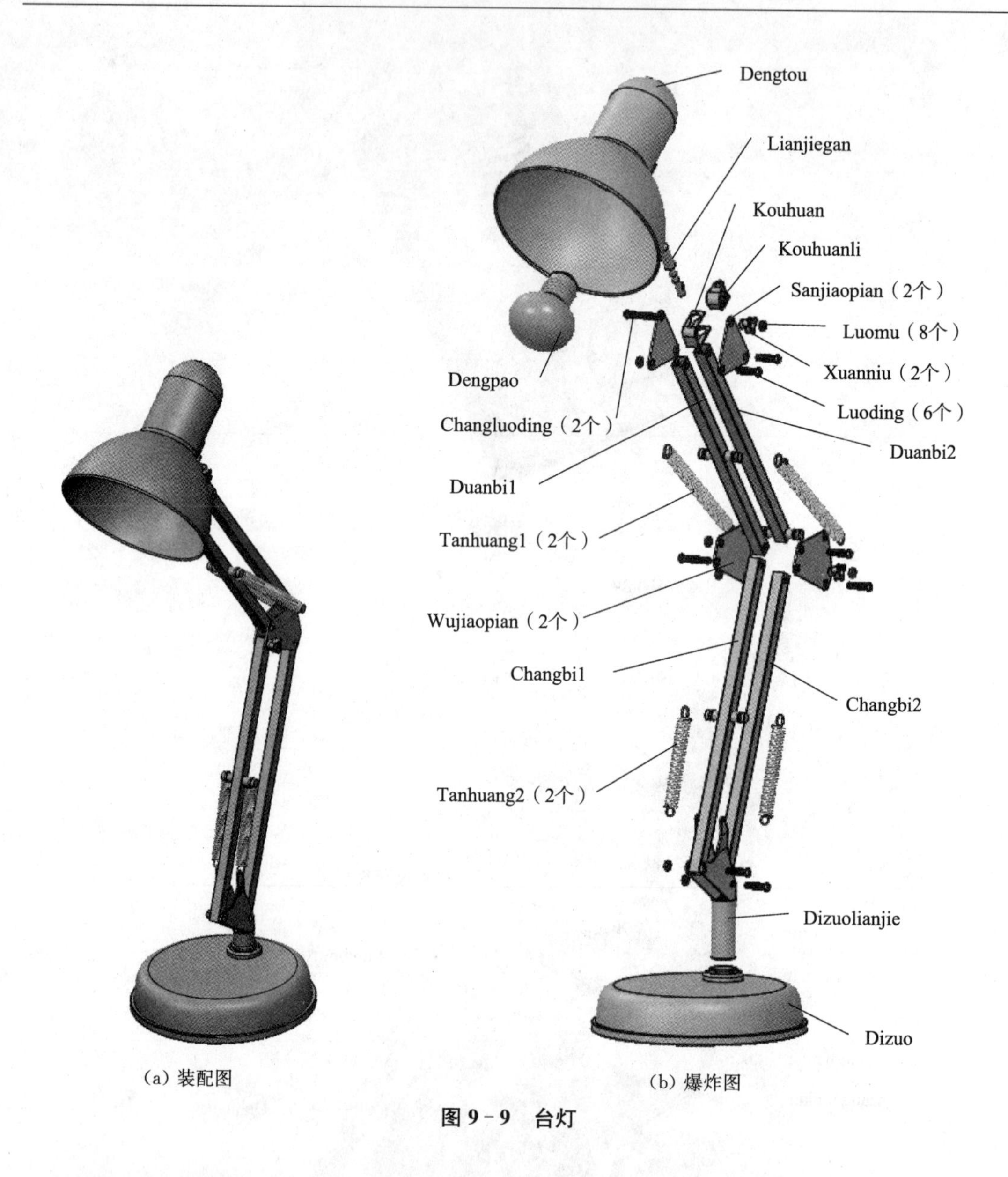

(a) 装配图　　(b) 爆炸图

图 9-9　台灯

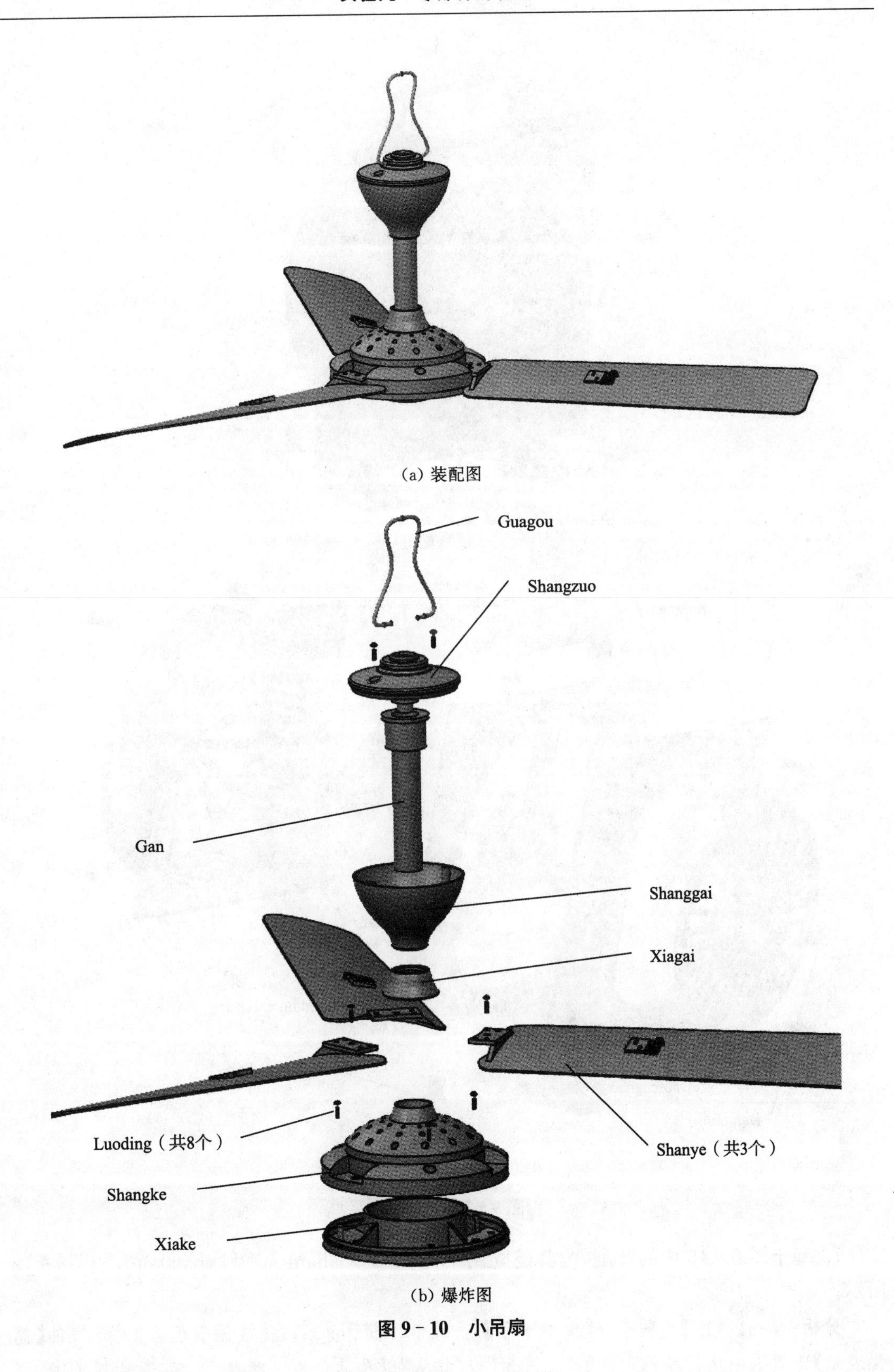

(a) 装配图

(b) 爆炸图

图 9－10　小吊扇

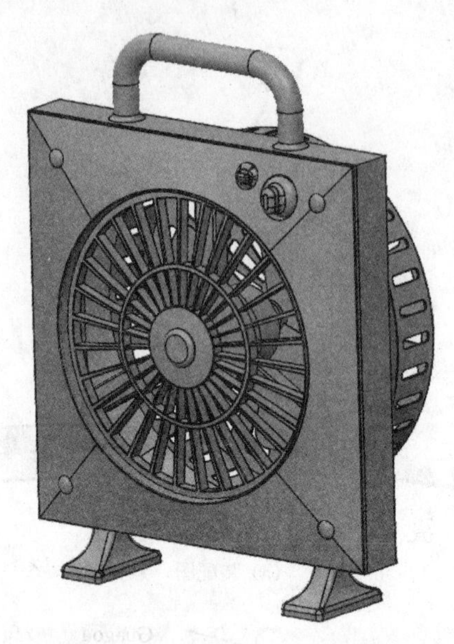

(a) 装配图

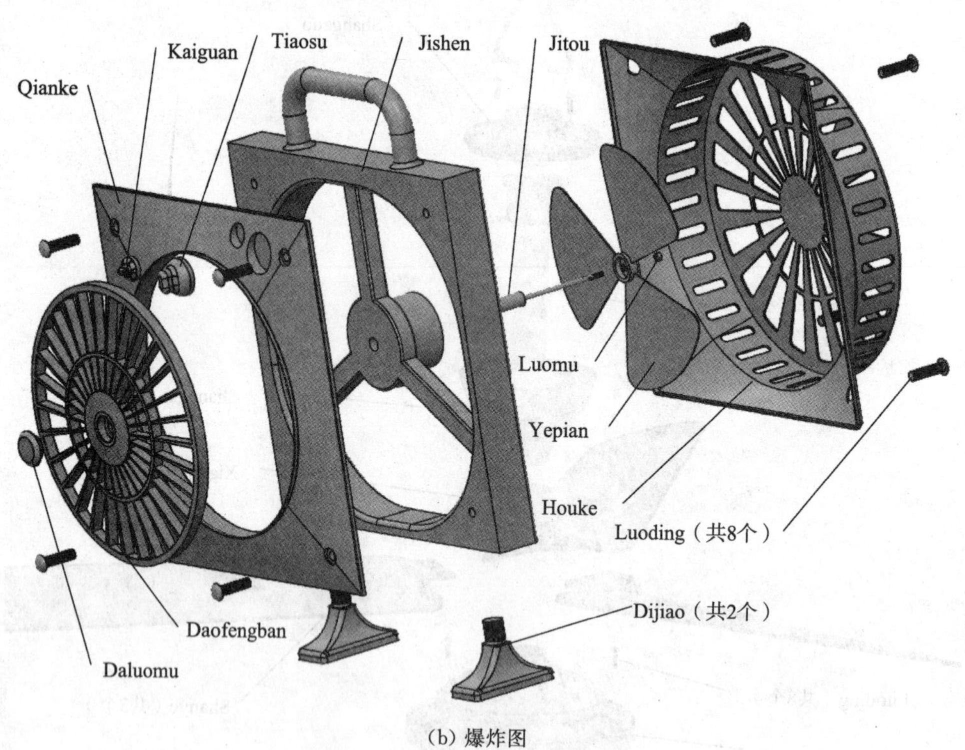

(b) 爆炸图

图 9－11　电风扇

7. 基于图 9－10 中的装配，为其建立两个简化——“shantou”及“shangan”，如图9－12所示。

分析：单击【视图】选项卡→【模型显示】组→【管理视图】，在【视图管理器】对话框的【简化表示】选项卡中执行相关元件的“主表示”或“排除”以及简化表示新建、保存、激活等操作。

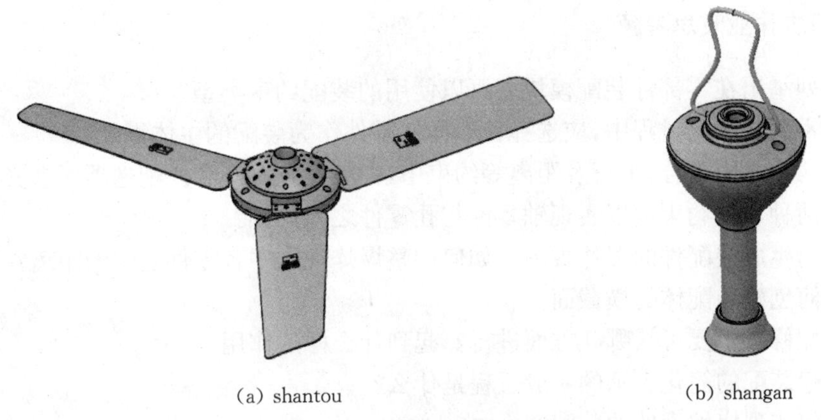

(a) shantou　　(b) shangan

图 9－12　风扇的简化表示

8. 挠性弹簧的定义与安装。

分析：弹簧长度会随着油缸和活塞之间的距离变化而变化，需要将弹簧扫引轨迹长度定义为挠性尺寸，油缸和活塞之间存在相对运动，可以用“滑块”机构连接方式进行装配。

(a) 弹簧　　(b) 油缸　　(c) 活塞

(d) 装配完成后的三个状态

图 9－13　挠性弹簧的定义与装配

9. 根据配套教材第 8.4 节“装配元件的替换”，分别练习用零件族表、记事本、互换装配等方法进行装配元件的替换。

三、实验报告作业及思考题

1. 请列举出在零部件装配模块中可以使用的装配约束类型。
2. 在零部件装配过程中，应选择什么样的零件作为装配的主体零件？
3. 在两个平面重合、平行及距离等约束中，如何设置对齐和匹配选项？意义是什么？
4. 哪两种重合约束可以实现轴零件与孔零件之间同轴？
5. 如何生成装配件的爆炸视图？如何调整爆炸视图中各零件之间的距离？
6. 如何创建装配体的横截面？
7. 装配修改主要可从哪几方面进行？起到什么样的作用？
8. 创建装配的简化表示的一般过程是什么？
9. 如何实现挠性元件的装配？
10. 自动元件替换的典型方法有哪些？

实验十　工程图纸的创建

一、实验目的与要求

1. 了解工程图制作环境的设置。

2. 掌握建立三视图的方法和步骤。

3. 熟悉有关视图操作的命令，以进一步完善工程图。

4. 学会使用显示模型注释工具显示、删除零件的尺寸、几何公差、表面粗糙度、轴线等。

5. 熟练掌握创建尺寸标注与工程批注的步骤及方法。

6. 学习建立剖视图(单一剖切、阶梯剖、旋转剖)、辅助视图(斜视图)、细节放大视图和局部视图。

7. 了解运用表格的重复区域等功能实现自动生成装配图明细表的方法。

8. 熟悉工程图绘图模板的创建方法及应用。

二、实验内容与步骤

1. 熟悉工程图纸模块的界面；了解建立工程图纸的步骤。

2. 进行工程图制作环境的设置，设置投影方向为第一角投影。

3. 建立三视图。

4. 对建立好的三视图进行视图的移动、删除、隐藏与恢复及显示方式的调整与设置。

5. 使用工程图的显示模型注释工具。

6. 建立尺寸标注与创建工程批注。

7. 练习剖视图(包括全剖、半剖、局部剖视)和其他辅助视图(斜视图)的建立。

8. 在工程图纸模块中改变零件的尺寸参数，检查零件的设计修改是否影响其三维模型；在三维造型模块中也对零件的设计进行修改，检查2D工程图中是否相应地自动更新。

9. 建立如图10-1所示的零件模型和工程图纸，分别以“ep10-1.prt”和“ep10-1.drw”的名称保存。

10. 请根据图10-2～图10-6所给出的不同表达方案的零件工程图，自行设计尺寸，建立零件的三维模型，分别以“ep10-2.prt”～“ep10-6.prt”的名称保存；建立所有这些模型相应的二维工程图纸，分别以“ep10-2.drw”～“ep10-6.drw”的名称保存。

分析：图10-3、图10-4等图形中均包含了半剖视图，我国《工程制图》国家标准中剖与不剖的分界线应为中心线，因此需要首先设置Creo Parametric绘图选项“half_section_line”为“centerline”。图10-3中主视图和左视图中的水平轴线不能自动生成，需要通过【草绘】选项卡中的相关命令绘制，注意线型设置(如轴线的线型为“控制线”)，最后需要执行草绘图元与视图相关的操作。

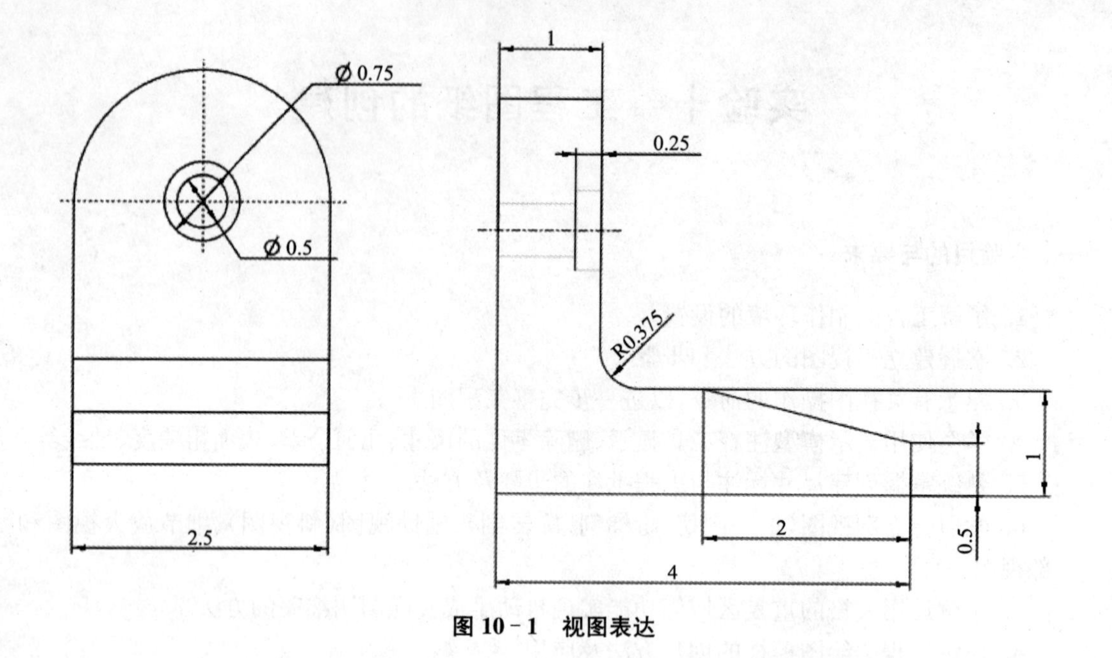

图 10-1　视图表达

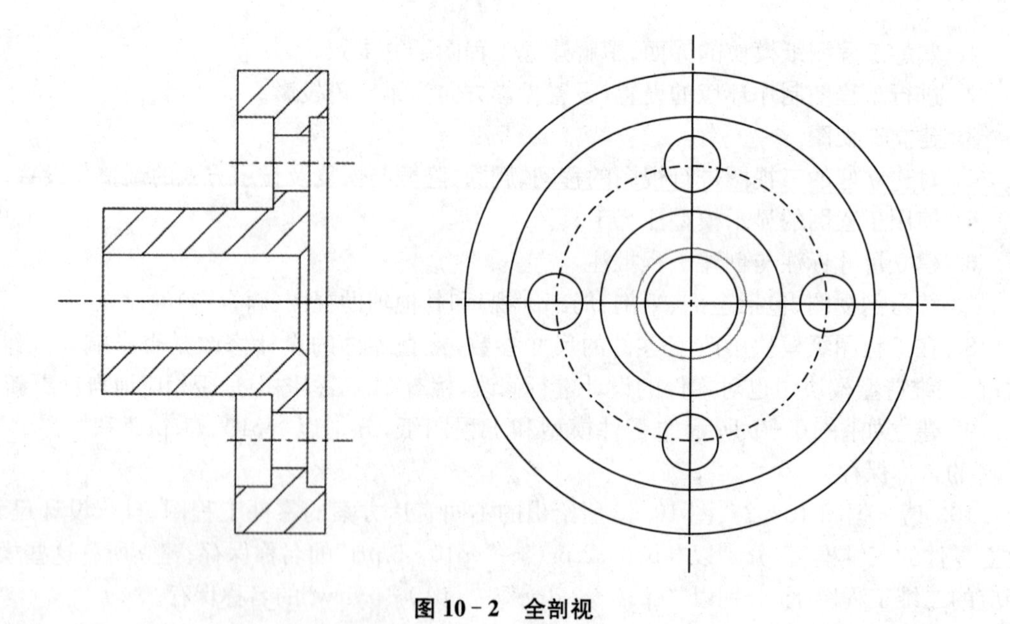

图 10-2　全剖视

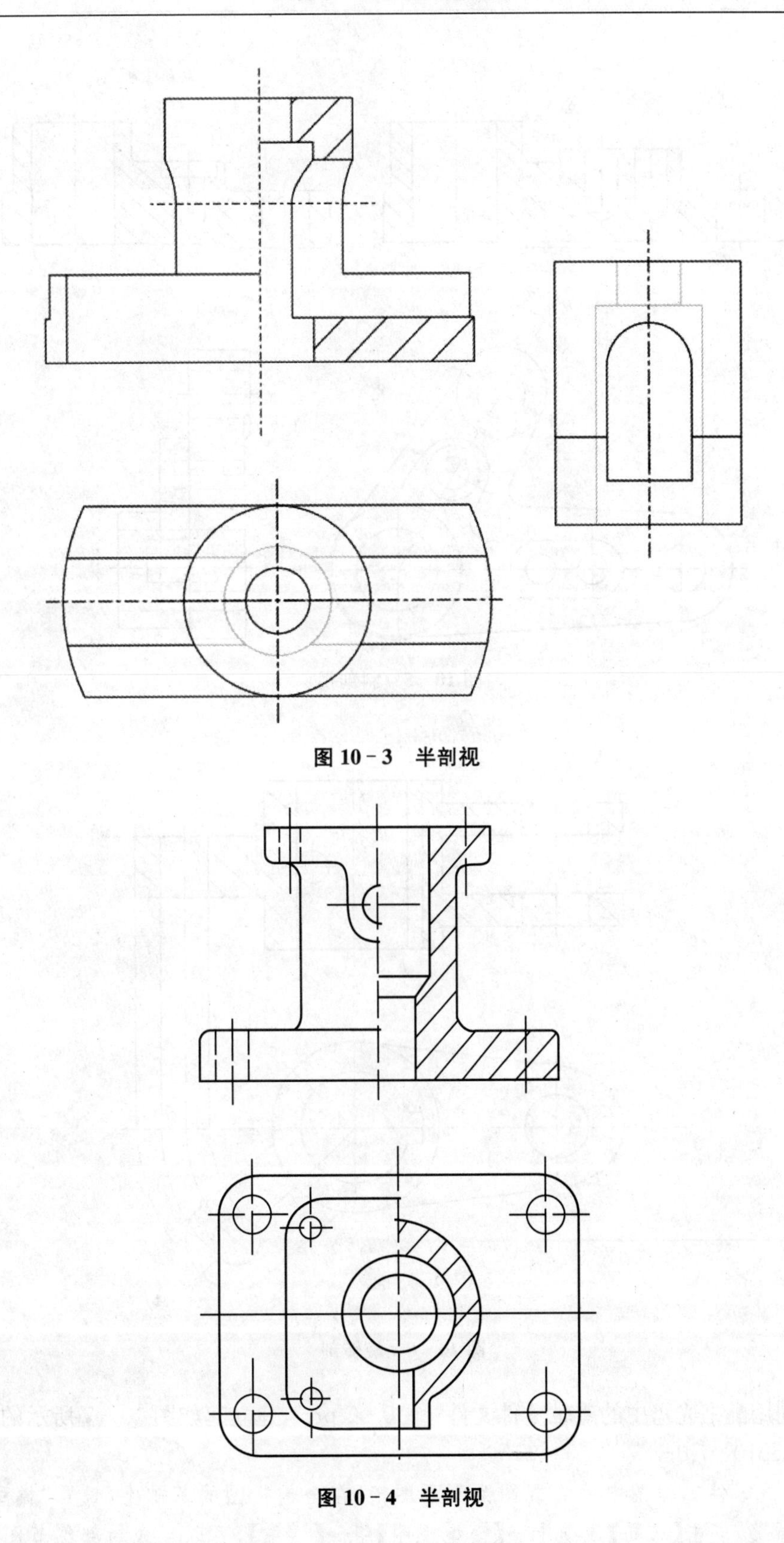

图 10－3　半剖视

图 10－4　半剖视

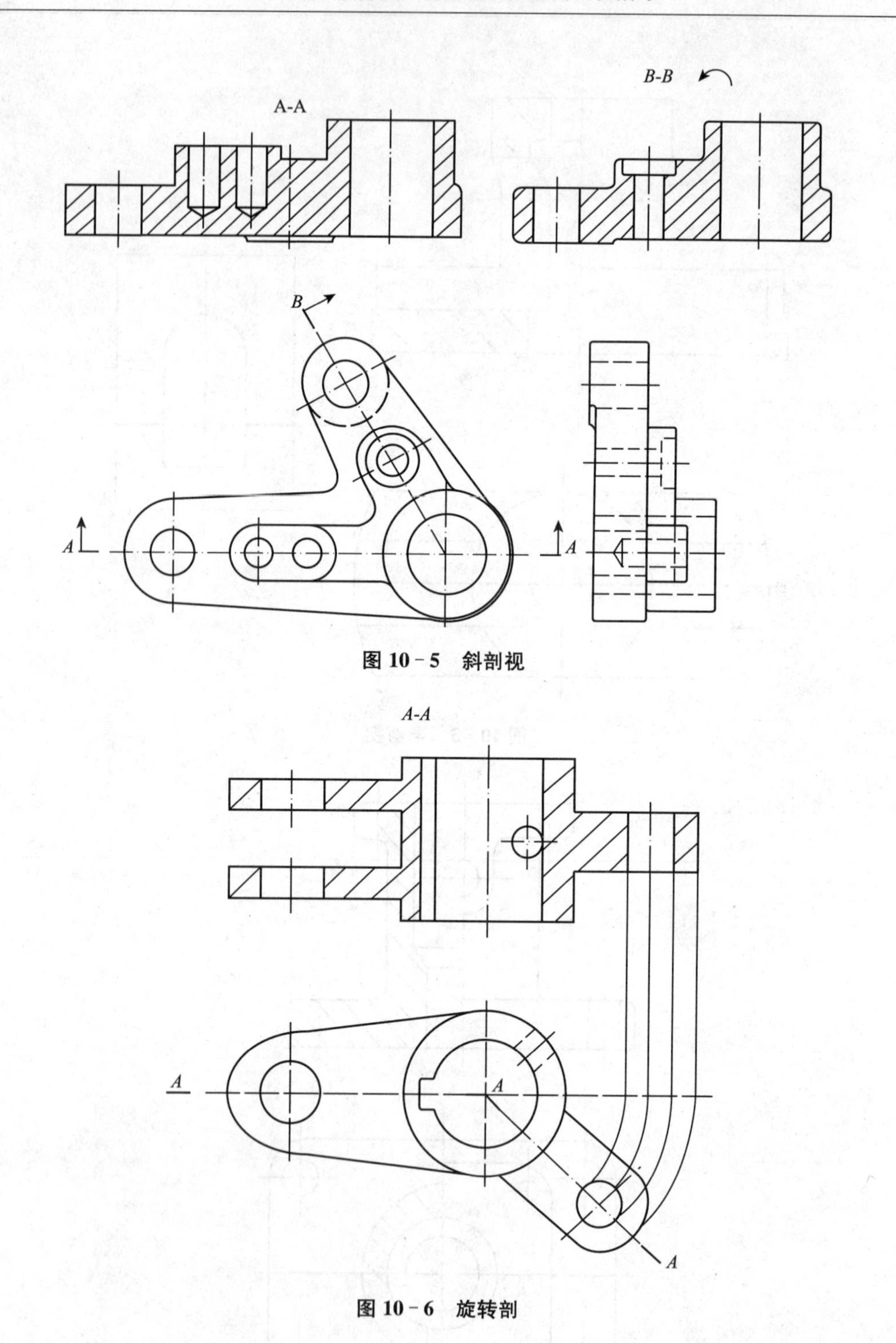

图 10－5　斜剖视

图 10－6　旋转剖

11. 利用配书光盘中的凑轴零件文件“ep10－7.prt”，建立起如图 10－7 所示的工程图，文件名为“ep10－7.drw”。

分析：该零件工程图中的右视图为断面图，可在全剖视图的基础上，设置“模型边可见性”为“区域”。点击【布局】选项卡→【模型视图】组→【详细】，可以生成局部细节图 A(即我国工程制图,国家标准中的局部放大图)。

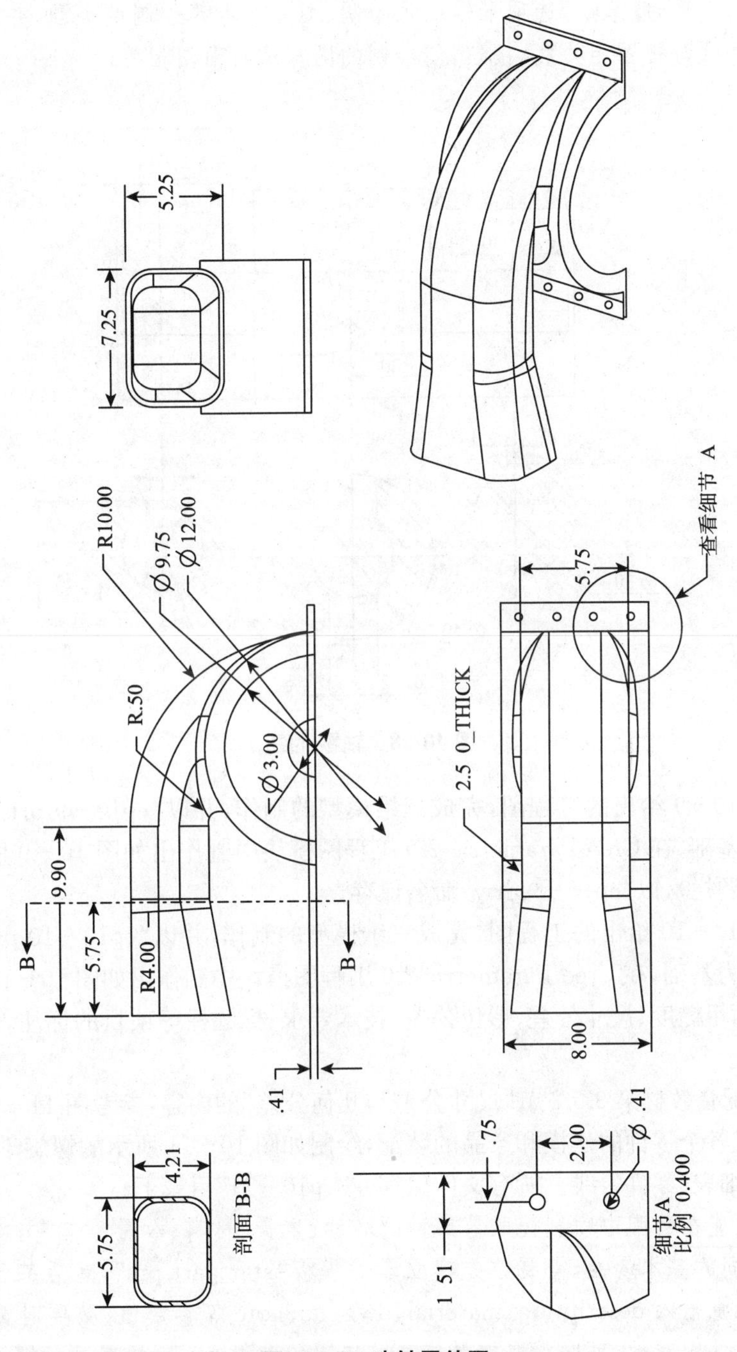

图 10-7　凑轴零件图

12. 建立如图 10-8 所示的轴零件模型,以“ep10-8.prt”命名保存,并完成轴零件图的绘制,以“ep10-8.drw”命名保存。

分析:点击【布局】选项卡→【模型视图】组→【旋转】按钮,可以创建旋转视图。旋转视图可用于创建剖切平面与当前投影面垂直的斜剖视图或者移出断面。本例通过旋转视图建立轴零件的各个断面图，其中中间一个断面图会出现左右两部分分离的情况，不符合国家绘图标准，可通过【草绘】选项卡的图元绘制、图元参考等绘制两个圆，并点击【草绘】选项卡→【组】组→【与视图相关】按钮，使绘制的圆与该断面图相关。

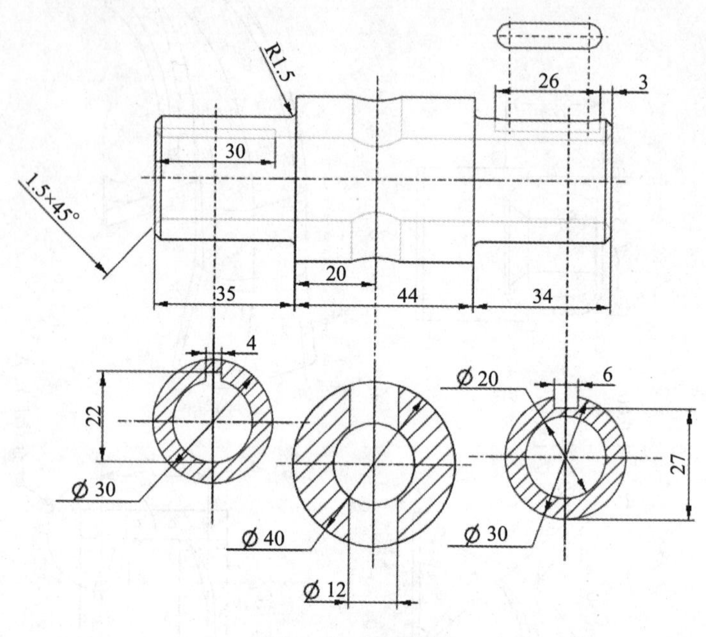

图 10-8　轴零件图

13. 按图 10-9 给出的工程图，完成三维模型的制作，并以“ep10-9.prt”命名保存；以该三维模型为基础，在 Creo Parametric 2.0 工程图模块中制作出如图 10-9 所示的工程图(包括图框、标题栏)，以“ep10-9.drw”命名保存。

14. 按图 10-10 给出的工程图，完成三维模型的制作，并以“ep10-10.prt”命名保存；以该三维模型为基础，在 Creo Parametric 2.0 工程图模块中制作出如图 10-10 所示的工程图，并完成表面粗糙度、尺寸公差、形位公差、技术要求、标题栏等项目的标注，以“ep10-10.drw”命名保存。

15. 根据配套教材第 9.5.2 节“尺寸公差与几何公差”的内容，参考图 11-6 螺旋千斤顶的零件图，完成各个零件的建模和产品的装配，绘制如图 10-11 所示的螺旋千斤顶装配图，并自动生成明细表、零件引线。所有文件保存在“ep10-11”目录下。

分析：为了能在装配中顺利提取零部件的名称、重量、材料、数量等信息，必须保证所有零件都具有相同的基本属性，需要首先建立零件模板“startpart.prt”，然后基于零件模板建立各个零件，注意输入 description、material、dwg_no、note 等参数值，必要时需要设置零件的材料属性，零件刷新后，可以获取重量信息并传递给参数 mass，接着进行螺旋千斤顶的装配。装配图视图的生成过程和零件图视图类似，装配图的标题栏可导入“标题栏.DWG”文件，装配明细表通过表格及其重复区域自动成生成，运用明细表的 BOM 球标来自动生成装配引线，最后定义装配引线符号，获得符合要求的装配引线。

16. 根据配套教材第 9.6 节“工程图的表格与二维草绘”的内容，练习工程图绘图模板的创建及使用。

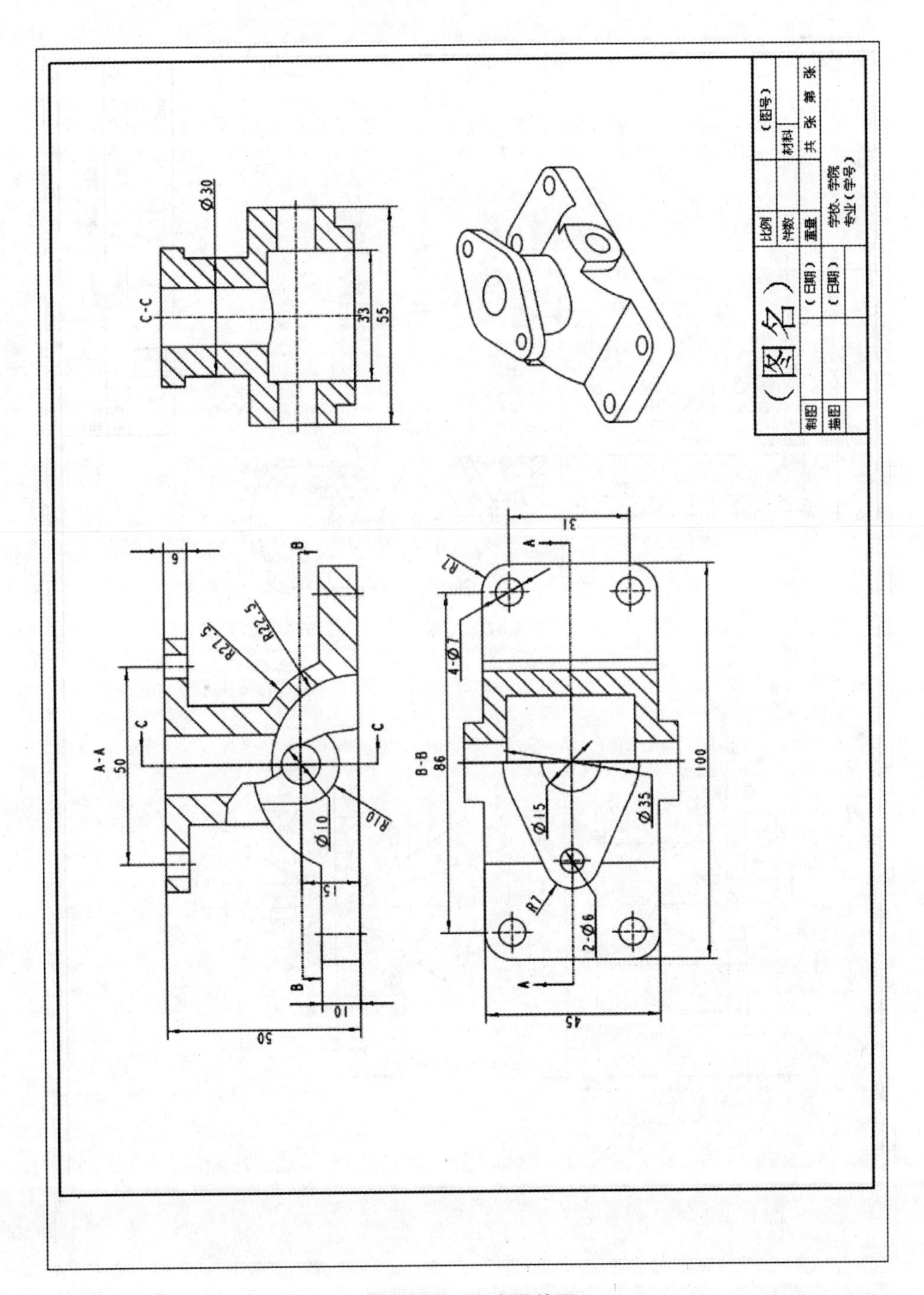

图 10－9　底座零件图

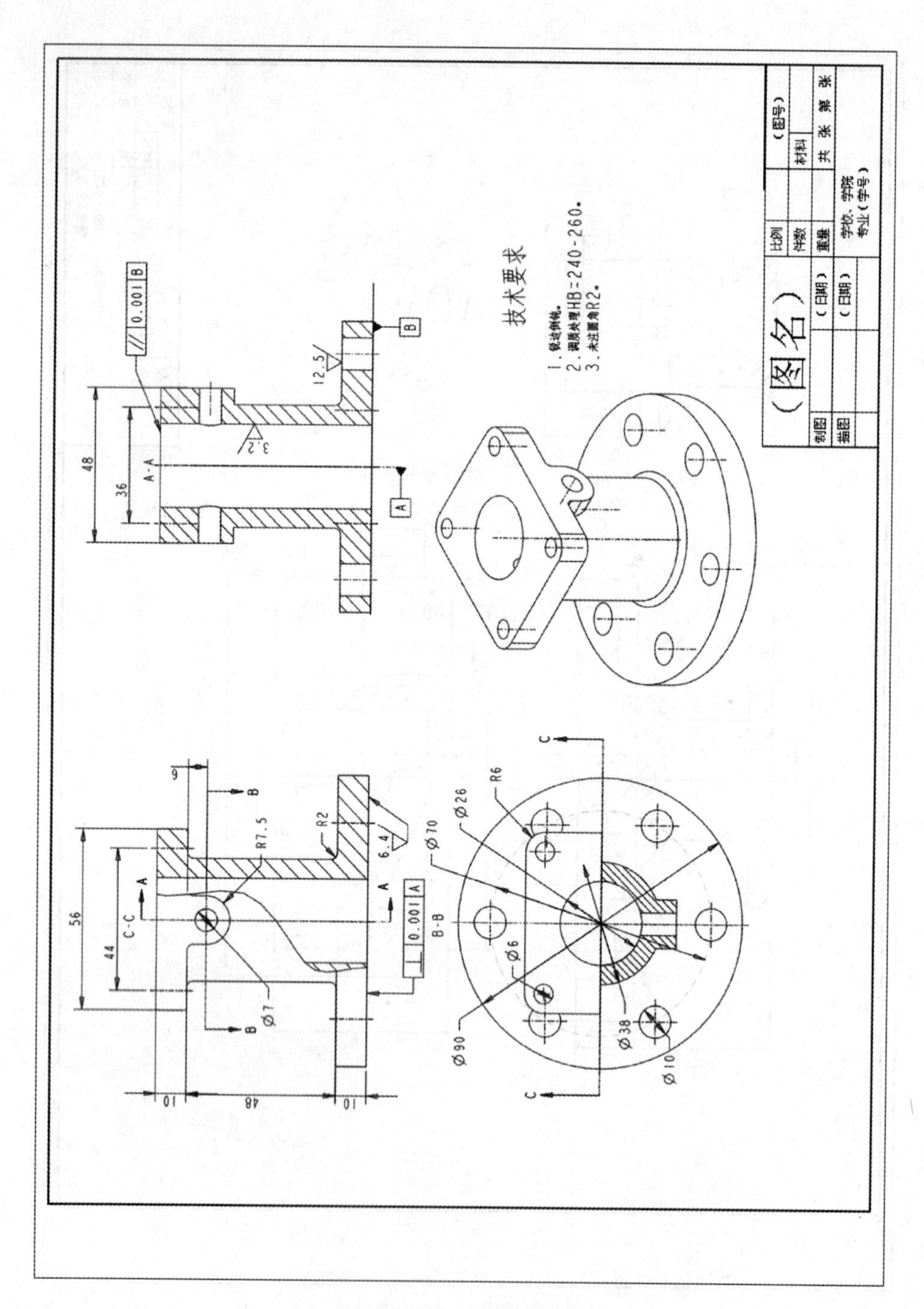
技术要求
1. 锐边倒钝。
2. 调质处理HB=240-260。
3. 未注圆角R2。
（图名）
（图号）
比例
件数
重量
材料
共 张 第 张
制图
描图
（日期）
学校、学院
专业（学号）
A-A
B-B
C-C
0.001 B
0.001 A
48
36
56
44
R7.5
R2
R6
Ø7
Ø70
Ø26
Ø6
Ø90
Ø38
Ø10
12.5
3.2
6.4
10
48
10
9

图 10-10 支架零件图

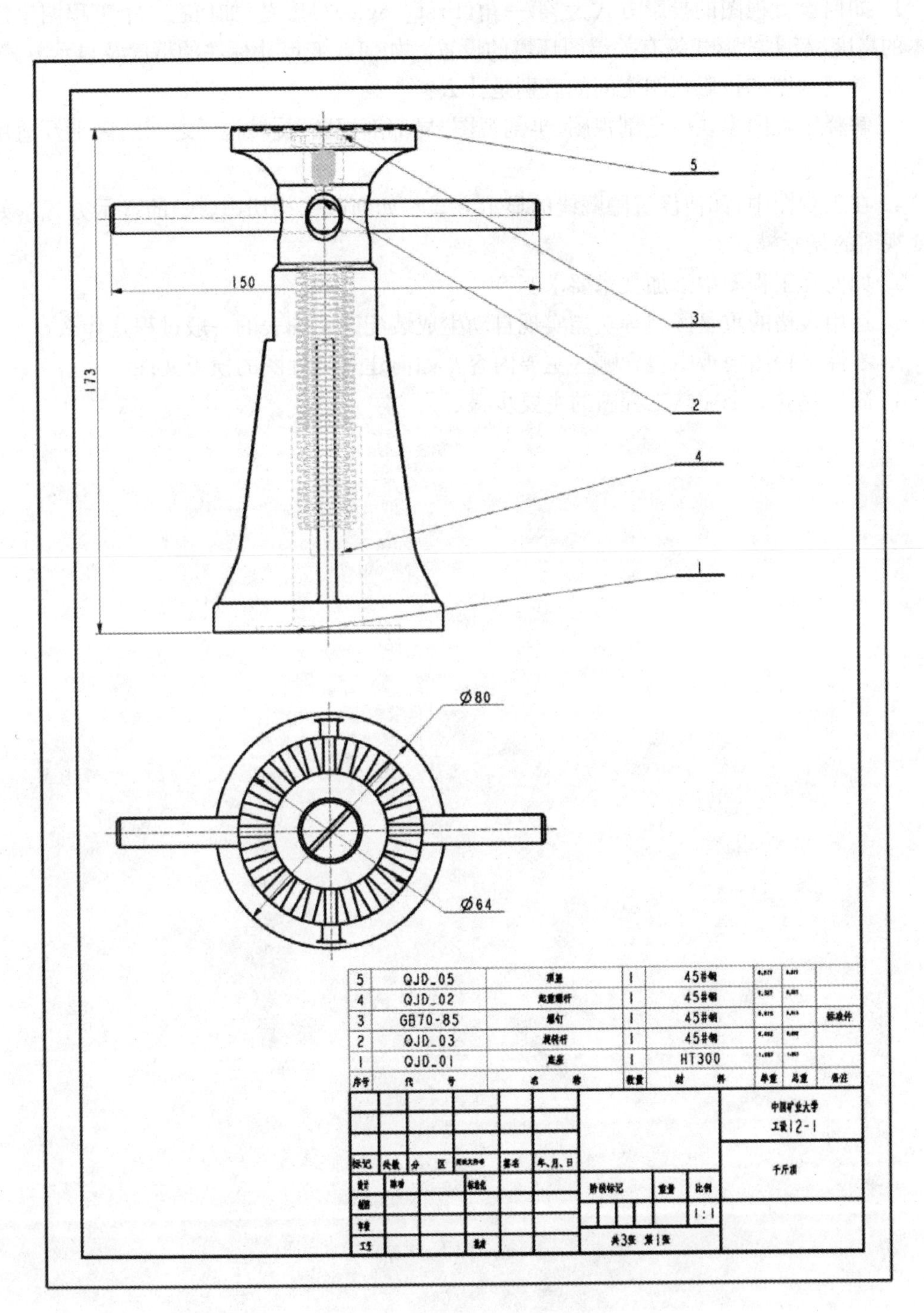

图 10 - 11　螺旋千斤顶装配图

三、实验报告作业及思考题

1. 如何设置视图的投影方式为“第一角(first_angle)投影”？如何在一个工程图里进行文本的高度、箭头的形式等有关绘图环境的设置？如何改变尺寸标注的精度及显示方式？

2. 常规视图和投影视图之间的区别是什么？

3. 解释工程图模块中全剖视图、半剖视图、局部剖视图、旋转视图之间的区别及适用的场合。

4. 在工程图中，如何设置隐藏线的显示方式？如何改变相切边(线)的显示方式？如何改变视图的显示模式？

5. 如何在工程图中添加技术要求？

6. 运用表格的重复区域等功能实现自动生成装配图明细表的一般过程是什么？

7. 零件工程图模板中包含哪些主要内容？如何建立工程图的模板文件？

8. 简述建立一个完整工程图的主要步骤。

实验十一　综合应用实验

一、实验目的与要求

综合应用本课程所学的各种造型的方法和技巧，解决工程中的一些具体问题，达到熟练运用 Creo Parametric 2.0 软件进行三维参数化实体造型、建立工程图纸和装配的目的。

二、实验内容与步骤

下面给出安全阀、千斤顶和齿轮油泵的全部零件图纸，请选择其中之一：

1. 进行零件的三维参数化造型。
2. 按照图纸要求进行装配。
3. 建立装配体的工程图纸。

对于本实验的内容，也可以结合自己的实践需要进行，如课程设计题目或老师的科研课题等。

三、实验报告作业及思考题

1. 绘制出装配体的工程图纸及装配体模型，要求有图框、标题栏、明细表及尺寸标注。
2. 将所有的零件造型文件、装配文件、工程图文件等以电子文档的形式上交。
3. 写出学习本门课程的读书报告，包括收获、心得、体会，对于本门课程的建议等，不少于 2000 字。

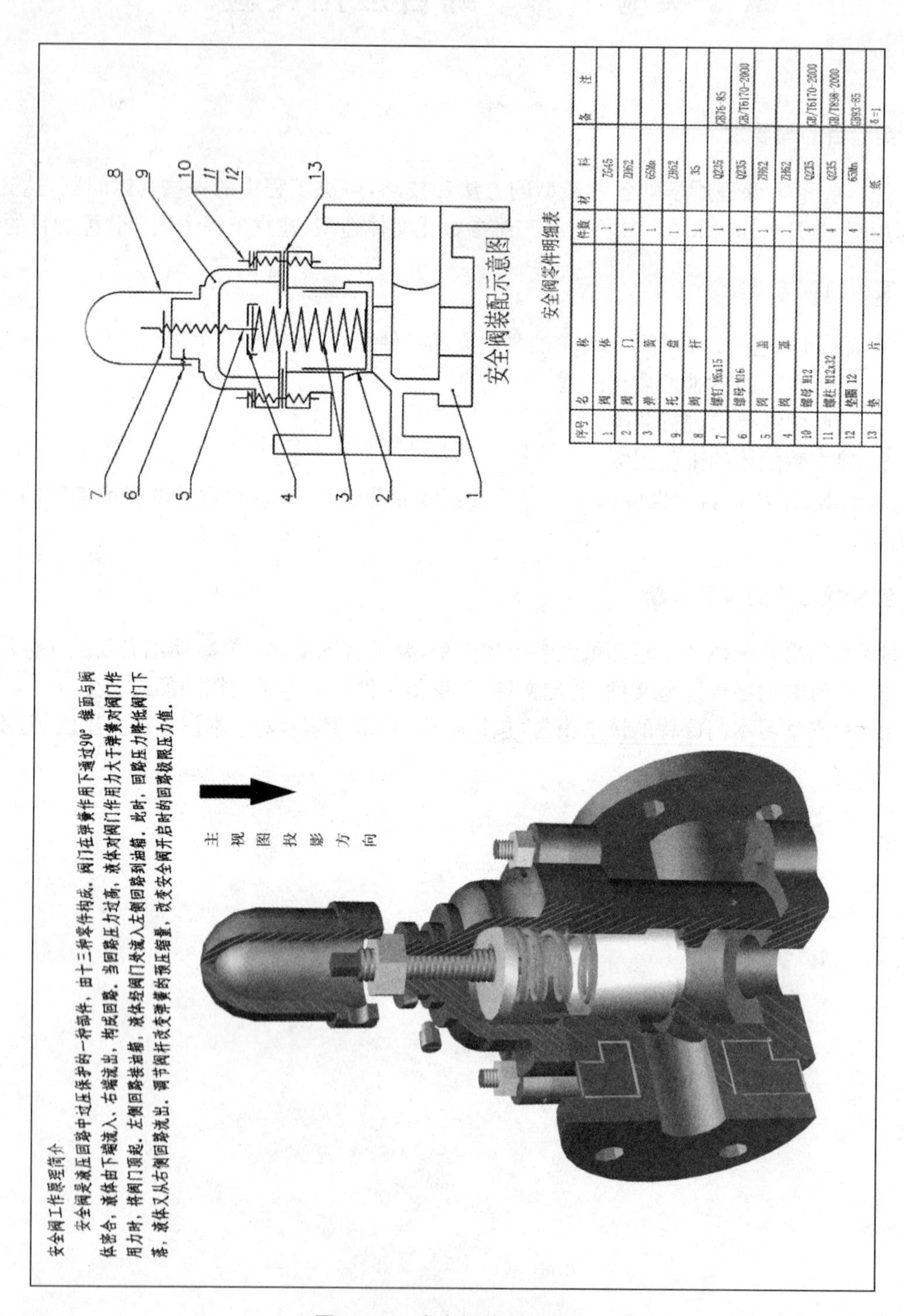

安全阀零件明细表

序号	名 称	件数	材 料	备 注
1	阀 体	1	ZG45	
2	阀 门	1	ZH62	
3	弹 簧	1	65Mn	
9	托 盘	1	ZH62	
8	阀 杆	1	35	
7	螺钉 M6x15	1	Q235	GB76-85
6	螺母 M16	1	Q235	GB/T6170-2000
5	阀 盖	1	ZH62	
4	阀 罩	1	ZH62	
10	螺母 M12	4	Q235	GB/T6170-2000
11	螺柱 M12x32	4	Q235	GB/T898-2000
12	垫圈 12	4	65Mn	GB93-85
13	垫 片	1	纸	δ=1

图 11－1　安全阀装配示意图

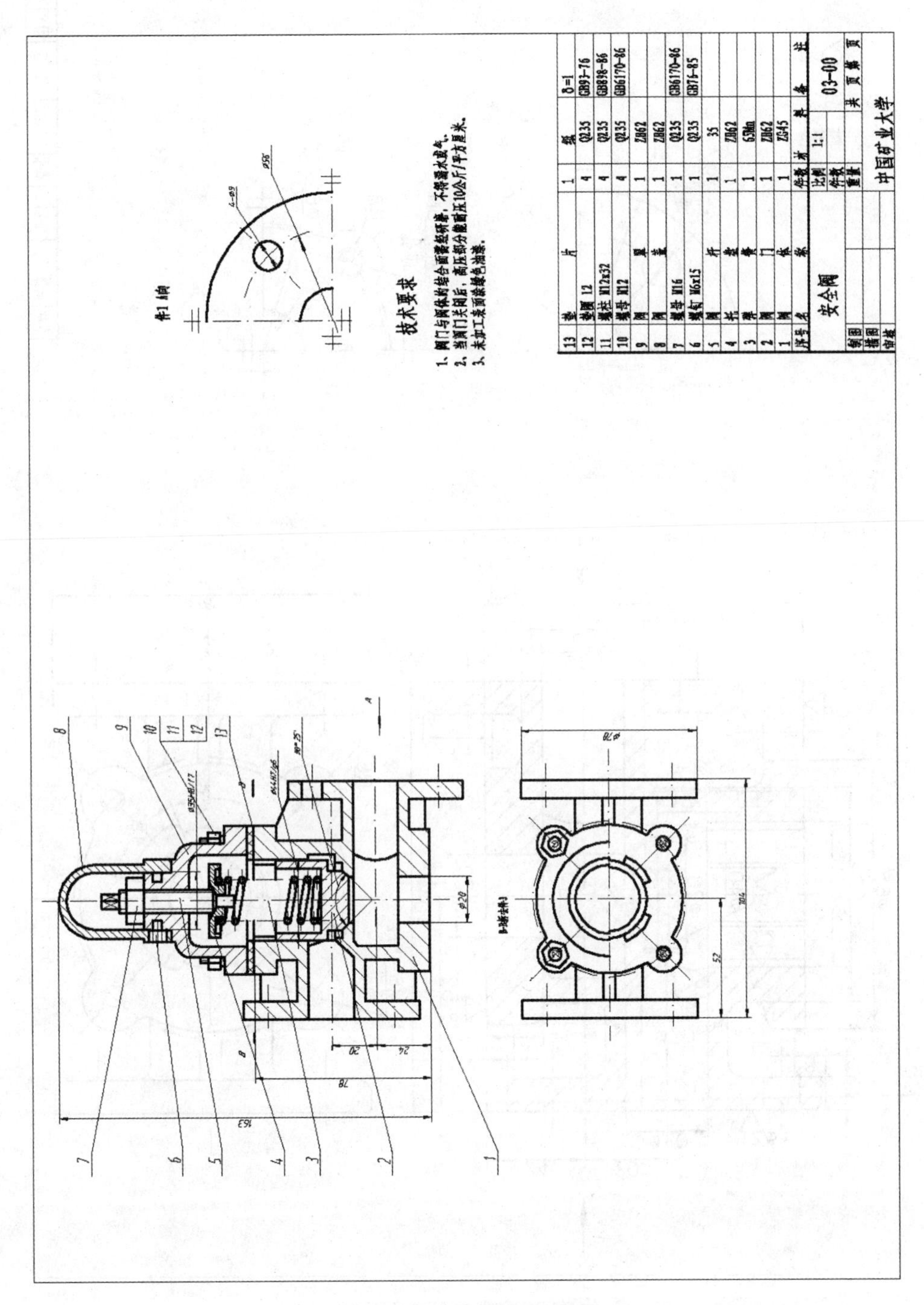

图 11-2 安全阀装配图

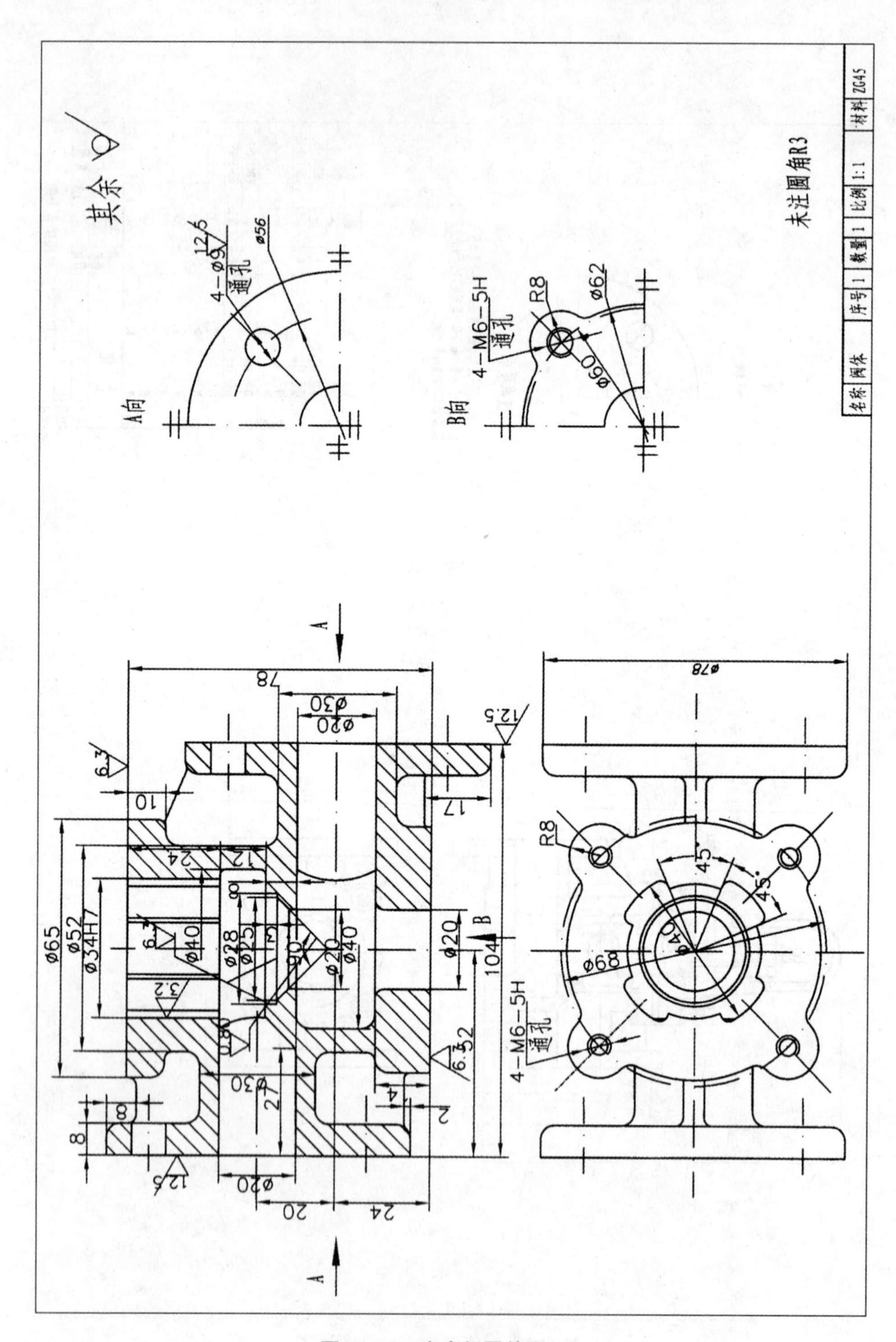

图 11－3　安全阀零件图(1)

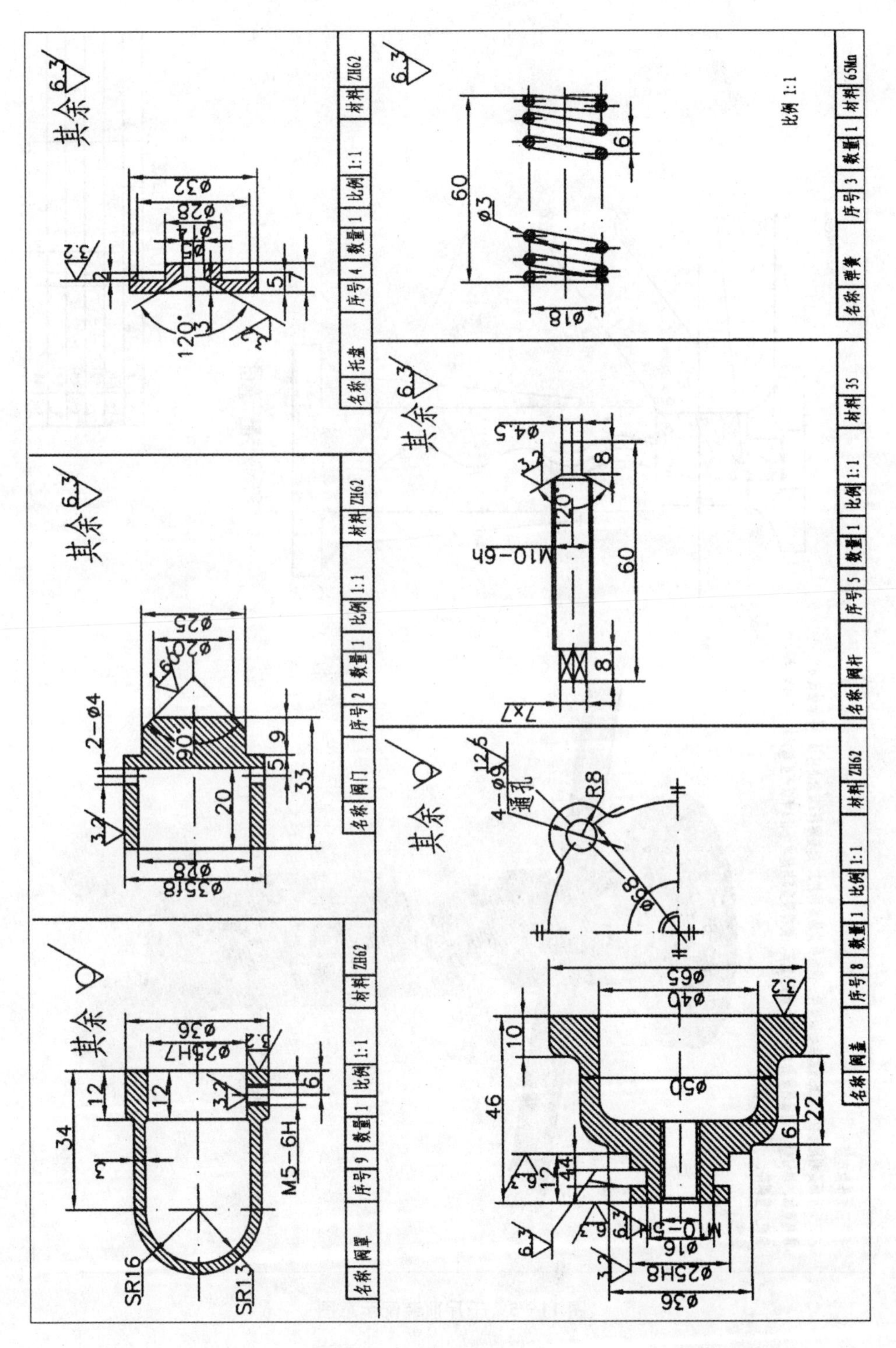

图 11－4　安全阀零件图(2)

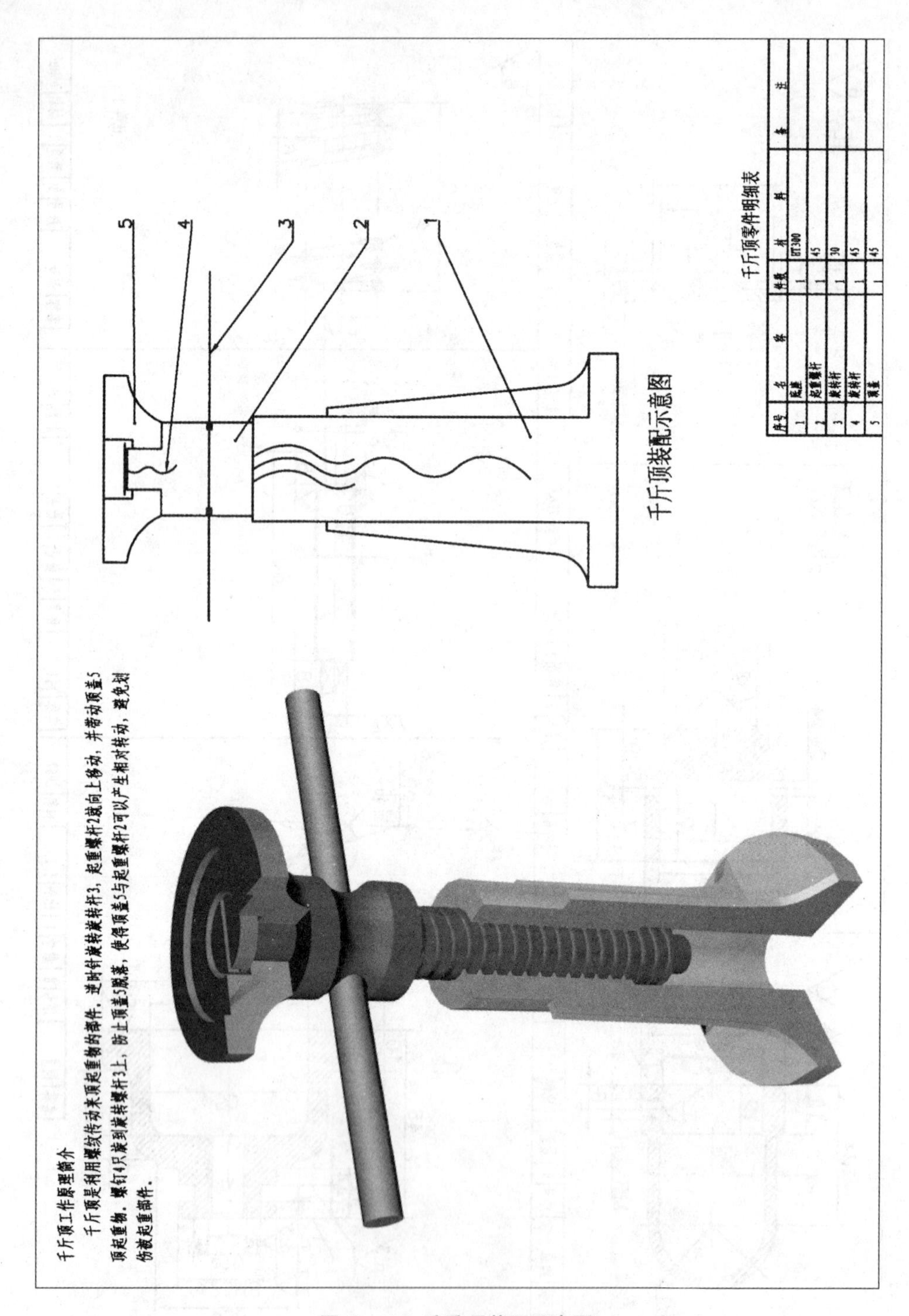

序号	名　　称	件数	材　　料	备　　注
1	底座	1	HT300	
2	起重螺杆	1	45	
3	旋转杆	1	30	
4	旋转杆	1	45	
5	顶盖	1	45	

图 11－5　千斤顶装配示意图

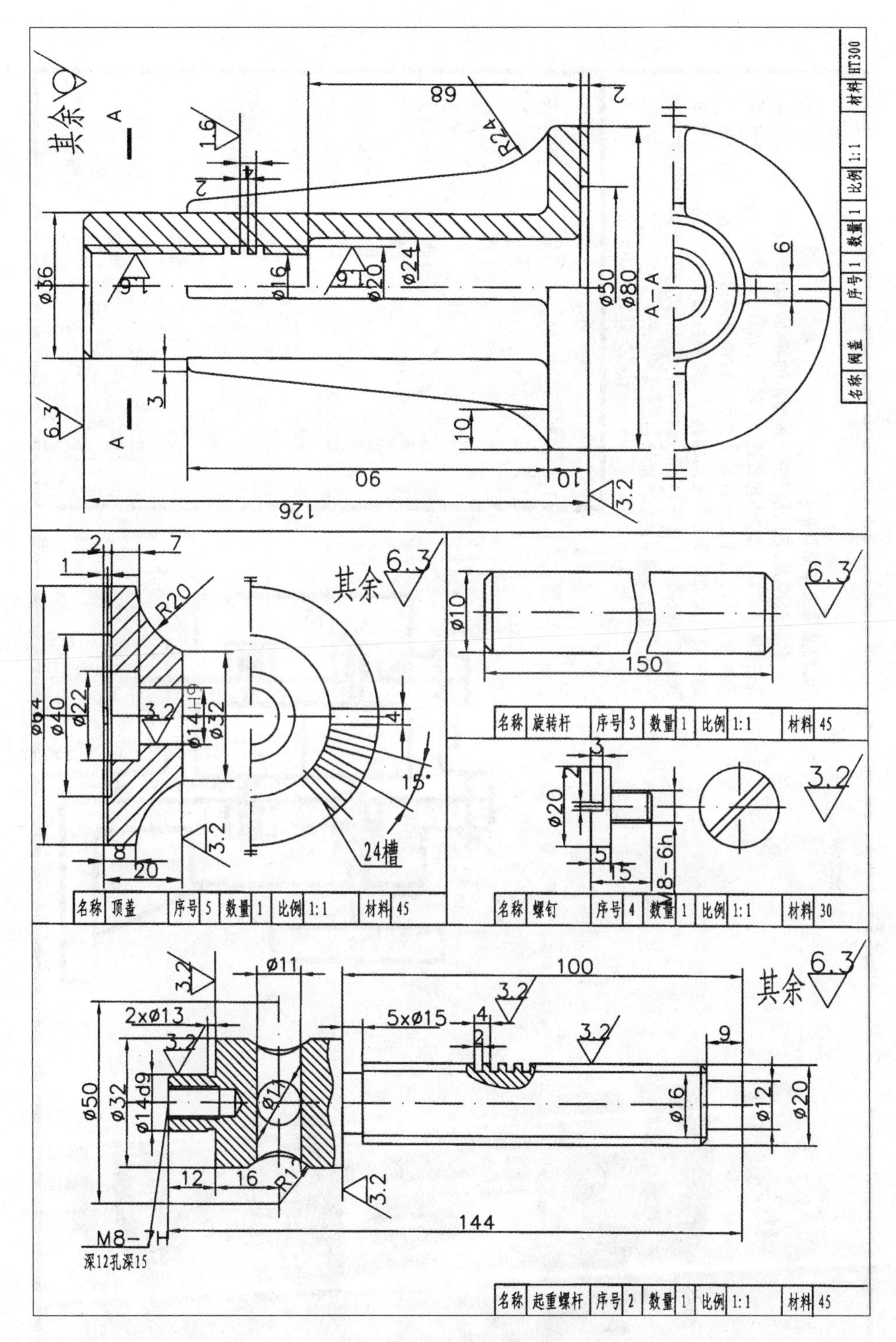

名称 顶盖 序号 5 数量 1 比例 1:1 材料 45
名称 旋转杆 序号 3 数量 1 比例 1:1 材料 45
名称 螺钉 序号 4 数量 1 比例 1:1 材料 30
名称 起重螺杆 序号 2 数量 1 比例 1:1 材料 45
名称 阀盖 序号 1 数量 1 比例 1:1 材料 HT300
其余
24槽
M8-7H
深12孔深15

图 11-6　千斤顶零件图

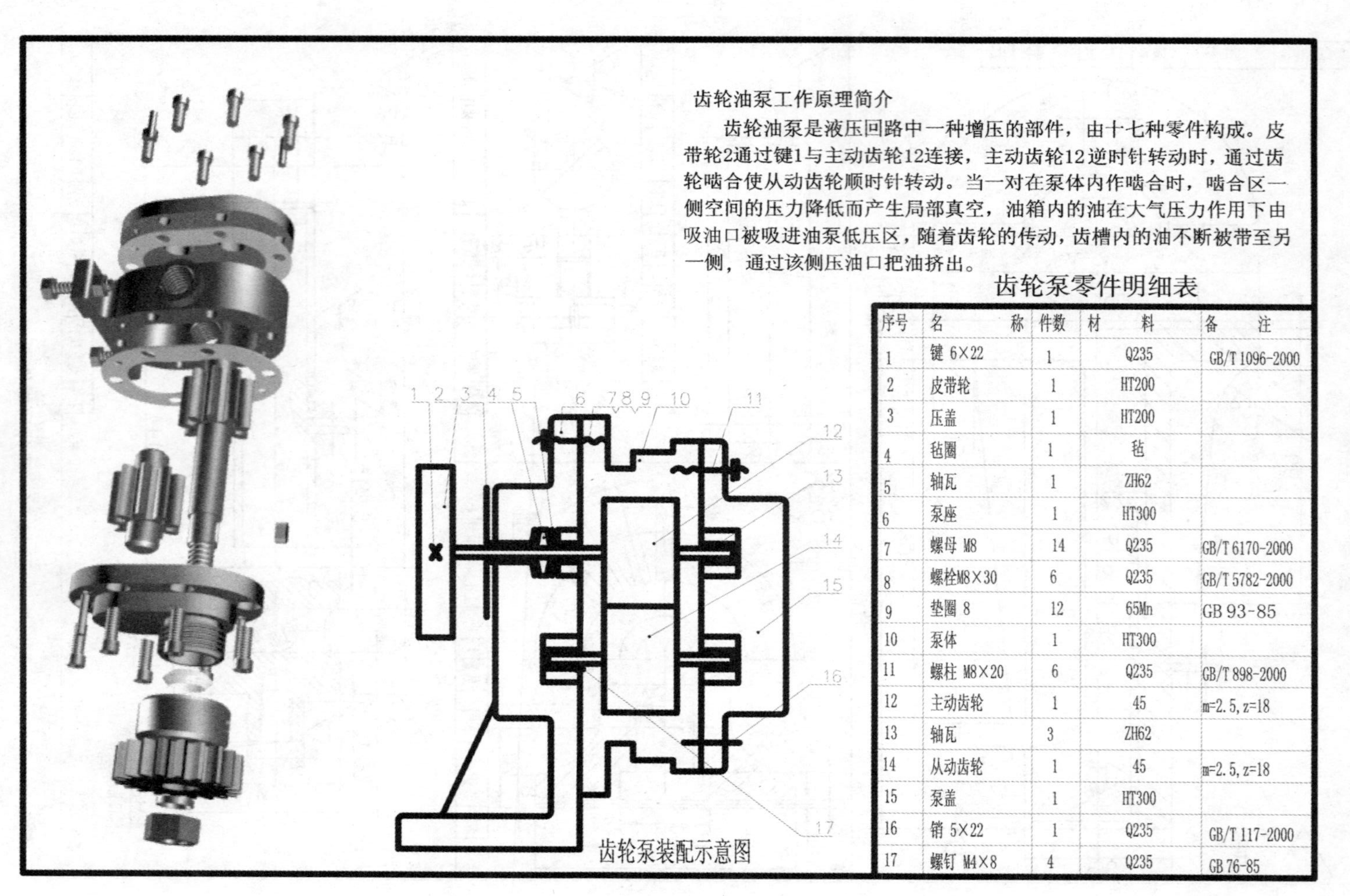

齿轮泵零件明细表

序号	名称	件数	材料	备注
1	键 6×22	1	Q235	GB/T 1096-2000
2	皮带轮	1	HT200	
3	压盖	1	HT200	
4	毡圈	1	毡	
5	轴瓦	1	ZH62	
6	泵座	1	HT300	
7	螺母 M8	14	Q235	GB/T 6170-2000
8	螺栓M8×30	6	Q235	GB/T 5782-2000
9	垫圈 8	12	65Mn	GB 93-85
10	泵体	1	HT300	
11	螺柱 M8×20	6	Q235	GB/T 898-2000
12	主动齿轮	1	45	m=2.5, z=18
13	轴瓦	3	ZH62	
14	从动齿轮	1	45	m=2.5, z=18
15	泵盖	1	HT300	
16	销 5×22	1	Q235	GB/T 117-2000
17	螺钉 M4×8	4	Q235	GB 76-85

图 11-7　齿轮油泵装配示意图

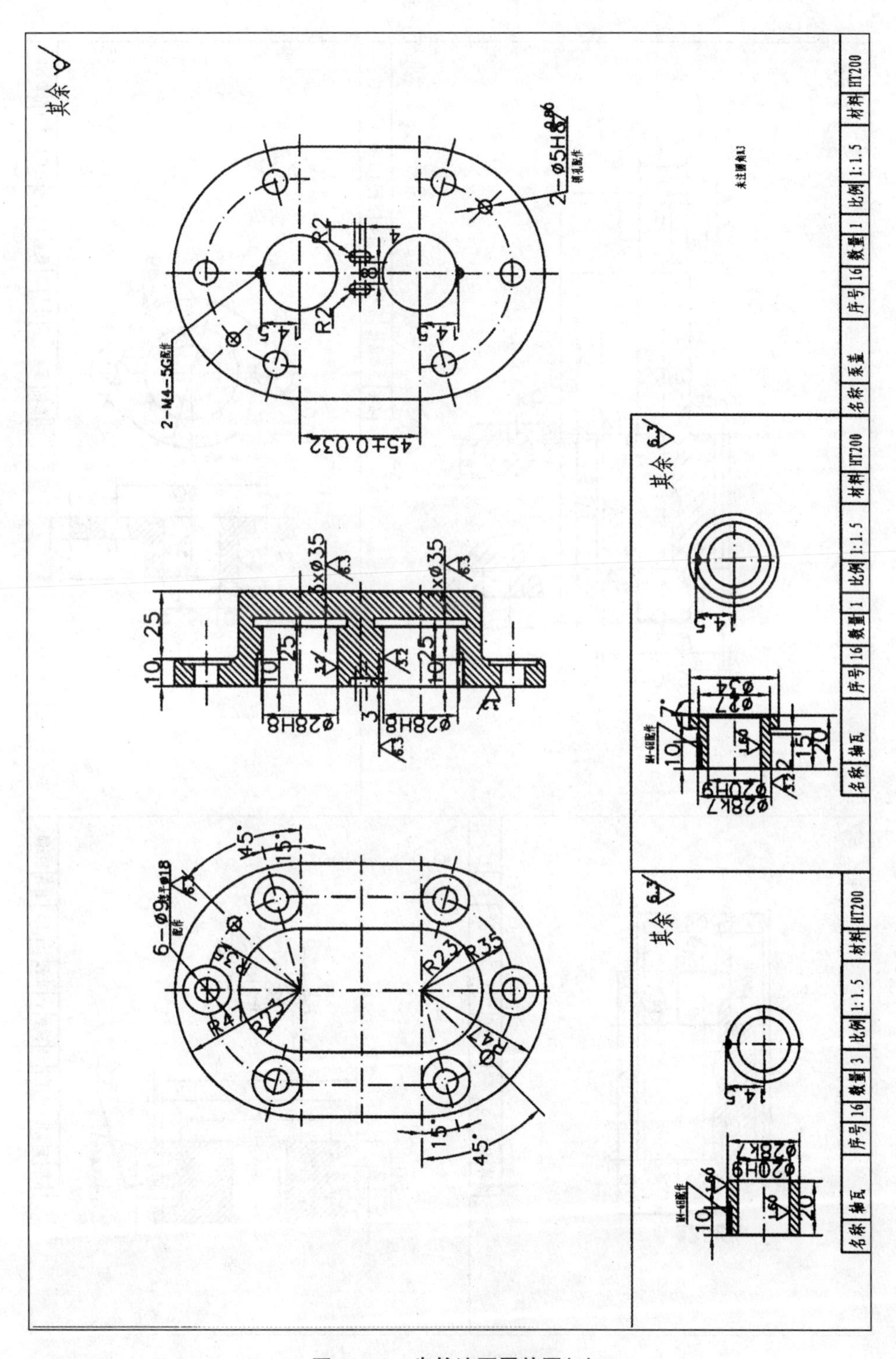

图 11-8　齿轮油泵零件图(1)

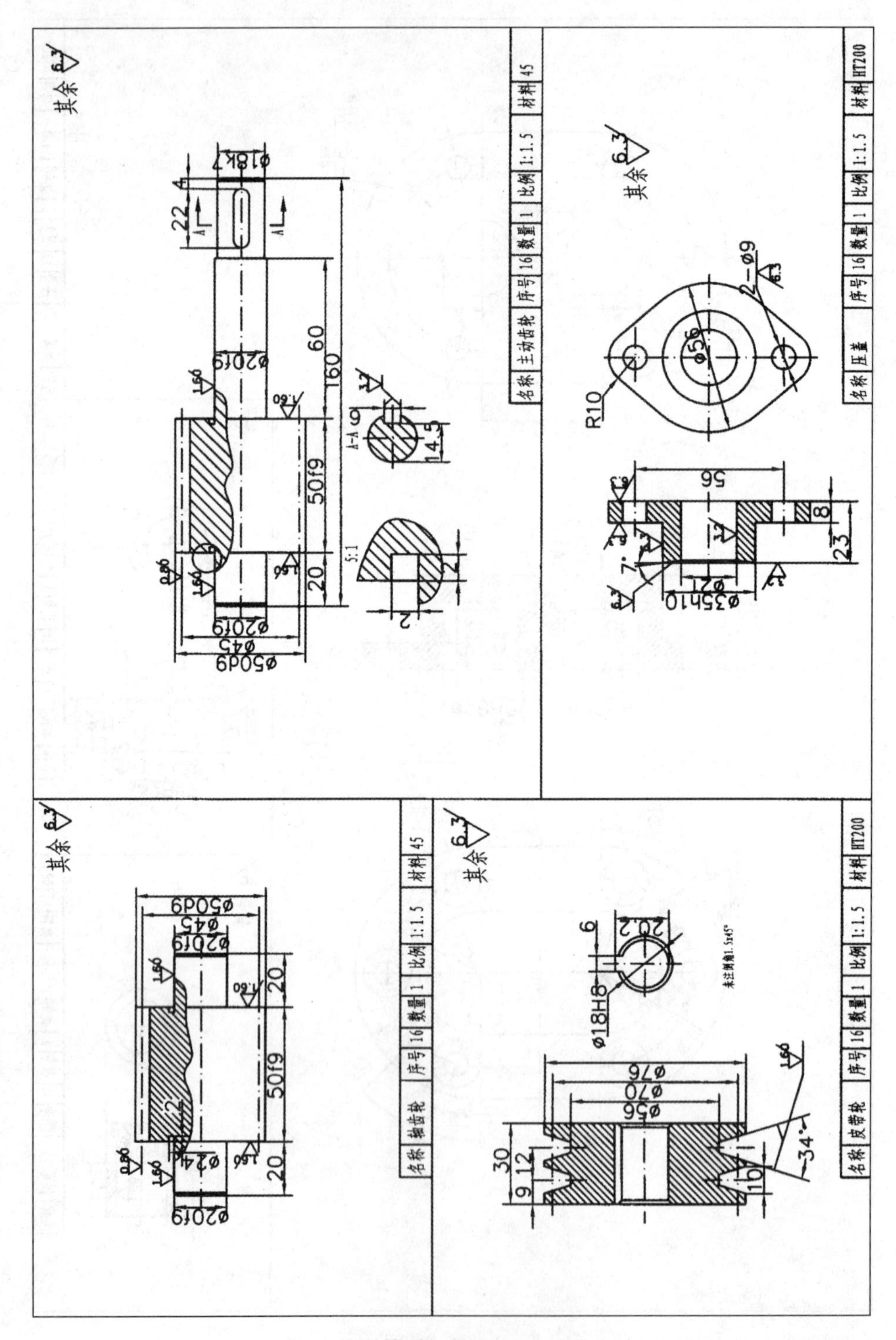

图 11 - 9　齿轮油泵零件图(2)

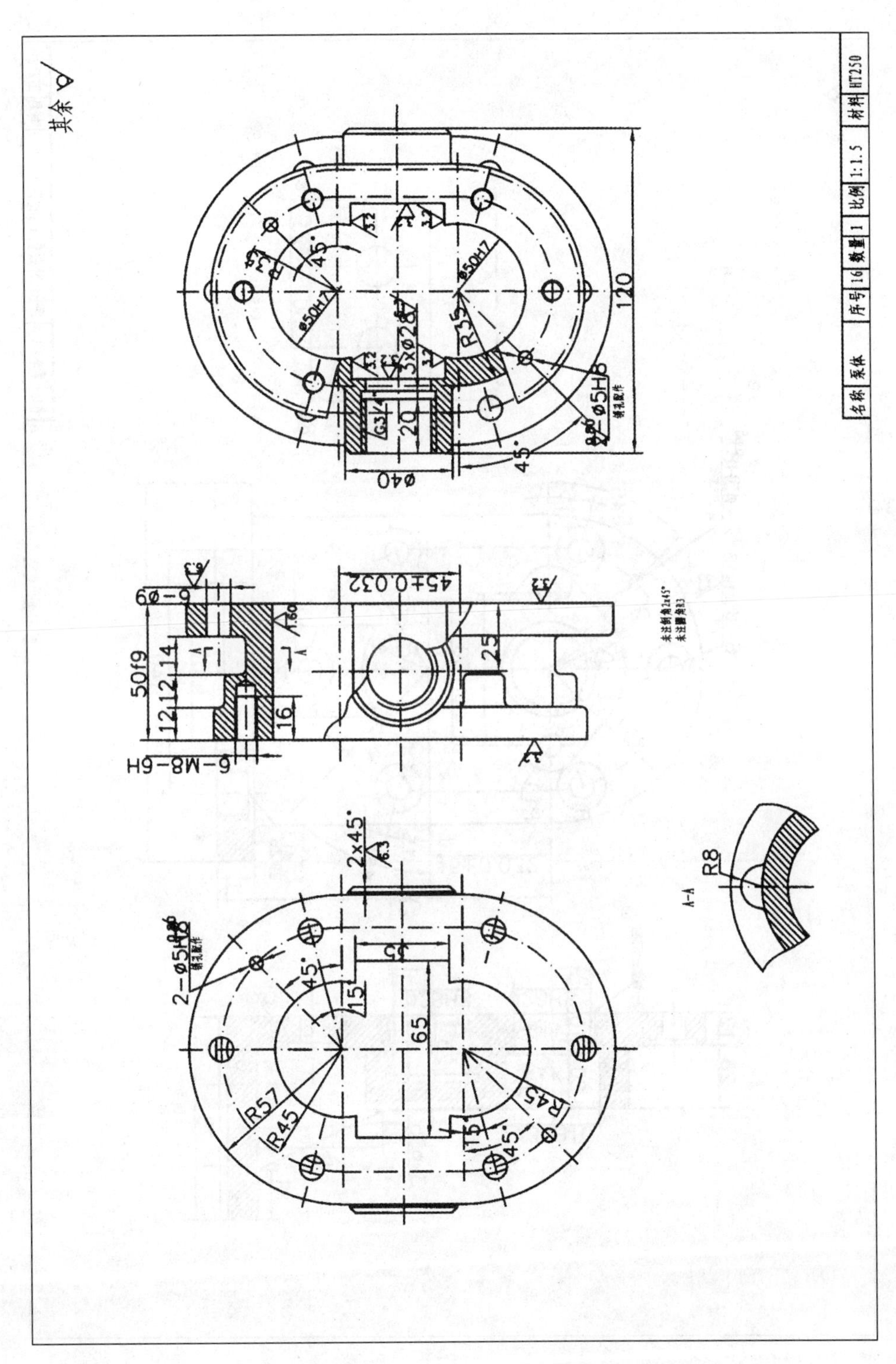

图 11－10　齿轮油泵零件图(3)

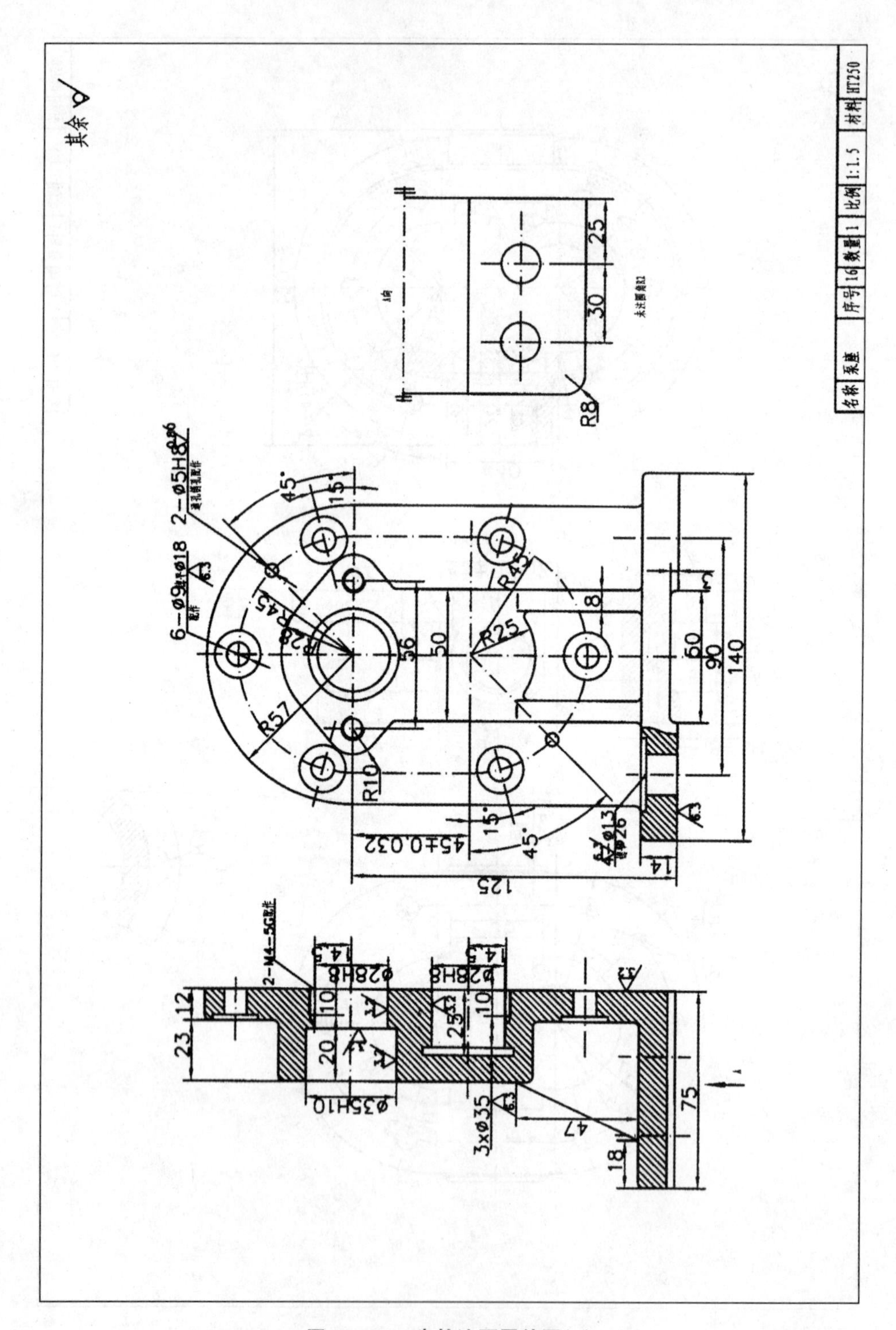

图 11-11　齿轮油泵零件图(4)

附录 A　部分思考题参考答案及提示

实验一　Creo Parametric 2.0 工作界面

1. Creo Parametric 2.0 的工作界面由主窗口标题栏、快速访问工具栏、文件菜单、功能区、导航区、图形窗口、图形工具栏、浏览器窗口、状态栏、对话框和命令操控面板等部分组成。

2. Creo Parametric 2.0 在导航器中集成了系统内部的 IE 浏览器，实现类似 Windows 中资源管理器的功能。导航器中包括模型树、文件夹导航器、个人收藏夹和层树，通过它们可显示所有零部件的特征模块名称、组织架构、组合顺序，以方便用户编辑时的选择和辨识。

用户可以通过单击底部状态栏的图标打开或关闭导航区；通过单击状态栏上的图标控制浏览器的显示与否。通过鼠标拖动窗口导航区和图形窗口中间的边框，可以改变导航器和图形区域窗口的宽度大小。

选择【文件】菜单→【选项】将打开【Creo Parametric 选项】对话框，在该对话框的【窗口设置】选项卡中可更改自定义窗口的布局显示，如改变导航窗口的位置和大小、模型树的放置位置，进行 Creo Parametric 浏览器设置，确定辅助窗口的大小和【图形】工具栏的显示位置。

3. 工作目录为 Creo Parametric 中用于文件检索和存储的指定区域。在开始建模之前必须先指定工作目录。通常，默认工作目录是其启动目录，也可选择其他路径作为工作目录。Creo Parametric 中对于文件的存取操作都是针对当前工作目录进行的。

在桌面上选中 Creo Parametric 2.0 应用程序图标，单击鼠标右键，从快捷菜单中选择【属性】菜单项，在弹出的【Creo Parametric 2.0 属性】对话框中修改【起始位置】文本框中的文件夹，该文件夹就成为 Creo Parametric 缺省的工作目录。另外，用户也可以在刚刚启动 Creo Parametric 的无模式状态下选择【主页】选项卡→【数据】组→【选择工作目录】命令，或者在 Creo Parametric 某一工作模块下选择【文件】菜单→【管理会话(M)】→【选择工作目录(W)】，系统都将打开一个名为【选择工作目录】的对话框，可选择其他文件夹作为临时的工作目录。该设置在本次退出 Creo Parametric 应用程序之前一直保持有效。

4. 与标准 Windows 应用程序不同，在 Creo Parametric 中打开文件时，如果当前进程中包含用户要打开文件(以模型名称、图纸名称等来识别)，则直接打开当前进程中的文件而不是磁盘上保存的文件，即可以从当前进程中打开还没有保存到磁盘中的文件。每次进行文件【保存】时，新版本的文件不会覆盖旧版本的文件，而是自动生成具有相同文件名的最新版本文件，Creo Parametric 系统会在文件名后面以递增的数字来区分文件的不同版本。Creo Parametric 2.0【文件】菜单中【另存为(A)】菜单项包括【保存备份】和【保存副本】两个选项。【保存备份】将当前文件以相同的文件名备份到其他目录。【保存副本】则将文件以新的名称保存在当前工作目录或者其他目录。通过【保存副本】还可以将文件保存为其他格式,以便同其他绘图软件进行数据交换。Creo Parametric 中将文件窗口关闭时,文件仍然驻留在内存中,随着文件打开数量的增加,占用的内存量也随之增加,系统将不可避免地减慢速度甚至崩溃,驻留在内存中的文件有时还会影响磁盘文件的打开,因此在使用过程中必须使用【拭除】的方法从内存中清除部分或全部文件。在 Creo Parametric 中删除文件时,可以选择删除文件的所有旧版本或所有版本。

5. Creo Parametric 中模型的显示模式主要有线框、隐藏线、无隐藏线(消隐)、着色、带反射着色和带边着色六种。可以在【文件】菜单→【选项】打开【Creo Parametric 选项】对话框的【图元显示】选项卡中的【几何显示设置】区域,或者【图形】工具栏的【显示样式】列表中进行选择设置。

6. 选择【图形】工具栏→【重定向】或者【视图】选项卡→【方向】组→【重定向】,在系统弹出的【方向】对话框中可完成模型视图方向的设置、命名、保存和删除等操作。在一般情况下,用户单击【图形】工具栏的图标,从已保存的视图列表中选择一个视图,就可以将其设置为当前要显示的视图方向。

7. 选择【文件】菜单→【选项】,打开【Creo Parametric 选项】对话框,在【图元显示】选项卡中的【几何显示设置】区域设置相切边和隐藏线的显示方式。

8. 利用鼠标可以方便地实现模型的缩放、旋转和平移等操作。详细使用方法请参见由陈功和孙海波主编,东南大学出版社出版的《Creo Parametric 2.0 三维造型及应用教程》(以下简称教材)中的 1.6.1 小节内容。

9. 选择【渲染】选项卡→【外观】组→【外观库】命令溢出按钮,在 Creo Parametric 弹出的【外观库】对话框中可以为实体零件或曲面设置新的颜色和外观。

在【外观库】对话框中单击 编辑模型外观... 将打开【模型外观编辑器】对话框,可创建并修改模型的外观属性包括颜色、环境、光亮度、强度、反射率、透明等以及外观的材料属性。

10. 一般情况下,特征级别的几何对象可以通过模型树选择,而特征中的点、边线、面可在图形区中直接点击选择。Creo Parametric 2.0 采用"由上至下"的选择方式,即首先选择高层次的几何对象,然后选择该对象范围内较低层次的几何要素。例如在组件环境下,当鼠标指针移过图形区域时,首先选择的是零件,然后选择该零件中的特征,最后选择该特征中的面、边线和点。而在零件造型模块中,首先选择的是某一个特征,然后选择该特征中的面、边线和点。需要注意的是:① 在选择对象的过程中,按住 Ctrl 键可以选择多个几何对象。如果按住 Ctrl 键再单击已经处于选中状态的对象,则该对象从选择集中被移除。② 选择时,所选项目的个数列举在图形窗口下面"过滤器"旁的状态栏"选定项"区域中。例如,选择了两个项目,就显示"选择了 2 项"。双击此数字,打开【选定项】对话框。用户可以移除列表中任何不想要的选项。如果要取消本次所有的选择,直接在图形区的空白处单击鼠标左键即可。③ 由于模型中包含很多不同种类的几何元素并且交织在一起,鼠标指针所在位置可能有多个几何元素,因此预选突出显示阶段提供了更改选择对象的方法。

选择过滤器位于图形窗口下部状态栏右边的"过滤器"框中。利用选择过滤器可以缩小可选项类型的范围,从而提高选择的效率。所有的过滤器都是与环境相关的,只有那些符合几何环境或满足特征工具需求的过滤器才处于可用状态。

11.【快速访问】工具栏提供了常用按钮的快速访问方法。可以将常用的命令按钮添加到【快速访问】工具栏，也可以从【快速访问】工具栏中移除不太常用的命令按钮。选择【文件】菜单→【选项】→【快速访问工具栏】选项卡，或者鼠标右击【快速访问】工具栏或【功能区】，从弹出的快捷菜单中选择【自定义快速访问工具栏(C)】，或者在【快速访问】工具栏中单击，选择【更多命令(M)……】，都将打开【Creo Parametric 选项】对话框的【快速访问工具栏】选项卡，可在其中进行【快速访问】工具栏的定制操作。

功能区位于【快速访问】工具栏和图形窗口之间，包含组织成一组选项卡的命令按钮。选择【文件】菜单→【选项】→【自定义功能区】选项卡；或者用鼠标右击功能区，从弹出的快捷菜单中选择【自定义功能区(R)】，将会打开【Creo Parametric 选项】对话框【自定义功能区】选项卡，可在其中对于要显示在功能区的选项卡、命令组和命令进行定制操作。

【图形】工具栏默认位于图形窗口的上方，包含一组常用命令的图形化按钮。用鼠标右击【图形】工具栏的任意位置，从弹出的快捷菜单中可以对【图形】工具栏的内容、位置和尺寸的设置。

12. 系统配置文件 config.pro 是 Creo Parametric 能够正常运行的重要组成部分，它是一个文本文件，用于存储定义 Creo Parametric 处理操作方式的所有设置。可通过在配置文件中设置来定义 Creo Parametric 的外观和运行方式，配置文件中的每个设置称为“配置选项”。Creo Parametric 默认的配置文件中提供了每个选项的默认值，用户可以根据自己的需要进行更改。

选择【文件】菜单→【选项】→【配置编辑器】选项卡，可在打开的【Creo Parametric 选项】对话框的【配置编辑器】选项卡中进行设置。

13. 层(也称图层)是 Creo Parametric 中一个非常重要的内容。层是用户组织特征、组件中的零件甚至其他层的容器对象。用户可以将不同的对象(诸如特征、基准平面、组件中的元件，甚至是其他的图层)放到相互独立的、不同的图层中，从而方便对这些项目进行整体操作，如同时选中这些项目、隐藏层中的项目，简化几何选择等等。可以根据需要创建任意数量的层，并且可将多个项目与层相关联。层最常见的用途是从模型管理的角度对层中的项目执行整体操作，例如隐藏设计中暂时不用的基准特征、曲面特征等所在的图层，使其在图形区域中不显示，以保持图形区的清晰和整洁。

实验二 参数化草图的创建

1. 选择【文件】菜单→【选项】；或者在 Creo Parametric 2.0 草绘环境下功能区命令组的任意位置单击鼠标右键，从弹出的快捷菜单中选择【自定义功能区】选项，都将打开【Creo Parametric 选项】对话框的【草绘器】选项卡，可在其中对草绘器中的环境进行设置。

在【Creo Parametric 选项】对话框的【草绘器】选项卡中的【尺寸和求解器精度】区域进行设置。

2. 所谓构造线，其本身不是三维模型截面的几何元素，而是起到了辅助线的作用，在控制草图的几何关系、尺寸关系方面有着重要作用。可选择【草绘】组→【构造模式切换】，将二维草绘从实线模式切换到构造线模式，在构造线模式下绘制辅助线图元；也可以选择已经绘制好的几何图元，然后单击【操作】组→【组溢出按钮】→【切换构造】选项将其转换为辅助线图元；或者选择已经绘制好的几何图元，然后单击鼠标右键，从弹出的快捷菜单中选择【构造】选项。

3. 用户激活文本绘制命令后，需在屏幕上指定两点，这两点连线的距离和方向分别决定了所生成的文本的高度和文本行的倾斜方向。需要将文本沿着某条曲线放置时，只需在【文本】对话框中选中【沿曲线放置】，然后再指定一条文本放置曲线即可。

4. 尺寸标注的基本步骤是：① 用鼠标左键选取要标注的几何图元；② 用鼠标中键指定尺寸的放置位置。Creo Parametric 系统会根据用户所选的标注几何元素类型以及鼠标点击的位置等，自动给出相应类型的尺寸标注。

尺寸数值的修改主要有单个尺寸逐个修改和多个尺寸整体修改两种方式。进行整体性的尺寸标注数值修改时，将“修改尺寸”对话框中的“重新生成”复选框去除勾选的主要目的是防止某个尺寸数值太大或太小而破坏当前草绘图形。

如果勾选了“锁定比例”复选框，则草绘图形的形状不会发生变化，修改了任意一个线性尺寸数值后，其他尺寸数值会成比例地放大或缩小。

5. 某个尺寸被“锁定”后，该尺寸的数值将不再受其他图元调整或其他尺寸数值修改的影响。

用鼠标双击要修改的尺寸数值，弹出一个输入框，用户直接输入需要的尺寸数值即可，也可以用整体尺寸修改的方式在【修改尺寸】对话框中进行修改。

替换已有尺寸标注的步骤为：① 选择【操作】组→【组溢出按钮】→【替换】选项，激活命令；② 系统提示“选择将要被替换的截面图元、参考或尺寸”，用户选择要被替换的尺寸；③ 系统提示“创建替换尺寸”，用户创建一个新的尺寸，原来的尺寸被删除。

6. 几何图元的剪切和延伸操作主要通过【编辑】组→【拐角】命令来完成，根据所选中的两个图元当前所处的状态不同而执行剪切或延伸的操作。

对所选中的图元进行镜像操作时，Creo Parametric 要求用户指定一条几何中心线作为镜像操作的对称线。

7. Creo Parametric 草绘环境中的几何约束主要有竖直约束、水平约束、垂直约束、相切约束、点在线的中点上、共点、点在线上、共线约束、对称约束、直线长度或圆弧半径相等约束、平行约束等。

8. 在不需要用户确认的情况下，草绘器可以移除的尺寸被称为弱尺寸。由草绘器自动创建的尺寸是弱尺寸。当用户添加新的尺寸时，草绘器可以在不需要任何确认的情况下移除多余的弱尺寸或约束。草绘器不能自动删除的尺寸被称为强尺寸。由用户创建的尺寸和约束总是强尺寸。如果几个强尺寸或约束发生冲突，则草绘器要求移除其中一个。强尺寸和弱尺寸的显示颜色是不相同的。

将弱尺寸变成强尺寸的步骤为：① 选择一个要加强的弱尺寸；② 单击鼠标右键，从弹出的快捷菜单中选择【强】选项，则被选中的尺寸由弱尺寸变为强尺寸。也可以选择一个弱尺寸，然后同时按下键盘的 Ctrl 和 T 键，则将弱尺寸转换为强尺寸。

9.【草绘】选项卡中【基准】组的 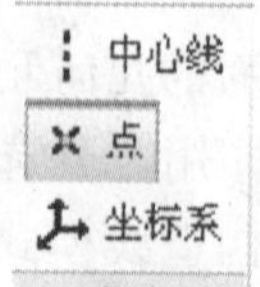

命令所创建的几何中心线、几何点和几何坐

标系在当前的零件造型模块下起到基准的作用，也可被后续的其他特征用作参考。而【草绘】组的 中心线 点 坐标系 命令所创建的中心线、构造点和构造坐标系用作特征内部截面的辅助线，如用于定义一个旋转特征的旋转轴或截面内部的对称线等，只可用于当前特征，后续的其他特征不能用作参考。

10. 在参数化草绘的绘制过程中应该注意下列问题：

① 适当夸张尺寸：画剖面时尽可能放大各几何元素的差异，待重新生成成功后，再改为正确尺寸。

② 适当夸张角度，待重新生成成功后，再改为正确的角度尺寸。

③ 适当设置精确度。

④ 避免在一个草绘截面上使用太多的倒圆角，而是在 3D 模型中使用"圆角工具"倒圆角。

⑤ 利用网格帮助绘图定位。

⑥ 适当使用开口或封闭剖面：若使用开口端截面，其开口端必须定位在零件已有模型的边线上。

⑦ 剖面尽可能简洁。

实验三　零件建模的基础特征

1. 特征生长深度各选项含义如下：

① 盲孔：即指定深度，从草绘平面以指定的深度值拉伸。

② 对称：从草绘平面双方向对称生长，各侧深度为指定深度值的一半。

③ 两侧盲孔：双方向不对称生长，需要分别指定两侧的拉伸深度。

④ 到下一个：沿拉伸方向拉伸到零件的下一个实体表面，截面必须完全穿越下一个表面。参考必须为实体表面，基准平面不能作为终止曲面，在装配模式下此项不可用。

⑤ 穿透：沿拉伸方向拉伸到和所有曲面相交或穿越所有特征，特征到达最后一个曲面时终止。

⑥ 穿至：将截面拉伸，使其与选定的实体曲面相交。参考必须为实体表面，但不一定是平面。

⑦ 到选定项：沿拉伸方向延伸到一个选定的曲线、曲面、轴线或顶点，可以选择实体或者非实体的参考。在装配模式下此项不可用。

2. "伸出项"与"切口"主要区别是："伸出项"是添加材料的实体特征，而"切口"是移除材料的实体特征。"薄板伸出项"与"薄板切口"的主要区别是："薄板伸出项"是添加材料的具有一定厚度的薄板特征，而"薄板切口"则是移除材料的具有一定厚度的薄板特征。这四种方式建模的步骤和方法基本相同。

3. 略。

4. 定义旋转剖面草图中的直径尺寸基本步骤如下：首先点击要标注直径的图元，然后点击旋转中心线，再单击要标注直径的图元，最后点击中键放置尺寸即可。

旋转特征对截面草图的要求如下：① 必须有中心线表示的旋转轴线，并且截面中必须标注相对于中心轴线的参数(距离或角度)，若草图中有两条以上的中心线，则系统自动以第一条为旋转轴；② 截面必须封闭，并且截面的所有元素必须处于旋转轴线的同一侧。

5. 当模型中已存在实体特征，扫描的轨迹线是开放的并且其一个或两个端点位于该实体特征表面时，在建模过程中如果用户在操控板【选项】面板中勾选了【合并端】，则扫描特征会在位于实体上的端点处自动与已有实体进行结合；如果没有勾选【合并端】，则扫描特征端点处不会与已有实体做结合处理。操控板【选项】面板中的【封闭端点】属性用于建立封闭截面并且轨迹开放的扫描曲面时控制是否在端点处封闭曲面。

建立扫描特征失败的可能原因主要有：① 扫描轨迹弯曲程度太大，可以通过减小轨迹线某些部分的曲率来重新生成扫描特征；② 截面距离轨迹中心点太远或截面尺寸太大。

6. 创建混合特征时，对截面的要求如下：① 明确定义截面与截面之间的相对位置，或相对于同一个坐标系的位置；② 每一个截面的图元段数必须相同，即每一个截面的顶点数量必须相同；③ 各个截面起始点和起始方向应该一致。改变截面的起始点时，要首先选择截面中要作为起始点的顶点，然后右击鼠标，弹出快捷菜单，从中选择【起始点】选项；改变截面的起始点方向时，可首先选中截面中的当前起始点，然后右击鼠标，弹出快捷菜单，从中选择【起始点】选项。

定义双重混合顶点时，首先选中欲成为双重顶点的那个点，然后选择【草绘】选项卡→【设置】组溢出按钮 →【特征工具】→【混合顶点】菜单项，则被选中的点成为双重混合顶点。也可以在选择了要作为起始点的顶点之后，右击鼠标，从弹出的快捷菜单中选择【混合顶点】选项，将其定义为混合顶点。需要注意的是，起始点不能定义为双重混合顶点。

7. 在扫描特征创建过程中，【参照】面板中"轨迹"右侧的 X、N、T 代表轨迹线的属性设置。① "X"表示向量轨迹线，用于控制截面 X 轴的方向。扫描过程中某一点的 X 向量为原点和 X 向量轨迹线上对应点的连线。② "N"表示法向轨迹线，在截面的扫描过程中，截面始终保持与该轨迹线垂直。③ "T"表示相切轨迹线，可以通过相切轨迹线实现扫描特征和已有表面的相切连接。可变截面扫描中有且只有一条轨迹线为原点轨迹线，可以有一条轨迹线作为 X 向量轨迹线，其他的辅助轨迹线可以有若干条。其中有一条轨迹线可以同时作为法向轨迹线使用。

在创建扫描特征的过程中，轨迹线的起始点位置会出现一个箭头表明轨迹线的起始点位置和方向，可以单击此箭头来改变轨迹线起始点的位置和方向。

8. 在扫描特征创建过程中，"垂直于轨迹"、"垂直于投影"和"恒定的法向"三种类型是在命令操控板【参考】面板的【截平面控制】区域中进行设置的。

① 垂直于轨迹——截平面始终垂直于指定的轨迹线。

② 恒定法向——截平面保持与指定的方向参考平行。

③ 垂直于投影——截平面垂直于轨迹线在指定方向的投影。

9. 在可变截面扫描中使用基准图形(Datum Graph)，结合轨迹参数 trajpar、计算函数 evalgraph 来控制截面的尺寸参数变化是建立较为复杂模型常用的方法之一。trajpar 是 Creo Parametric 系统默认的一个变量，称作轨迹路径参数，其值从 0～1 线性地变化，0 表示轨迹线的起点，1 表示轨迹线的终点。evalgraph 是 Creo Parametric 2.0 提供的用于计算基准图形中的横坐标所对应的纵坐标的值的一个函数。在可变截面扫描中，我们可以先创建一个 2D 的基准图形，然后利用基准图形来控制造型的变化。利用关系式控制截面参数的格式如下：sd#＝evalgraph("graph_name", x_value)。式中，sd#表示欲发生变化的参数，graph_name 为基准图形的名称，x_value 表示基准图形的横坐标。公式的意义是由基准图形取得对应于 x_value 处的纵坐标值(y 值)，然后将此值指定给 sd#参数。需要注意的是，可变截面扫描过程中利用的有效基准图形中一个 X 坐标值只能对应一个唯一的 Y 坐标值，不得出现一个 X 坐标值对应两个或者两个以上 Y 值的情况。

10. 将"实验内容与步骤"练习 14 "加湿器喷气嘴罩"模型中高度发生变化的尺寸参数关系式"sd5＝10 * sin(trajpar * 360 * 10)＋10"分别改变为"sd5＝10 * sin(trajpar * 360 * 5)＋10"和"sd5＝10 * sin(trajpar * 360 * 14)＋10"，表示原有可变截面扫描特征中 10 个周期的正弦函数曲线分别改变为 5 个周期和 14 个周期，如图 3－48 和图 3－49 所示。

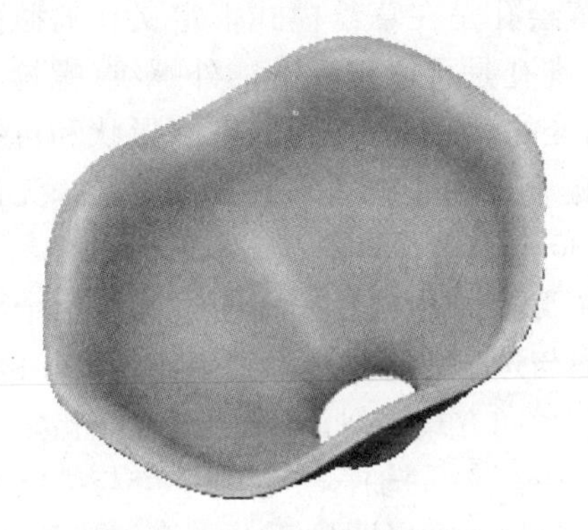

图 3－48　5 个周期的正弦函数曲线

图 3－49　14 个周期的正弦函数曲线

实验四　零件建模的工程特征

1. 在 Creo Parametric 2.0 中，命令的执行方式有两种："操作—对象"和"对象—操作"。前者指先激活操作命令，然后再选择对象，例如拉伸特征和旋转特征的创建等；后者指只有在选中合适的操作对象后，相应的命令才能被激活，例如曲面的合并、镜像操作等。不管是哪种方式，选择对象的过程都是必不可少的。在 Creo Parametric 2.0 许多命令的执行过程中也需要不断地进行对象的选择。

链由相互关联（如首尾相连或相切）的多条边或曲线组成。建模过程中的某些特征的创建(例如倒圆角、倒角操作)或者编辑修改，可以在激活命令前或者在命令执行过程中构建链并使用它们。链的分类如下：① 依次链——选择单独的边、曲线或复合曲线组成链；② 目的链——由创建它的事件自动定义和保留的链，和当前的造型环境有关；③ 相切链——和当前选中的边相切的，首尾相连的所有的边都被选中；④ 部分环——使用位于指定的起点和终点之间的部分环；⑤ 完整环——包含曲线或边的整个环的链。其中，依次链和目的链是非基于规则的链，而相切、部分环和完整环是基于规则的链。

曲面集包括选择并放置到组中的多个曲面。使用曲面集，可在一次性选定的曲面上有效地执行建模操作。曲面集的分类如下：① 单曲面集——包含一个或多个实体或面组曲面的选择集。② 目的曲面集——目的面就是所谓的"智能面"。目的曲面集是由创建它的事件自动定义和保留的特定曲面的集合，和当前的造型环境有关，是基于特征，按照特征的构成由系统自动选择的,例如拉伸特征的所有侧面、混合曲面特征的所有截面等。③ 排除的曲面集——包含从一个或多个曲面集中排除的所有曲面。④ 所有实体曲面集——包含活动零件的所有实体曲面。⑤ 面组曲面集——包含活动零件中选定的面组曲面。⑥ 环曲面集——是一个模型表面的封闭边线轮廓所相邻模型表面的集合,这些模型表面集构成一个环绕模型表面的曲面环。⑦ 种子和边界曲面集——包含选定的种子和边界曲面以及二者之间的所有曲面。其中,单曲面集、目的曲面集和排除的曲面集是非基于规则的曲面集,而所有实体曲面集、面组曲面集、环曲面集、种子和边界曲面集是基于规则的曲面集。

2. 在 Creo Parametric 2.0 中,打孔特征分为两种:(1) 简单孔:包括直孔和草绘孔。直孔是最简单的一类孔特征,只需要指定孔的放置平面、定位方式、定位尺寸、孔径大小和深度就可以了,它又分为标准直孔(钻孔轮廓为标准直孔,带有底端盲孔夹角)和简单直孔(钻孔轮廓为矩形,不带底端盲孔夹角)两种类型。草绘孔是在草绘模式下定义孔的截面形状的孔特征,实际是一种旋转特征。(2) 标准孔:标准孔是可以与标准的外螺纹(螺栓、螺钉、螺柱)相配合的螺纹孔。它是基于相关的工业标准的,可带有不同的末端形状和沉孔。用户既可以利用系统提供的标准查找表,也可以创建自己的查找表来查找其直径。无论是简单孔还是标准孔,都可以同时创建诸如直筒型或 90°扩孔等沉孔结构。

孔的定位类型主要有线性、径向、直径和同轴四种。① 线性——通过标注两个不同方向的线性尺寸来决定孔的位置。② 径向——创建与选定参考轴线保持一定距离,并与指定参考平面保持一定角度的孔特征。③ 直径——与径向方式类似,不同之处在于指定的是直径尺寸。这个直径实际就是孔所在的分布圆的直径。④ 同轴——创建一个与某已有轴线同轴的孔特征。此外 Creo Parametric 2.0 还支持在曲面或者圆柱面上直接创建孔特征,以及选择位于某个平面内的基准点作为孔的定位。

孔的深度类型主要有可变、对称、穿过下一个、到选定项、穿透、穿至六种方式。① —可变,从放置参考开始以指定深度值的方式钻孔。② —对称,从放置参考开始以指定深度值的一半分别沿两个方向对称钻孔。③ —穿过下一个,钻孔直到下一个曲面。④ —到选定项,钻孔直到选定的点、曲线、平面或曲面。⑤ —穿透,钻孔直到穿透所有实体。⑥ —穿至,钻孔直到与选定曲面或平面相交。

3. 根据圆角特征的放置参考不同,圆角可以分为边链、曲面－曲面、边－曲面、曲面链、完全倒圆角、通过曲线倒圆角等类型。

在圆角特征的创建过程中,用户可以通过添加不同的圆角半径值来实现变半径的倒圆角。

创建圆角特征时需要注意以下几点:① 在造型过程的后期创建圆角。② 在创建较大半径的圆角前,先创建半径较小的圆角。③ 避免使用圆角特征作为创建特征的参考和尺寸标注的参考,以避免不必要的特征父子关系。④ 对于需要拔模的表面,应先创建拔模特征,后创建倒圆角特征。⑤ 先创建加材料的倒圆角特征,后创建减材料的倒圆角特征。⑥ 对于存在抽壳特征的零件,应该先创建倒圆角特征,后创建壳特征,因为先创建壳特征、后倒圆角会使得壳的壁厚度不均匀。

常规倒圆角的设置较为细致,可创建不同方式的圆角特征,操作较为复杂。自动倒圆角可以快速创建一系列半径相同的圆角。与常规的倒圆角特征相比,采用自动倒圆角特征不仅方便、快捷,而且可以加快零件重新生成的速度。

4. 在 Creo Parametric 2.0 中，筋特征分为轮廓筋和轨迹筋两种，而轮廓筋又分为平直型加强筋和旋转型加强筋两种。

在创建轮廓筋的截面时要注意：① 草绘的截面必须是开放的，并且截面的端点必须对齐于零件模型已有特征的边线；② 如果需要产生中空的筋，草绘截面中必须要有一段是开口的。

轨迹筋主要在塑料壳体零件内部起到加强连接的作用，这些零件壳体的曲面之间含有基础或其他空心区域。

在创建轨迹筋的时候需要注意：① 轨迹筋的草绘可以自相交，并且允许有多个开放的环或封闭的环。② 在绘制轨迹筋的截面时，不需要将草绘截面与壳体表面对齐。如果草绘没有达到零件壳体的内表面，系统会自动将其延伸至壳体零件的内表面；如果草绘的截面已超出零件壳体的外表面，系统也会自动将其修剪至壳体的内表面。③ 如果轨迹筋创建过程中穿越壳体中的孔或者槽，特征的创建将会失败。④ 在创建轨迹筋的同时可以对轨迹筋进行拔模和倒圆角的操作。⑤ 轨迹筋的宽度值至少应为圆角值的 2 倍。⑥ 轨迹筋的拔模角度在 0°～30°之间。

5. 在抽壳的过程中，如果出现单个曲面的曲率过大(曲面半径小于壳的壁厚)、相邻的两个曲面偏移后无法相交、抽壳后出现几何退化或出现特征自相交的情形，都会造成抽壳特征的失败。

6. ① 拔模曲面：选取的零件表面上将生成拔模斜度。② 枢轴平面：拔模曲面可以围绕枢轴平面与拔模平面的交线旋转形成拔模斜面，在拔模特征的创建过程中，该平面的大小保持不变。③ 拔模方向：也称拖拉方向，用于测量拔模角度的方向，通常为模具开模的方向。通过选择平面(在这种情况下，拖拉方向垂直于此平面)、直边、基准轴或坐标系的轴进行定义。④ 拔模角度：指定拔模面的拔模斜度值。

创建带有分割的拔模特征时，要在【拔模】工具操控板的【分割】面板的【分割选项】区域中选择【根据拔模枢轴分割】，并分别指定枢轴平面两端的拔模角度。

多角度的拔模特征要在【拔模】工具操控板的【角度】面板中进行多角度的添加和设定。

7. 常规拔模特征的角度范围为－30°～30°。可变拖拉方向拔模可以创建同一拔模曲面的多角度拔模，即可以在一次拔模中同时设定多个拔模角度。

在创建可变拖拉方向拔模时应该注意的问题有：① 可变拖拉方向拔模中拖拉方向的参考曲面不一定为平面式曲面；并且拖拉方向的参考曲面只有一个，所有拔模集的枢轴都引自该参考曲面的不同边线。② 在可变拖拉方向拔模创建过程中，不需要选择拔模曲面，其是由选定的拔模枢轴自动定义的。③ 可变拖拉方向拔模允许定义大于 30°的拔模角度。④ 可变拖拉方向拔模与倒圆角和倒角命令类似，一次可以创建多个拔模集，可以将多个拔模角度定义到多个曲面上。⑤ 可变拖拉方向拔模可以应用于实体曲面或曲面面组，但不可应用到这两种曲面的组合。选定的第一个曲面决定了可应用特征的其他曲面的类型。⑥ 要恢复为恒定拔模，可单击右键并选取快捷菜单中的【成为常数】，则将删除第一个拔模角以外的所有拔模角。

8. 选择【视图】选项卡→【管理视图】组→【视图管理器】，或者单击【图形】工具栏→【视图管理器】图标，将弹出【视图管理器】对话框。在对话框的【截面】选项卡中可以建立各种形式的横截面。其中，【平面】、【X 方向】、【Y 方向】和【Z 方向】创建的横截面都属于单一剖切面的情况。【偏移】创建的横截面可以是几个平行的或者相交的剖切面，剖切路径需要由用户自己定义。【区域】创建的横截面是通过对区域的定义而创建的三维横截面。

对于横截面的编辑修改操作可以通过【视图管理器】→【截面】选项卡→【编辑】菜单或者相应的快捷菜单完成。剖面线的编辑也是通过【视图管理器】→【截面】选项卡实现的：在【截面】列表中选择一个已有的横截面，选择【编辑】菜单，或者右击鼠标从弹出的快捷菜单中选择【编辑剖面线】选项，在系统弹出的【编辑剖面线】对话框中修改剖面线的角度、间距、颜色等特性。

实验五　基准特征的创建

1. 基准平面的用途主要有：作为草绘平面、定向参考面、尺寸标注的参考、镜像特征的参考面、装配时零件相互配合的参考平面，设定视角方向的参考平面，剖视图的剖切平面。

产生基准平面的几何约束条件有以下几种：通过轴线、边、曲线、基准点、顶点、已经建立或存在的平面或圆锥曲面等；垂直于指定的轴线、边或平面；平行于某个平面；与某个平面或坐标系偏移一定的距离；与某个指定的平面成一定的角度；与某个圆柱面或圆锥面相切；通过某混合特征的特征截面。

其中三类约束只能单独使用：① 通过曲线、已经建立或存在的平面或圆锥曲面；② 与某个平面或坐标系偏移一定的距离；③ 通过某混合特征的特征截面。其余类型的约束条件可以与其他选项配合使用。

2. 要修改基准特征的名称可以先在模型树中选中要修改名称的基准，然后使用下列方法：① 用鼠标双击基准名称，在出现的文本编辑框中直接修改。② 右击鼠标，从弹出的快捷菜单中选择【重命名】选项进行更改。③ 右击鼠标，从弹出的快捷菜单中选择【编辑定义】选项，在创建基准的对话框中通过【属性】选项卡进行修改。④ 右击鼠标，从弹出的快捷菜单中选择【属性】选项，在弹出的【基准】对话框的【名称】编辑框中进行修改。

改变基准平面的黄色面和黑色面的方向也就是改变基准面的法线方向。首先选中要改变法线方向的基准面，然后右击鼠标，在弹出的快捷菜单中选择【编辑定义】，在弹出的【基准平面】对话框的【显示】选项卡中单击 反向 按钮，即可调整基准平面的法线方向。

3. 建立基准轴主要有以下几种方式：通过指定的边、垂直于指定的平面(需要提供定位尺寸)、通过平面上的某个点并且与该平面垂直、通过圆柱面的中心线、两个平面的交线、通过指定的两个基准点或顶点、通过曲面上的指定点并且与曲面上该点的法线方向一致、通过曲线上的指定点并在该点处与指定的曲线相切。

倒圆角时系统不会自动产生中心轴线，可以采用通过圆柱面中心线的方式建立倒圆角面的中心轴线。

4. 基准曲线分为以下四种：

(1) 草绘的基准曲线：可使用与草绘其他特征相同的方法草绘基准曲线。草绘的基准曲线可以由一个或多个草绘段以及一个或多个开放或封闭的环组成，是平面曲线。可选择【模型】选项卡→【基准】组→【草绘】 创建。

(2) 一般的基准曲线：是创建基准曲线的一般方法，可以创建三维空间的基准曲线。可通过选择【模型】选项卡→【基准】组溢出按钮 →相应命令选项创建通过点的曲线、来自方程的曲线和来自横截面的曲线。

(3) 导入的基准曲线：从扩展名为 IBL、IEGS、SET 或 VDA 的文件中读取坐标值来创建基准曲线。这种方式创建的基准曲线可以由一条或多条曲线段组成，且这些曲线段不必相连。可使用【模型】选项卡→【获取数据】下拉菜单→【导入】命令创建。

(4) 投影基准曲线和包络基准曲线是将曲线投影到平面或曲面面组上而得到新的曲线的方法。投影基准曲线使用【模型】选项卡→【编辑】组→【投影】命令创建；包络基准曲线使用【模型】选项卡→【编辑】组溢出按钮→【包络】命令创建。

此外，还可以通过两个曲面的交线、两条草绘曲线相交、复制特征或曲面的边线等等创建基准曲线。

5. 基准点在三维造型中的作用有：① 某些特征需要借助基准点来定义参照，例如不等半径的倒圆角、管道特征轨迹线上的点、圆孔的定位点、通过某个基准点的基准平面等。② 草绘曲线时，可以通过参照某些基准点，实现基准曲线的精确、灵活绘制。③ 用来定义有限元分析网格上的施力点。基准曲线的用途有：① 作为扫描特征的轨迹线。② 作为定义曲面特征的边界曲线，辅助曲面特征的创建。③ 定义 NC 加工程序的切削路径。

使用“投影”和“包络”方法建立基准曲线时，都可以获得曲线在某个曲面上的投影曲线。使用“投影”方法建立的曲线的长度一般与原有的曲线长度不同。要进行投影处理的曲线可以是平面的曲线，也可以是空间的曲线，一次可以建立一条或几条曲线的投影曲线。而“包络”投影后的曲线长度与原来的曲线长度相同。要进行包络投影处理的曲线只能是平面的曲线，一次只能建立一条草绘曲线的包络投影曲线。

6. 建立基准坐标系的方式主要有：在 3 个平面的交点处产生坐标系、指定坐标系的原点和两个互相垂直的坐标轴、指定互相垂直的两条直线作为坐标系的两个轴(坐标原点为两根轴的交点)、指定一个平面与 2 个轴(坐标原点为平面与第一轴的交点)、从一个坐标系以平移或旋转的方式产生另一个坐标系。

7. 常规的基准特征又称为独立的基准特征。在特征的模型树中，它是一个独立的节点，在其之后创建的特征都可以使用它们作为参考。而嵌入的基准特征又称异步基准，它是在某个特征创建的过程中创建的隶属于该特征的基准特征，在特征模型树的常规特征列表中不出现，只显示为常规特征的一个“子节点”，并且默认方式下会被自动隐藏，其他的特征无法直接参考该基准。

独立基准和嵌入基准存在下列区别：

(1) 在图形窗口中，独立基准不会被自动隐藏，而嵌入基准会被自动隐藏而不显示。要显示嵌入基准可以在模型树中选择嵌入的基准特征，单击右键，从弹出的快捷菜单中选取【取消隐藏】，使得嵌入的基准特征在图形窗口中可见。

(2) 独立基准在特征的模型树中是一个独立的节点；嵌入基准在模型树中显示为所创建的特征的一个子节点。

(3) 独立基准可以被选为后创建的其他特征的参考；嵌入基准不能够被选为后创建的其他特征的参考。

(4) 嵌入基准的嵌套深度是不受限制的。

8. 独立基准和嵌入基准之间是可以相互转换的。

将嵌入的基准特征转换为独立的基准步骤如下：① 在模型树中单击特征左边的▶号展

开特征,查看其中嵌入的基准特征。② 在模型树中选择嵌入的基准特征。③ 按住鼠标左键将嵌入的基准向前拖动到模型树中参考该基准的特征前面,然后释放鼠标左键。④ 原来嵌入的基准特征立刻作为独立的基准特征被放置到鼠标左键释放的位置上,显示为主特征的同级节点。⑤ 由于图形窗口中原来被自动隐藏的嵌入基准已转化为独立的基准,因而会正常显示。

将独立的基准特征转换为嵌入的基准特征步骤如下:① 在模型树中选择特征参考的独立基准特征。② 按住鼠标左键,将基准特征拖动到参考它的特征内。③ 如果被拖动的基准要放置其中的目标特征对于嵌入有效,则当指针移到它上方时会以高亮方式显示。④ 释放鼠标左键。⑤ 原来独立的基准特征立刻会作为嵌入的基准特征被放置到目标特征内,显示为目标特征的子节点。由于图形窗口中原来被正常显示的独立嵌入基准已转化为嵌入的基准,因而会被自动隐藏。

实验六　曲面特征的创建与应用

1. 在 Creo Parametric 2.0 缺省的系统颜色配置下,当模型以线框的方式显示时,系统以不同的颜色分别表示曲面的边界线、棱线以及曲线的颜色:① 棕黄色代表曲面的边界线,其意义为该暗红色边的一侧属于该曲面特征,另一侧不属于该曲面特征。② 紫色代表曲面的棱线,其两侧都属于该曲面特征。③ 蓝色代表曲面上曲线。我们在这里强调曲面边界线及棱线的颜色十分重要。

因为曲面造型实际上是为实体造型服务的,而一个面组能够转换成实体模型的前提条件就是这个面组本身是封闭的,或者这个面组和模型中已有实体的表面能够形成封闭的面组,不存在缝隙或者破孔。在这种情况下,以线框显示的曲面模型中出现的只有紫色的棱线,而不会有棕黄色的边界线。因而根据曲面面组的颜色显示就可以判断该面组是否封闭。

2. ① 对曲面模型进行剖切时,横截面中没有剖面线显示;而实体模型横截面中有剖面线的显示。② 以“线框”的方式显示模型时,曲面模型的边线或棱线以棕黄色或者紫色显示;而实体模型的边线以黑色显示。③ 实体模型具有体积、曲面面积、质量、惯性矩等物理特性值;而对于曲面特征,这些物理参数的数值显示为 0。④ 从模型树中也可以看出,曲面模型显示的是曲面的标识,而实体模型显示的则为实体标识。另外,如果打孔、抽壳、肋板等实体特征造型工具可用,则当前模型是实体模型,否则当前模型为曲面模型。

3. 曲面的选取方法主要有:① 通过几何对象的层级选择方式可以实现实体上的曲面选择,也可以在曲面复制状态下,在“过滤器”中选择“曲面”,以选择实体表面的曲面,配合 Ctrl 键可以多选。② 通过定义种子曲面和边界曲面来选择种子曲面到边界曲面之间的所有曲面。③ 在“过滤器”中选择“面组”,可以选择模型中的曲面组。④ 选取某个实体曲面后右击,在弹出菜单中选择“实体曲面”,可以选择整个实体表面。⑤ 通过目的曲面可以自动选择多个相互关联的曲面。

4. 在 Creo Parametric 2.0 中,可使用【模型】选项卡→【操作】组→【复制】、【粘贴】和【选择性粘贴】命令实现曲面的复制。

曲面的复制方式主要有:按原样复制所有曲面、排除曲面并填充孔、复制内部边界等。① 按原样复制所有曲面:准确地按照原样复制曲面,原始曲面是什么样子,复制操作后得到的曲面就是什么样子,曲面的大小和形状都不会发生变化,是系统的默认选项。② 排除曲面并填充孔:如果要复制的曲面内部存在孔,使用该选项复制得到的曲面将会自动使用填充平面对这些孔进行填充。这一选项在模具设计模块中经常用于填补分型面的破孔。③ 复制内部边界:仅仅复制用户选择的边界内部的曲面部分。如果仅仅需要原始曲面的一部分,则可选择此选项。注意要作为边界的曲线应该事先创建好。

5. 曲面的偏移操作分为“标准”偏移、“具有拔模斜度”偏移、“展开”偏移和“替换曲面”偏移四种。

“具有拔模斜度”偏移所建立的偏移曲面的侧面具有拔模角度,而“展开”偏移曲面的侧面没有拔模角度。

6. 连接(Join)是将两个具有公共边界线的曲面或者面组合并连接成为一个新的面组;而相交(Intersect)则是将两个相交的曲面或者面组,以两个曲面或面组的交线为裁剪边界,保留一部分而删除另一部分,重新形成一个新的独立的面组。

以“线框”的方式显示图中的模型时,如果两个相邻的曲面边界线不是以棕黄色的边界线的显示而是以紫色的棱线显示,则说明这两个曲面已经成功合并。

7. 曲面的延伸操作有相同、逼近和切线三种方式。① 相同:创建和原始曲面相同类型的延伸曲面(例如,平面、圆柱、圆锥或样条曲面)。② 相切:创建的延伸曲面是和原始曲面相切的直纹曲面。③ 逼近:以原始曲面和延伸边之间边界混合的形式创建延伸的曲面特征。当需要将曲面延伸到不在一条直边上的顶点时,这种方法很有用。

8. 曲面实体化的方法主要有以下几种:① 将整个曲面或面组转换成实体模型。要求曲面或面组本身是封闭的,或者这个曲面或面组和模型中已有实体的表面能够形成封闭的面组,不存在缝隙或者破孔。② 将整个曲面或面组转换成薄板实体。曲面或面组可以是封闭的,也可以是开放的。③ 利用曲面来切割实体。此时曲面应该能够完全将实体分割为两个部分(即曲面的扩展范围不能小于实体),否则不能够切除。④ 利用曲面来替代实体的表面。替代实体表面的曲面必须大于实体的已有表面,否则无法成功替代实体表面。

9. 边界混合特征中的约束类型有自由、切线、曲率、垂直,分别用于控制边界混合曲面各个边界处与其他曲面的几何连接关系。

10. 边界混合特征中的控制点主要用于控制各条混合曲线之间点的对应混合关系,可以有效防止混合时因顶点对应关系混乱而造成的曲面扭曲甚至混合失败的情况。

11. 做双方向边界混合曲面,绘制第二方向的控制曲线时,应与第一方向的每条曲线都相交连接,而不能是空间的交叉连接。可以通过创建一些基准点、在草绘中充分运用参照等方法来绘制第二方向的控制曲线。

12. (1) 没有使用基准 Graph 图形控制。

可变截面扫描圆截面直径参数:sd3=30+sin(trajpar*360*10)*10

(2) 基准 Graph 形状:

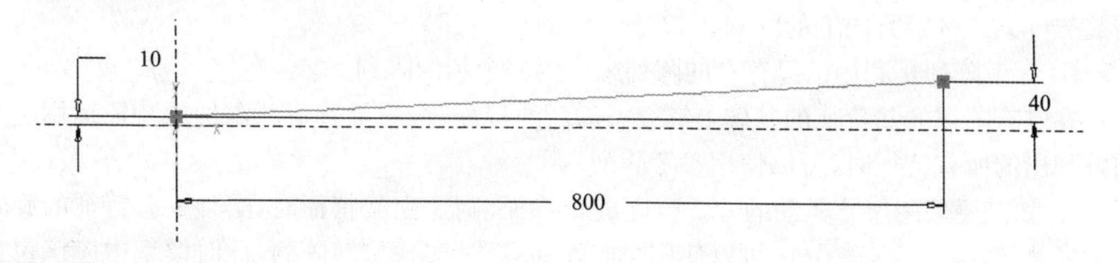

可变截面扫描圆截面直径参数：sd3＝10＋evalgraph("aa",800 * trajpar)＋sin(trajpar * 360 * 10) * 10

(3) 基准 Graph 形状：

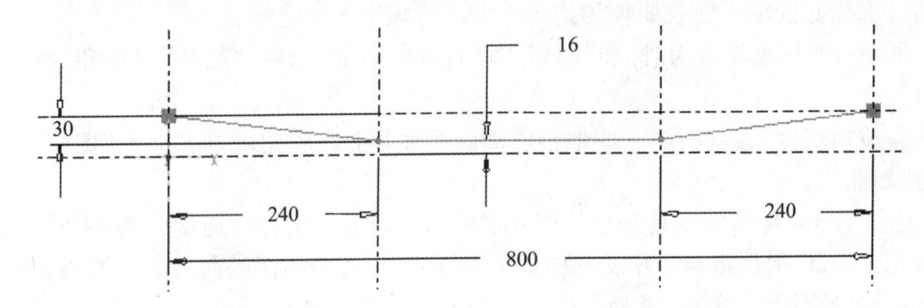

可变截面扫描圆截面直径参数：sd3＝10＋evalgraph("aa",800 * trajpar)＋sin(trajpar * 360 * 10) * 10

13. 请使用“模型播放器”自行查看。

实验七　特征的复制与操作

1. 特征的阵列一次可复制多个特征，但对每一特征的操作性较低；特征的复制一次只能复制一个特征，但对每一特征的操作性较高。特征阵列所复制出的特征在相互位置上具有一定的规律；而特征的复制可在任意位置。

2. 特征的阵列类型主要有：尺寸、方向、轴、填充、表、参考、曲线、点等。

“相同”阵列得到的所有特征与原始特征尺寸相同，所有特征必须放置在同一平面上，子特征不得与放置平面的边缘相交，子特征之间也不能相交，在三个选项中相同阵列限制最多，生成速度也最快；“可变”阵列得到的特征可以与原始特征尺寸不同，可以放置在不同平面上，子特征之间不得相交，但可以与放置平面的边缘相交；Creo Parametric 对“常规”特征阵列得到的特征不做假设，系统会单独计算每个特征的几何体积，并分别对每个特征进行求交，因而其再生速度最慢。“常规”特征阵列得到的特征可以与原始特征尺寸不同，可以放置在不同平面上，可以与放置平面的边缘相交，子特征之间也可以相交。

3. 特征的定形尺寸和定位尺寸均可作为特征阵列的驱动尺寸，定形尺寸控制阵列特征形状的大小变化，而定位尺寸则控制阵列特征的位置分布。

建立尺寸增量关系有输入增量值、表、按关系定义等方式。

4. 轴阵列可以代替角度驱动尺寸建立旋转阵列；方向阵列可以代替线性尺寸，获得选定方向的阵列；沿曲线阵列可以获得旋转阵列或选定方向上的阵列。

通过移动复制获得所需的角度或方向驱动尺寸，再对复制后的特征进行阵列，可以获得旋转阵列或选定方向上的阵列。

5. 参考阵列是利用已经存在的阵列来产生一个新的阵列。

在已有阵列的父特征的基础上继续添加新的特征时，如果希望新添加的特征运用于之前阵列出的所有特征时，可以使用参考阵列。

6. 如果要采用尺寸驱动的方式建立旋转特征，则建立父特征时，必须要有特征的旋转定位尺寸(角度尺寸)。另外，可以使用“轴”阵列方式，实现旋转阵列，此时模型中应该包含旋转阵列所需的轴线。

7. 点击【模型】选项卡→【操作】组菜单→【特征操作】,在弹出的特征操作菜单中选择【镜像】复制方式,可实现特征的镜像复制;如果要镜像已有的整个模型,则在特征复制菜单中选择【所有特征】。也可以通过单击【模型】选项卡→【编辑】组→【镜像】,实现特征的镜像。

8. 创建用户自定义特征(UDF)的基本步骤是:① 点击菜单【工具】→【实用工具】组→【UDF 库】,选择或输入要创建的 UDF 的类型、名称等信息。② 选取特征添加到 UDF 中。③ 创建外部参考的提示。④ 定义 UDF 的可变尺寸。

特征成组操作的基本步骤是:① 在模型树或工作区中配合 Ctrl 键选中要作为一组特征的多个特征。② 单击鼠标右键,在弹出的快捷菜单中选择【组】;或点击【模型】选项卡→【操作】组菜单→【组】。

9. 通过编辑特征的参考,可以改变特征之间的父子关系。

10. 选中要修改的特征后右击,在弹出的快捷菜单中选择【编辑】,就可以修改特征的尺寸数值。尺寸数值修改后,必须选择【模型】选项卡→【操作】组→【重新生成】按钮,或点击窗口顶部【快速访问】工具栏中的【重新生成】按钮,进行模型的更新,以显示特征尺寸数值修改后的模型。

编辑修改特征的截面形状、尺寸标注方式、生长属性和方向等内容时,可以选中要修改的特征后右击,在弹出的快捷菜单中选择【编辑定义】,在弹出的特征定义操控板中执行相关操作即可。

11. 特征的插入操作步骤如下:① 点击【模型】选项卡→【操作】组菜单→【特征操作】菜单命令,在弹出的【特征】菜单管理器中选择【插入模式】选项,在【插入模式】菜单管理器中选择【激活】选项。② 选择一个插入位置参考特征,将在该参考特征后面插入新特征,同时被选特征之后的所有特征将被自动隐含。可按常规方法创建一个或多个新特征。除了使用上述步骤外,也可以直接拖动模型树中的红色的【在此插入】箭头到指定位置,则自动激活插入模式。

通过【特征】菜单管理器中的【重新排序】菜单项,可以改变特征建立的顺序,也可以在模型树中直接拖动要改变顺序的特征至所需要的位置。

在改变特征的建立顺序时,不能将子特征调整到其父特征的前面,除非首先解除特征之间的父子关系。

12. 特征的删除与隐含操作的主要区别在于,被隐含的特征将不在模型中显示,直到重新恢复这些特征;删除特征则是从零件中永久的删除这些特征且不能再恢复。

特征的隐含与特征的隐藏主要有以下几点不同:① 特征的隐藏只是针对当前被隐藏的特征,而其子特征或父特征则不受影响,而特征的隐含则会将相关特征全部隐含。② 特征的隐藏操作只能在模型中的基准特征、曲线、曲面特征等非实体特征或包含基准特征的实体特征上进行,而特征的隐含操作则不受此限制。③ 如果要隐藏的是包含基准特征的实体特征,则系统只在绘图区隐藏该实体特征所包含的基准特征,实体特征不会被隐藏,而特征的隐含操作则会将该特征及其包含的特征全部隐含。④ 特征的隐藏只是暂时不显示被隐藏特征,被隐藏特征仍然参与模型的各种运算,而被隐含的特征则暂时不参与任何操作。

13. 可以将点、曲线和填充阵列成员投影到曲面上。

将阵列成员投影到曲面上的操作步骤如下:① 确保正在创建或重新定义的阵列为填充、曲线或点阵列。② 单击阵列工具操控板中的【选项】选项卡,选择【跟随曲面形状】复选框。③ 选择将阵列成员投影到其上的模型曲面。④ 选择【跟随曲面方向】复选框,使相对于曲面的阵列成员方向与相对于曲面的阵列导引方向匹配。⑤ 选择【间距】选项:【按照投影】、【映射到曲面空间】、【映射到曲面 UV 空间】。

14. 如果特征重定义中进行草绘截面修改时需要要删除旧图元,而此旧图元被后续的相关特征所参考,直接删除该图元将会引起后续相关特征的再生失败。

有效解决这一问题的方法是:先绘制新图元,然后选择要替换的旧图元,右击鼠标,在弹出的菜单中选择【替换】,选择绘制的新图元,删除旧图元并进行截面的其他修改,最终可以实现后续相关特征的正常生成。用新图元替换旧图元时,新图元可以保留旧图元的标识及与旧图元关联的数据。

15. 主要会因为以下原因而失败:① 不良几何。② 父子关系断开。③ 参考丢失或无效。④ 装配的元件丢失。如果特征重新生成失败模式为解决模式,则当特征重新生成失败时,系统会弹出【求解特征】菜单管理器,可通过该菜单管理器中的各个选项来解决问题。

16. 点击【工具】选项卡→【模型意图】组→【参数】{},在弹出的对话框中可以为模型建立参数,包括参数名称、参数类型、参数值等;点击【工具】选项卡→【模型意图】组→【关系】d=,在弹出的对话框中可以为模型建立关系。

利用"参数"可建立零件中包含的各种几何和非几何属性,如齿轮的齿数、模数、压力角、分度圆直径、齿顶圆直径、齿根圆直径、轮齿宽度、材料、工艺等;利用"关系"则可建立参数与参数、参数与模型的尺寸之间以及模型的尺寸之间的相互约束或赋值运算关系,实现模型的参数化驱动。Creo Parametric 中的参数、关系为模型的系列化、智能化设计提供了基础。

实验八 各种高级特征及应用

1. 建立变截面扫描特征时,为了能使截面在扫描的过程中受各条控制线的控制,草绘截面时,截面线应通过各条扫描控制曲线位于截面的草绘平面上的端点(系统用星号显示这些控制端点);截面线应尽量光滑平直,截面中的一些细节可暂时不画,如圆角、倒角等,待变截面扫描特征成功生成后,再进一步通过圆角、倒角特征等来实现细部结构。

2. 扫描混合特征中,各个扫描截面的方向控制有以下三种方法:垂直于轨迹、垂直于投影、恒定法向。其中,垂直于轨迹用于各个截平面均保持与原始轨迹线垂直的情况,即每个截平面的法线方向与其轨迹控制点的轨迹切线方向相同;垂直于投影和恒定法向用于各个截面之间相互平行的情况。

3. 扫描混合特征中,截面旋转一定的角度可以达到特征扭曲的造型效果。

在扫描轨迹上增加或删除扫描截面时,首先需要在草绘扫描轨迹时,提供足够的控制点,必要时可以通过点击【草绘】选项卡→【编辑】组→【分割】按钮 分割扫描轨迹曲线为多段或在扫描轨迹曲线上添加基准点,在这些分割点或基准点上便可以添加截面。其次,可以通过重定义扫描混合特征的截面,使用【扫描混合】工具面板的【截面】选项卡中的 插入 、

移除 等命令按钮，为已有的扫描混合特征增加或删除扫描的截面。

4. 螺旋扫描特征的典型应用有弹簧、螺纹等。

5. 建立可变螺距的螺旋扫面特征时，为了能得到更多的螺距值控制点，可以重定义可变螺距的螺旋扫面特征的螺距，在【螺旋扫描】工具操控板的【间距】选项卡中以“按值”、“按参考”、“按比例”等方式增加螺距控制点，并输入螺距值；也可以通过该选项卡删除相关点的螺距值。选择“按参考”方式增加螺距控制点时，需要预先草绘扫引轨迹线（草绘中应包含几何中心线），然后在轨迹线上插入基准点或分割成多段，最后以此草绘和基准点为基础定义螺旋扫描特征。

6. 局部推拉、半径圆顶、剖面圆顶、唇特征、耳特征等高级特征在 Creo Parametric 的默认设置中是不可用的，要使用这些特征需要设置 Creo Parametric 选项“allow_anatomic_features”为“yes”。

7. 绘制骨架折弯特征的骨架线应注意：① 骨架必须是完全相切的光滑曲线。② 骨架应尽量与要弯折的模型两端对齐。③ 骨架线的起始点位置要尽量定义于折弯实体内。④ 骨架线的拐弯半径应足够大。

指定折弯量平面时，可以直接选取现有实体模型的端面作为折弯量的平面，但该端面必须与骨架折弯特征的第一个折弯量平面（由特征创建过程自动生成）平行。如果模型上没有合适的平面作为折弯量平面时，也可以通过“产生基准”的方法，临时创建一个基准平面，作为折弯量平面。

8. 环形折弯特征时，草绘的作用是控制环行折弯的形状。

环形折弯特征草绘时应注意：① 如果弯折曲线长度超过了板的宽度，则超出部分无效。② 草绘中需定义坐标系。③ 草绘时应将要折弯的平板水平放置，草绘图元可以使用自由曲线。

9. 环形折弯特征可将平板绕某个轴线进行折弯，得到的扳金件为回转体；而骨架折弯特征可将平板沿指定骨架线进行折弯，得到的扳金件为一般形体。

实验九　零部件的装配

1. Creo Parametric 2.0 中装配约束的类型共有 11 种，即自动、距离、角度偏移、平行、重合、法向、共面、居中、相切、固定、默认。

2. 建立装配体时，第一个调入的零件或组件我们称其为主体零组件或基础零组件。主体零组件一般应满足以下条件：① 该零件或组件是整个装配模型中最为关键的零部件。② 用户在以后的装配设计修改中不会轻易删除该零件或组件。

3. 对齐(Align)约束和匹配(Mate)约束之间的区别在于：对齐(Align)约束中的两个平面的法线方向相同；而匹配(Mate)约束中的两个平面法线方向相反。

4. 轴线重合或两个圆柱面重合可以用来放置与孔同轴的轴杆。

5. 选择【视图】选项卡→【模型显示】组→【分解图】，可得装配模型的分解视图（装配爆炸图）。选择【模型】选项卡→【模型显示】组→【编辑位置】，在弹出的【分解工具】工具操控板中可以让爆炸图中的各个零件沿选定的方向进行移动，从而调整爆炸视图中各个零件之间的距离。点击【视图管理器】→【分解】选项卡→【编辑】→【编辑位置】菜单命令，在

【分解工具】工具操控板中可以进行元件位置的编辑。各个零件在爆炸图中的位置调整后，并不会随着装配文件的保存而保存，如果需要保存各个零件在爆炸图中的位置，可通过【视图管理器】对话框中的【分解】选项卡，先对分解进行保存，再保存装配文件。我们也可以通过【分解】选项卡新建和编辑分解。

6. 装配体横截面与零件横截面的创建方法类似，具体可参见教材第 4.8 节“横截面的创建和编辑”。

7. 装配修改主要包括重定义零组件的装配约束关系，元件的隐含、恢复、隐藏、删除及修改，装配元件的复制与阵列，零件间的布尔运算，装配的干涉检查等。这些操作的主要作用是进一步完善零部件的装配、检查装配的合理性、生成新的零组件等。

8. 创建简化表示的一般过程如下：① 在打开的装配中，单击【视图】选项卡→【模型显示】组→【管理视图】，打开【视图管理器】对话框，显示【简化表示】选项卡。② 单击 新建 按钮，出现简化表示的默认名，接受该名称或者键入一个新名称，然后按回车键，简化表示元件编辑器对话框随即打开。默认情况下，所有元件的表示状态都由顶级装配的表示状态衍生而来。③ 选择一个或多个元件，并使用排除、主表示、衍生等方式设置它们的简化表示类型。④ 单击简化表示元件编辑器对话框的 确定 按钮，新表示将被添加到【视图管理器】对话框中的简化表示列表中，并将被设置为活动表示。⑤ 单击【视图管理器】对话框中的 确定 按钮，退出视图管理器。

9. 通过尺寸控制的方式定义挠性元件。装配挠性元件时，可通过定义可变项，控制挠性尺寸的动态变化。

10. 只有被替换的模型为下列类型之一时，才可执行元件的自动替换：① 族表，用族表内其他零件或部件替换，族表内的所有零部件都是可以互换的。② 互换，用互换性装配中的其他零件或部件替换。③ 模块或模块变量，在可配置产品中，选择可配置模块或模块变量实现替换。④ 参考模型，用包含外部参考的其他模型替换。⑤ 记事本，选择一个或多个已由记事本组装的元件进行替换。⑥ 通过复制，可根据现有的模型创建一个新元件，可使用副本来替换元件。

实验十　工程图纸的创建

1. 将绘图参数“projection_type”的值设置为“first_angle”，可以实现视图的投影方式为“第一角(First Angle)投影”。

通过设置“drawing_text_height”、“crossec_arrow_style”等参数的值，可以控制工程图里文本的高度、箭头的形式。

设置尺寸精度的方法主要有：① 双击要改变精度的尺寸，在【尺寸属性】对话框【属性】选项卡的【小数位数】框中，可以输入尺寸的小数位数。② 通过【注释选项卡】→【格式】组菜单→【小数位数】菜单项设置尺寸的显示精度。③ 在 Creo Parametric 的选项配置“Config.pro”文件中设置“default_dec_places”和“sketcher_dec_places”的值。④ 通过工程图配置选项“lead_trail_zeros”设置后导零的显示状态。

2. 常规视图与投影视图的主要区别是：常规视图的投影方向可以任意指定，而投影视图则是由投影关系来确定；常规视图可以任意移动位置，与其相关的投影视图会自动调整其位置，而投影视图的位置移动则受其投影父视图的约束；可以为常规视图定制比例，投影视图的比例则不能定制；常规视图是投影视图创建的基础。

3. 全剖视图是将整个视图以剖面的形式进行显示；半剖视图是将视图的一半以截面的形式显示，另一半以完整形式显现；局部剖视图由用户自己草绘要剖切的局部区域；旋转视图相当于我国《机械制图国家标准》中规定的机件常用表达方法中的断面图。全剖视图主要用于表达内部结构较复杂而外形相对简单的零件；半剖视图主要用于表达内部结构和外形都比较复杂，并且结构基本对称的零件；局部剖视图则可以灵活地表达出想要剖切的局部区域，用于零件中尚有内部结构形状未表达清楚但又不适合做全剖或半剖的情况；旋转视图主要用于表达零件上某个断面的形状。

4. 在要修改的视图上双击，或者选中要修改的视图后单击右键，在弹出的快捷菜单中选择【属性】，即可打开【绘图视图】对话框。在该对话框的【视图显示】选项中，可设置隐藏线的显示方式、相切边(线)的显示方式以及视图的显示模式。

5. 在工程图中添加技术要求可以通过制作无方向指引的注解来实现。

6. 在工程图模块中添加标题栏的主要过程如下：① 选择【插入】→【表】菜单项，并根据标题栏的行数、列数、各行的高度、各列的宽度等信息，建立表格。② 进行表格中相关单元格的合并等工作。③ 为各个表格单元格添加文字信息，并设定文字的格式。

7. 零件工程图模板中主要包括以下内容：图框、标题栏、视图及图形显示方式、尺寸及其显示方式、标题栏及其相关信息等。

建立工程图模板文件的主要过程如下：① 新建一个绘图文件，取消勾选"使用缺省模板"项，"缺省模型"设为空，"指定模板"设为"空"，根据需要选择图纸的类型。② 设置适当的环境，配置绘图参数。③ 点击【工具】选项卡→【应用程序】组→【模板】，系统进入模板编辑模式。④ 插入绘图边框。可以通过草绘、表格等绘制模板文件中的图框、标题栏等内容，也可以插入其他文件中生成的图框。⑤ 生成视图模板。点击【布局】选项卡→【模型视图】组→【模板视图】，弹出【模板视图指令】对话框，通过该对话框创建各个模板视图。⑥ 在标题栏表格中设置相关信息，在标题栏表格中输入零件和工程图的相关参数和文本，系统会自动生成相关标题栏信息。⑦ 完成后存盘，可放于 Creo Parametric 安装目录的 Template 文件夹下，留待建立工程图时使用，并可据此设置选项"template_drawing"。

8. 建立一个完整的工程图的操作步骤如下：① 新建绘图文件，选择适当的模板、格式以及缺省的模型。② 设置绘图环境。③ 生成、编辑各个视图。④ 标注尺寸及尺寸公差，并调整尺寸标注。⑤ 绘制、显示视图的轴线、焊接符号、装饰特征等。⑥ 标注表面粗糙度、基准、形位公差等。⑦ 标注技术要求。⑧ 绘制图框、标题栏、明细表等。

附录 B　Creo Parametric 2.0 版安装说明

下面以在 Win7 64 位系统中安装 Creo Parametric 2.0 软件的 M060 版本为例来说明安装过程。本安装方法也适用于 XP 系统。假设软件的安装路径为“E:\Program Files”，系统在安装过程中会自动在该目录下创建名称为“Creo 2.0”的文件安装目录(E:\Program Files\Creo 2.0)。

第一步:修改环境变量

为了能够在 Creo Parametric 2.0 环境中使用中文的界面，需要设置中文的环境变量。具体方法是在桌面上右击“我的电脑”，从弹出的快捷菜单中选择“属性”菜单项，弹出“系统属性”对话框，选择其中的“高级”选项卡，单击“环境变量”按钮，将会出现【环境变量】的对话框，选择系统变量区域下面的“新建”按钮，将弹出如附图 B-1 所示的【新建系统变量】对话框，建立一个名为 lang 的系统变量，将变量值设置为 chs。

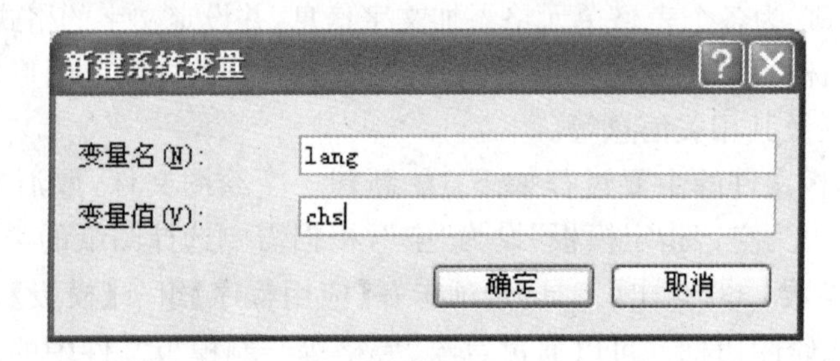

附图 B-1

第二步:建立许可证文件

(1) 在桌面上选择“开始”→“运行”，在弹出的如附图 B-2 所示的【运行】对话框的“打开”区域中输入“cmd”，然后单击“确定”按钮，系统将进入 DOS 环境中。

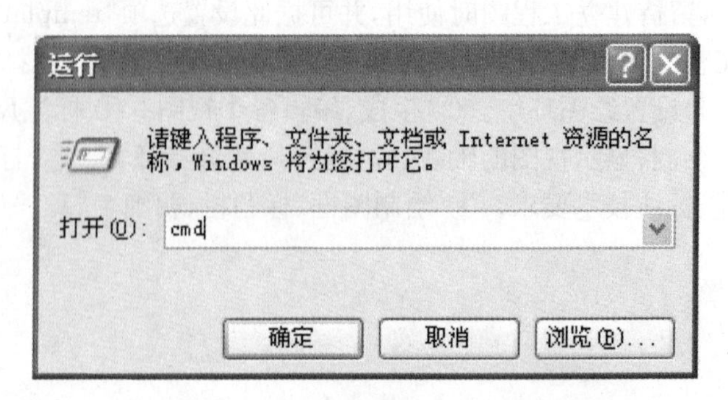

附图 B-2

(2) 在 DOS 提示符下输入“ipconfig/all”命令查看计算机网卡的物理地址，将此网卡的物理地址记录下来，如附图 B-3 所示。

```
C:\Documents and Settings\Owner>ipconfig/all

Windows IP Configuration

        Host Name . . . . . . . . . . . . : cumtcad-shb
        Primary Dns Suffix  . . . . . . . :
        Node Type . . . . . . . . . . . . : Unknown
        IP Routing Enabled. . . . . . . . : No
        WINS Proxy Enabled. . . . . . . . : No
        DNS Suffix Search List. . . . . . : domain

Ethernet adapter 本地连接:

        Connection-specific DNS Suffix  . : domain
        Description . . . . . . . . . . . : Broadcom NetXtreme 57xx Gigabit Cont
roller
        Physical Address. . . . . . . . . : 00-13-20-3B-C4-86
        Dhcp Enabled. . . . . . . . . . . : Yes
        Autoconfiguration Enabled . . . . : Yes
```

网卡的物理地址

附图 B-3　查询网卡的物理地址

(3) 在安装目录“E:\Program Files”中创建一个名称为“PTC”的文件夹，将软件安装包中的 PTC_Creo_Patcher_SSQ.exe 文件和 PTC_LICFILE 文件复制到这个文件夹中，注意要保证这两个文件以后不要被删除掉。用记事本打开 PTC_LICFILE 文件，把里面的计算机网卡的物理地址全部替换为你的计算机网卡的物理地址(方法:【编辑】菜单→【替换】，然后选择【全部替换】)，并将文件以原来的名称保存。

第三步:安装

(1) 运行软件安装包中的 setup.exe 文件，选择 下一步(N) 按钮，在弹出的“接受许可证协议”的界面，勾选“我接受软件许可协议”，然后单击 下一步(N) 按钮。

(2) 在弹出的如附图 B-4 所示的对话框中，找到第二步所建立的许可证文件 PTC_LICFILE，当你的许可证提示可用之后，点击 下一步(N) 按钮。

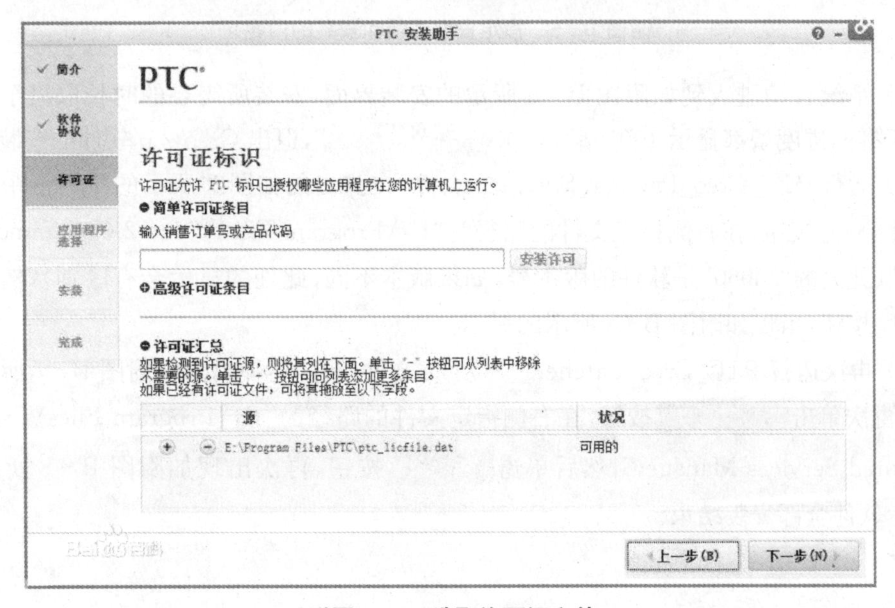

附图 B-4　选取许可证文件

(3) 在弹出的如附图 B-5 所示的“应用程序选择”界面中更改软件在电脑中的安装路径(例如:E:\Program Files),系统会自动在新安装路径中创建名称为“Creo 2.0”的文件安装目录(例如:E:\Program Files\Creo 2.0)。指定需要安装的 Creo Parametric 2.0 软件的组件,然后单击 安装 按钮。

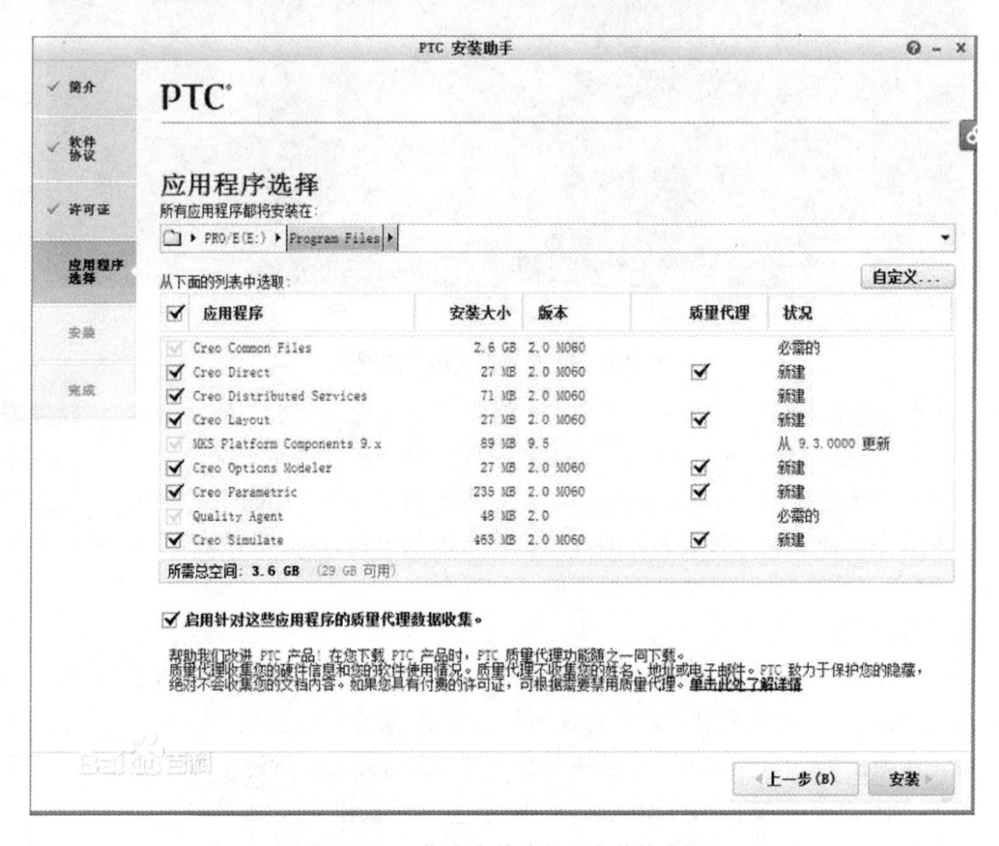

附图 B-5 指定安装路径和安装的内容

(4) 系统自动进入到如附图 B-6 所示的安装界面,安装所需要的时长取决于电脑性能,待所有的进度条都显示 100%后,点击 完成(F) ,退出 Creo 2.0 软件的安装界面。

(5) 运行 PTC_Creo_Patcher_SSQ.exe 文件,在弹出的如图 7 所示的对话框中首先单击 Look For... 按钮,在右侧指定文件的路径为“E:\Program Files\Creo 2.0\Common Files\M060”(此处的“M060”是软件的版本号,如果版本不同,此处的显示会有区别),然后单击 START 按钮,出现如附图 B-8 所示的提示。

(6) 再次运行 PTC_Creo_Patcher_SSQ.exe 文件,在随后弹出的如附图 B-7 所示的对话框中再次单击 Look For... 按钮,在右侧指定文件的路径为“E:\Program Files\Creo 2.0\Distributed Services Manager”,然后单击 START 按钮,再次出现如附图 B-8 所示的提示,表示软件全部安装结束。

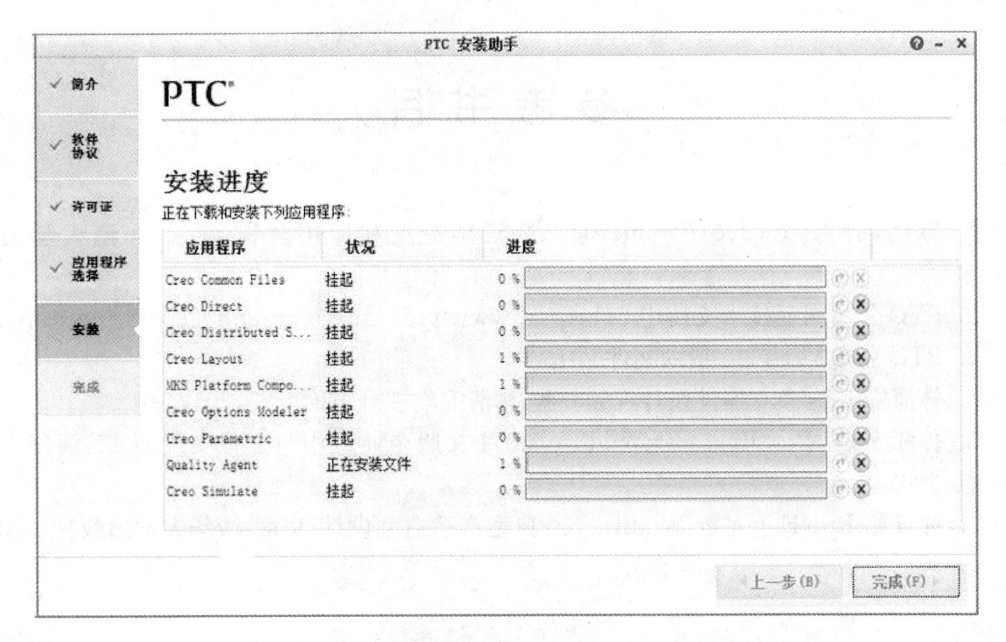

附图 B－6　安装界面

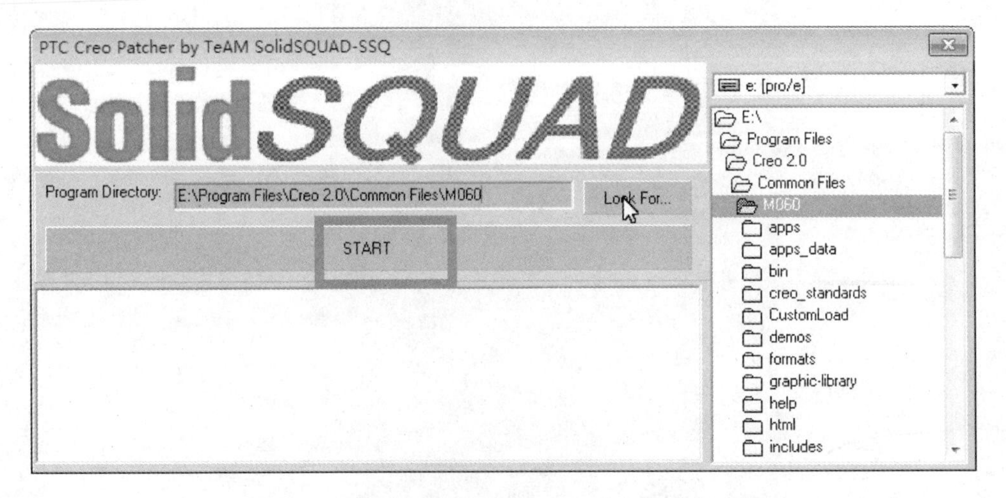

附图 B－7　运行 PTC_Creo_Patcher_SSQ 应用程序界面

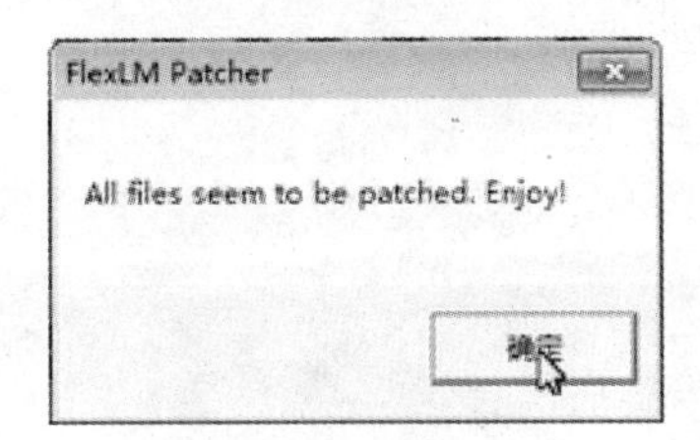

附图 B－8　结束提示

参 考 书 目

1. 陈功,孙海波. Creo Parametric 2.0 三维造型和应用教程. 南京:东南大学出版社,2014

2. PTC公司网上技术支持中心.http://www.ptc.com/community/creo2/index.htm

3. PTC公司.Creo 2.0 帮助文件.2013

4. 林清安.Creo 2.0 零件设计视频教程.林清安教授开思网专栏,2012.10

5. 孙江宏,等.Pro/Engineer Wildfire 3.0 中文版企业应用与工程实践.北京:清华大学出版社,2007

6. 钟日铭.Pro/Engineer Wildfire 3.0 典型产品造型设计.北京:清华大学出版社,2007